JN231704

P.59 ⋯⋯ 図3.6　matplotlibドキュメントにあった「図の各部」を説明したもの（旧版）

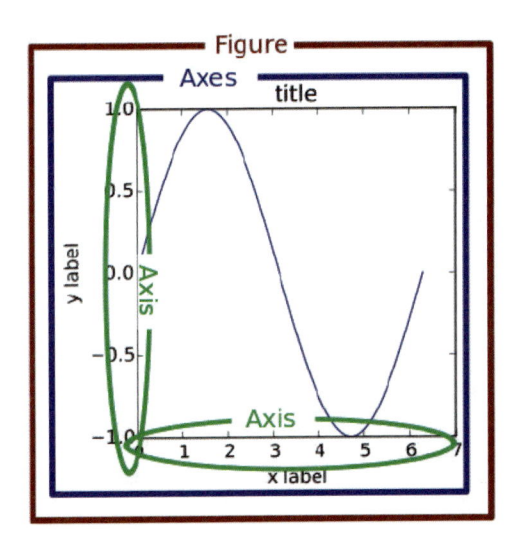

P.59 ⋯⋯ 図3.7　「図の各部」の新版。図の各部分をより詳細に説明。旧版と異なり、新版の図は全面的にmatplotlibを使って作成されている

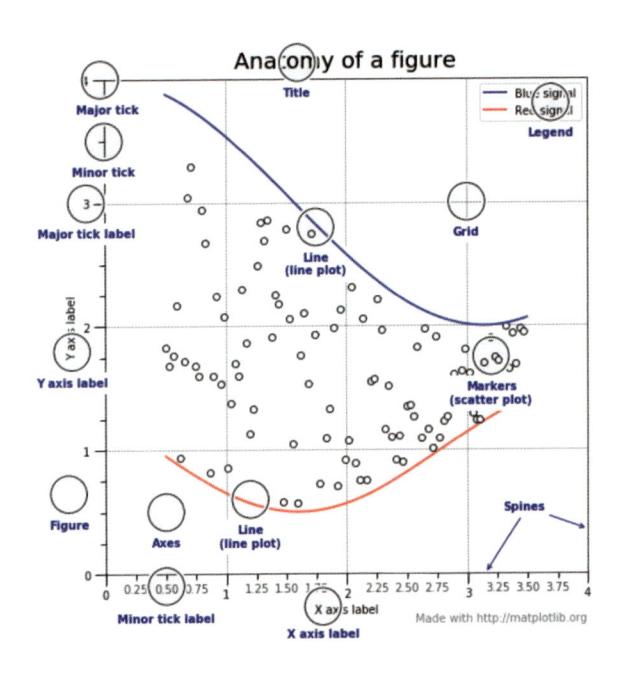

P.65 ……図3.11　matplotlibで色を使った散布図「総額 vs チップ：性別を色で、人数をサイズで示す」

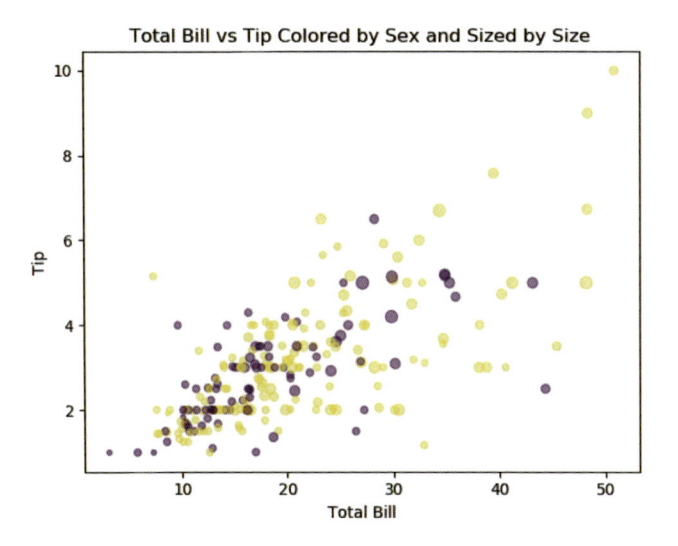

P.73 ……図3.20　seabornのhexbinプロット（jointplot）「hexbin による総額とチップのジョイントプロット」

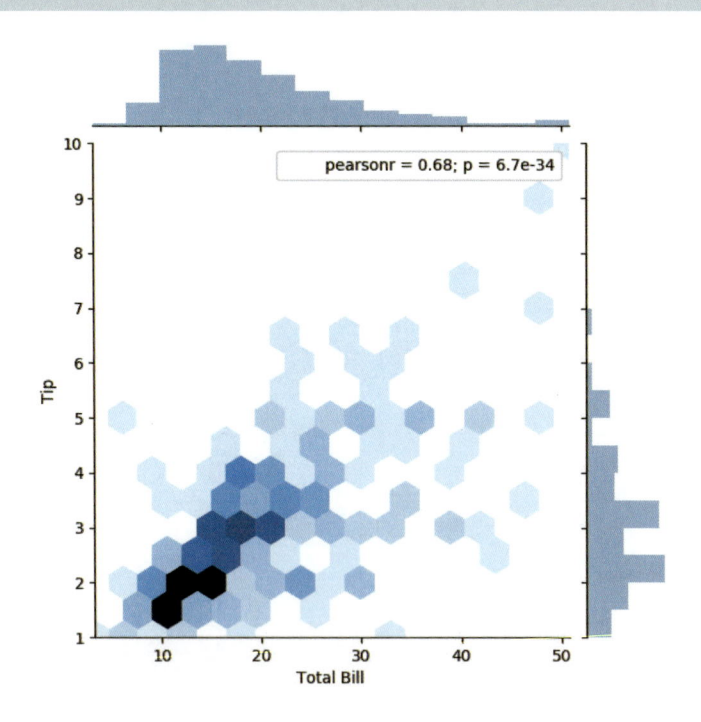

P.81 ⋯⋯⋯ 図3.28　seabornのバイオリンプロットでhueパラメータを使う

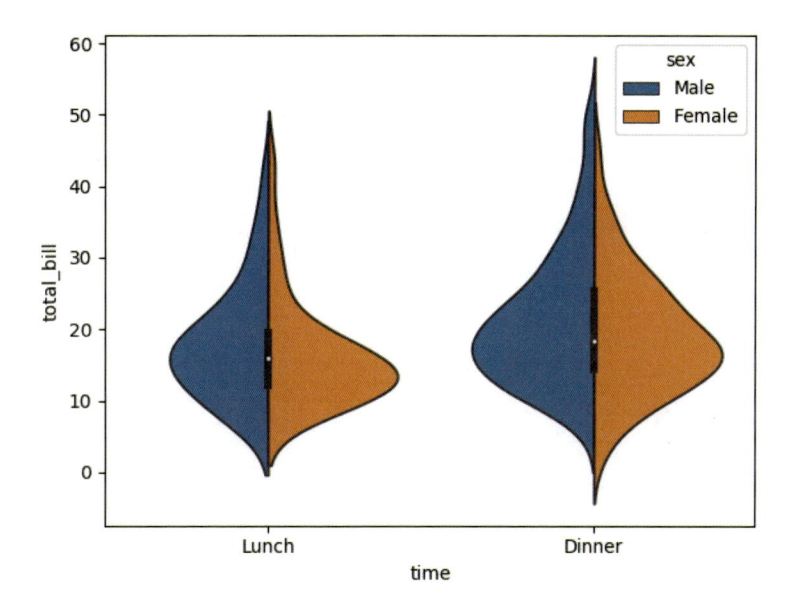

P.82 ⋯⋯⋯ 図3.29　seabornのlmplotでhueパラメータを使う

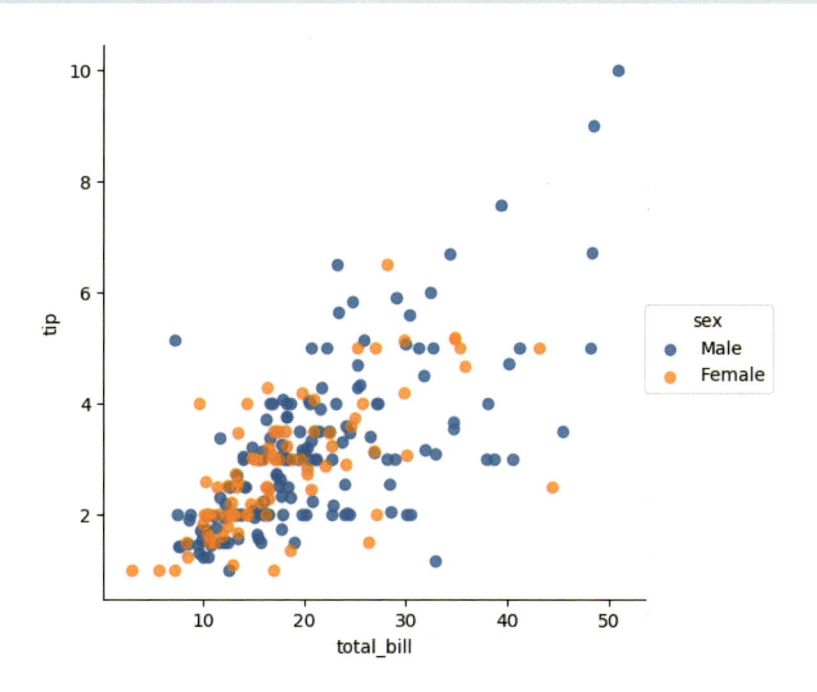

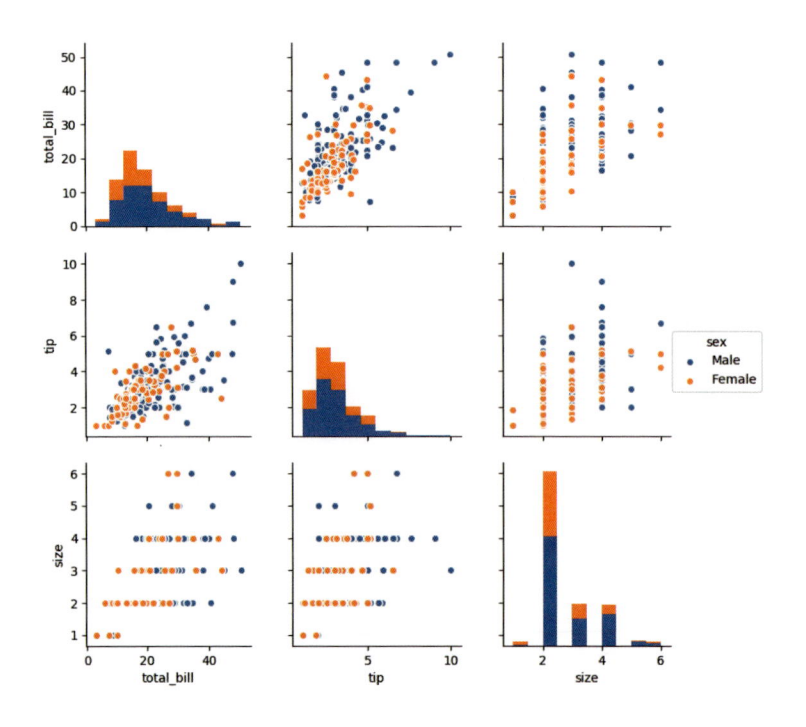

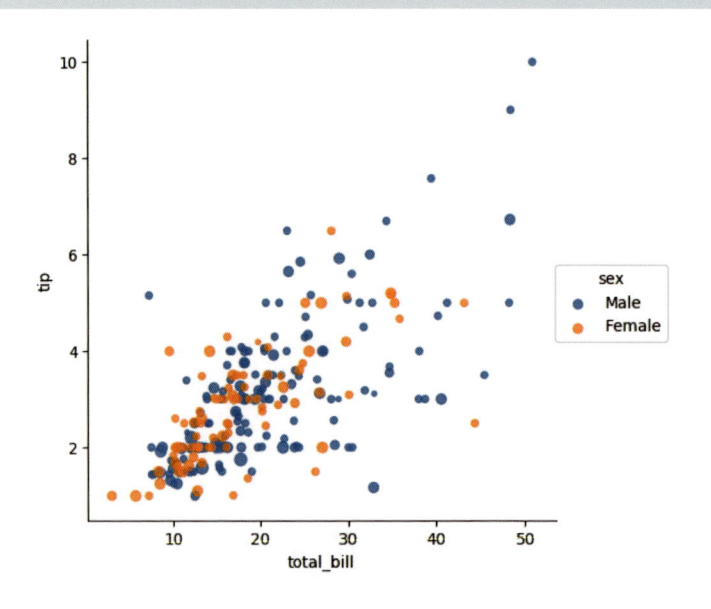

P.85 ……図3.32　seabornによる散布図（マーカーとサイズを渡す）

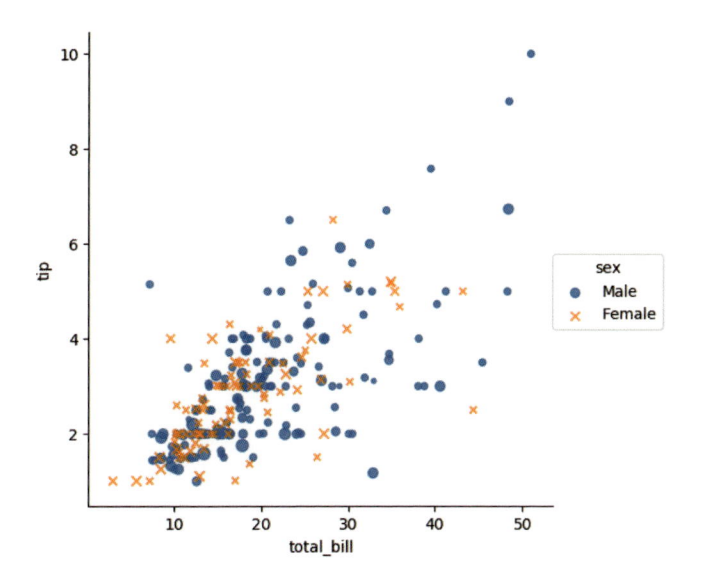

P.86 ……図3.33　seabornのファセット機能を使って、アンスコムのデータをプロットする

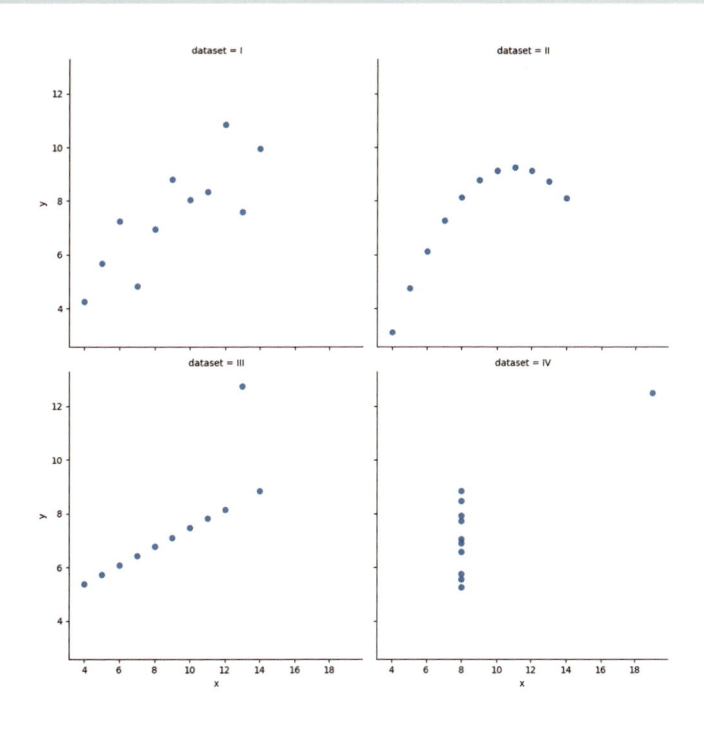

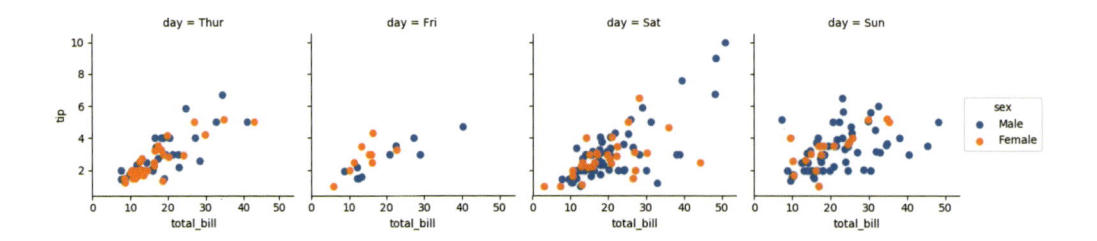

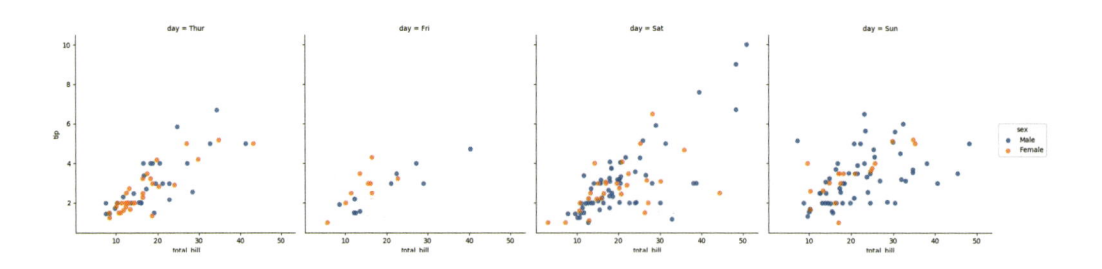

P.89 ······図3.37　seabornの自作ファセットによる2変数のプロット

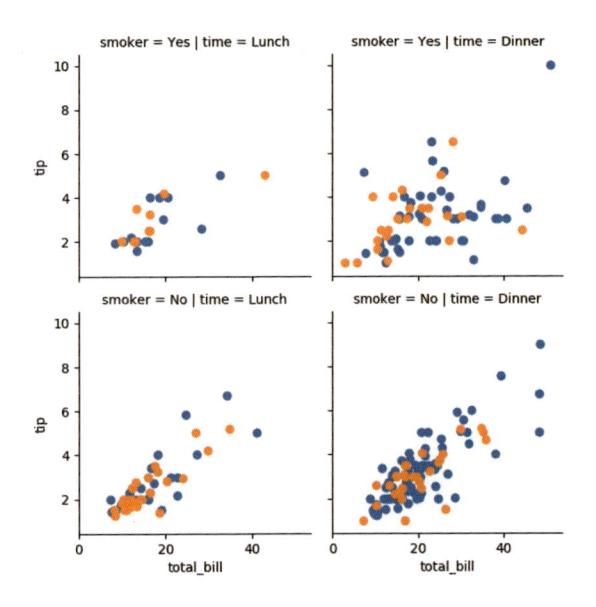

P.90 ······図3.38　seabornの自作ファセットによる2変数のバイオリンプロット

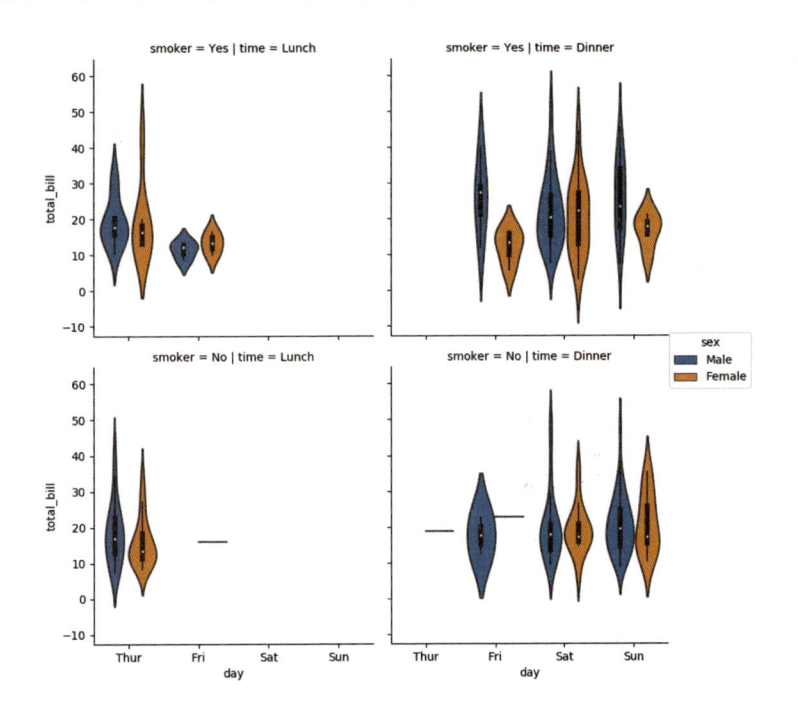

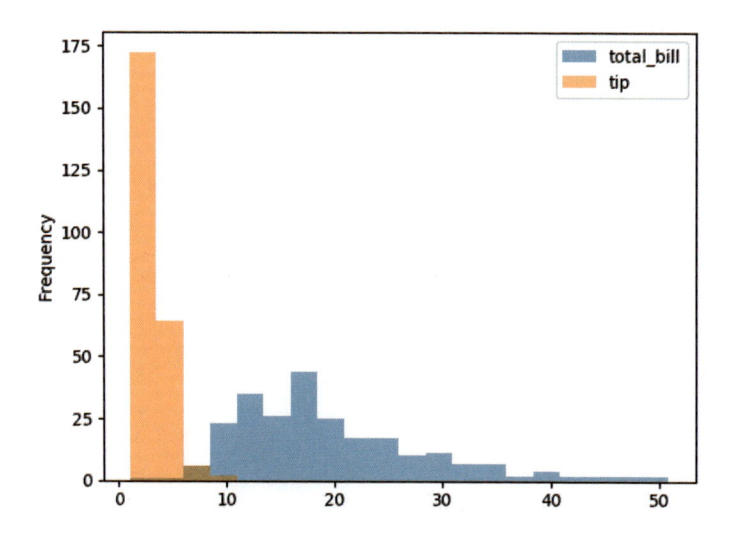

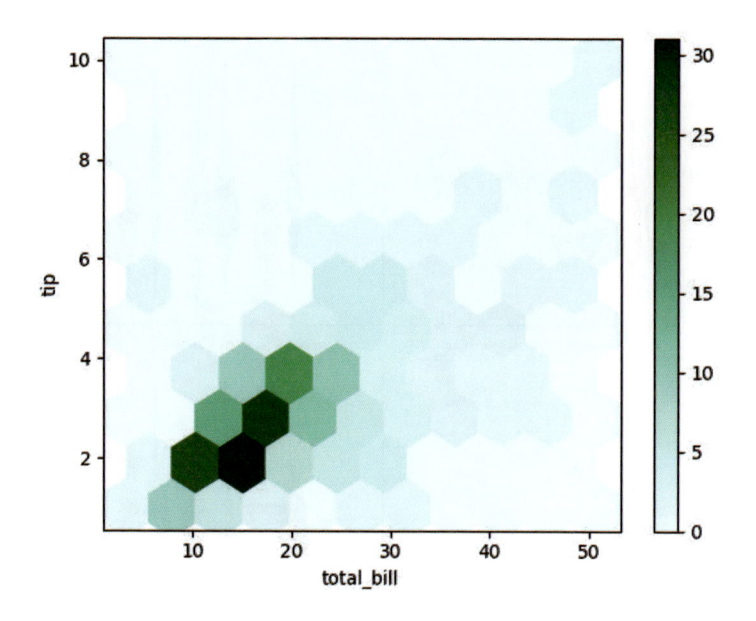

P.96 ……図3.46　seabornのスタイル（基本）

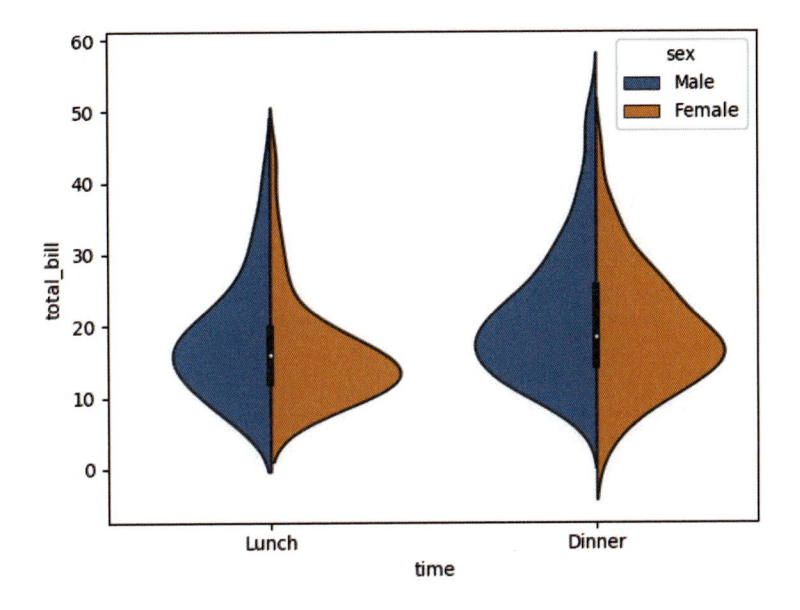

P.96 ……図3.47　seabornのスタイル（whitegrid）

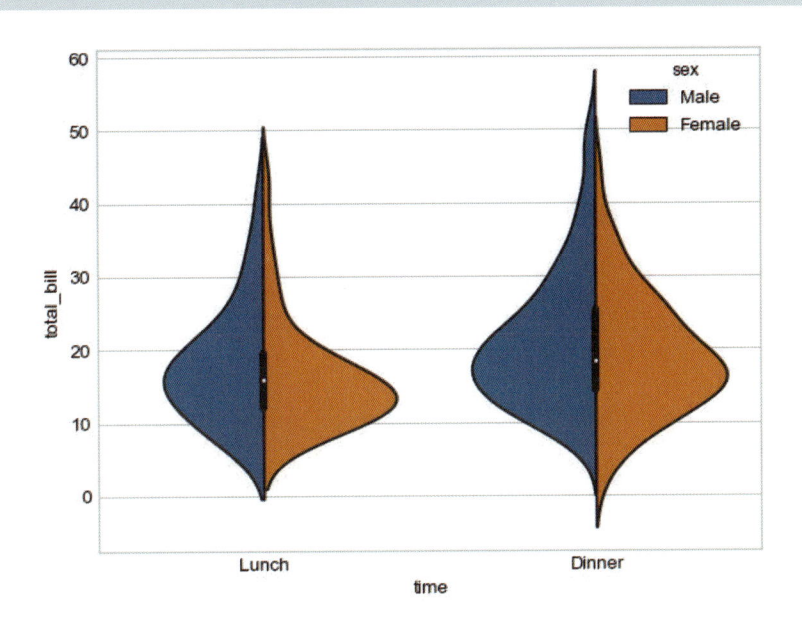

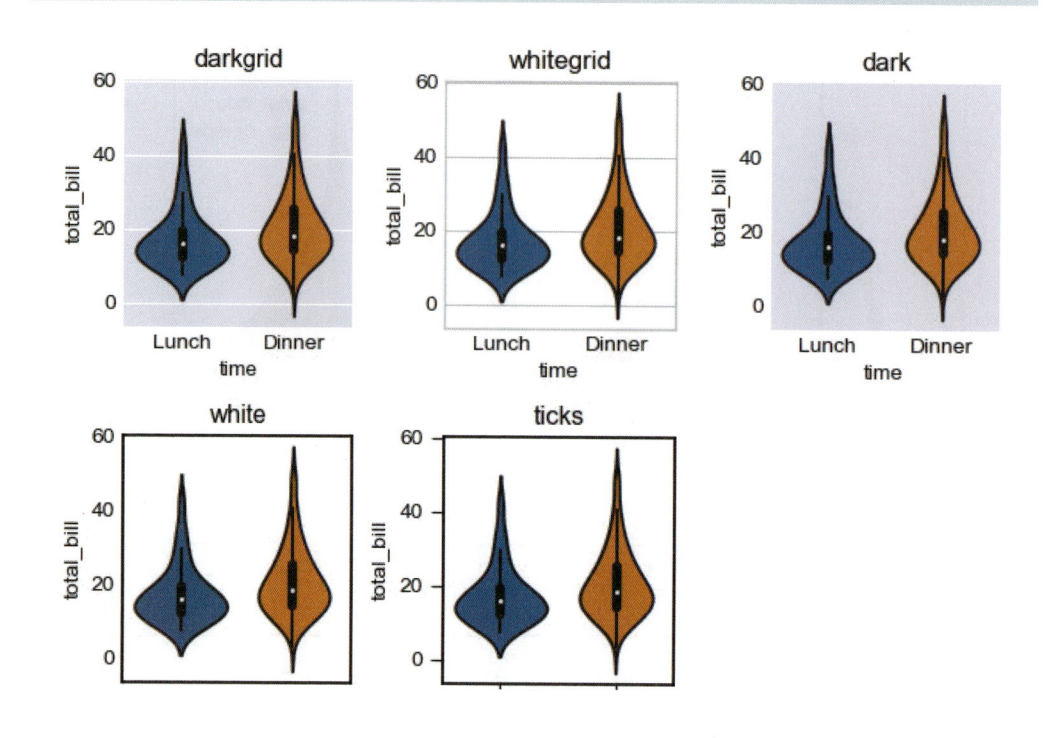

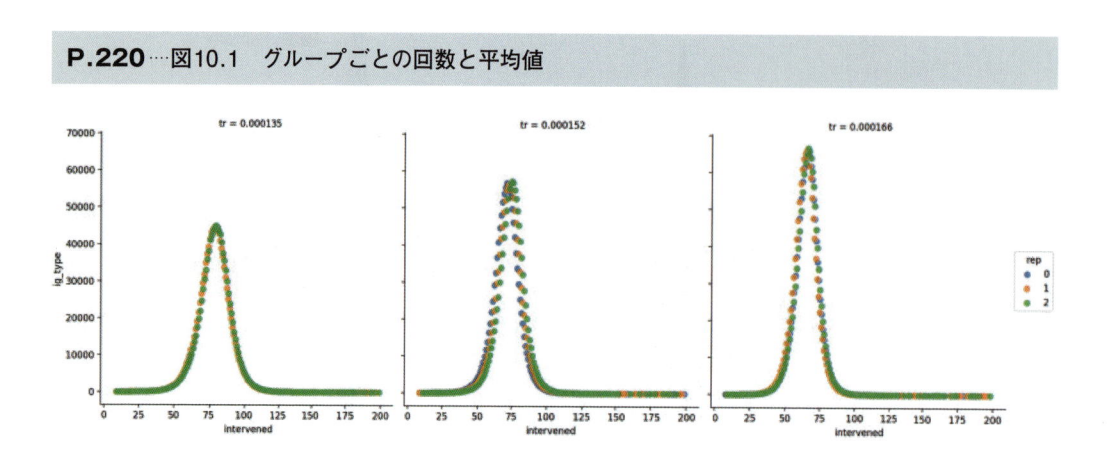

P.221 ···· 図10.2　グループごとの累積回数。プロットを見ると、反復実験のうちの1回は、このシミュレーションで実行されていないことがわかる。

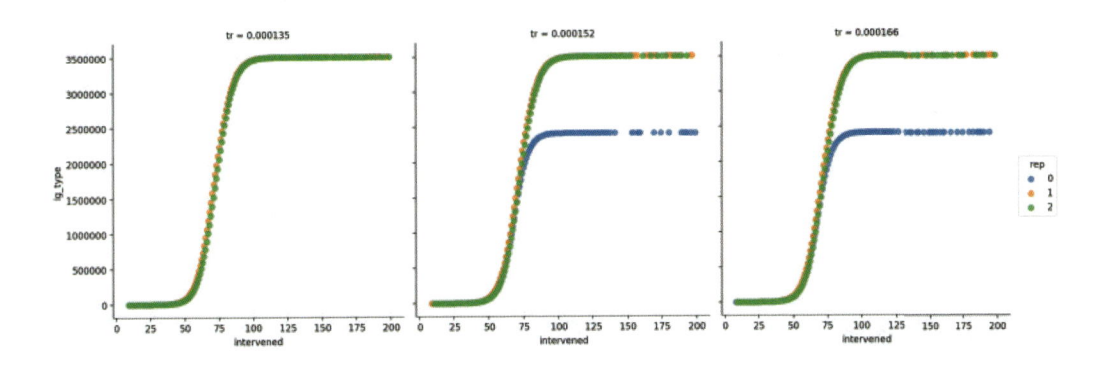

P.240 ···· 図11.3　Ebolaの患者数と死者数をプロット（日付のシフトなし）

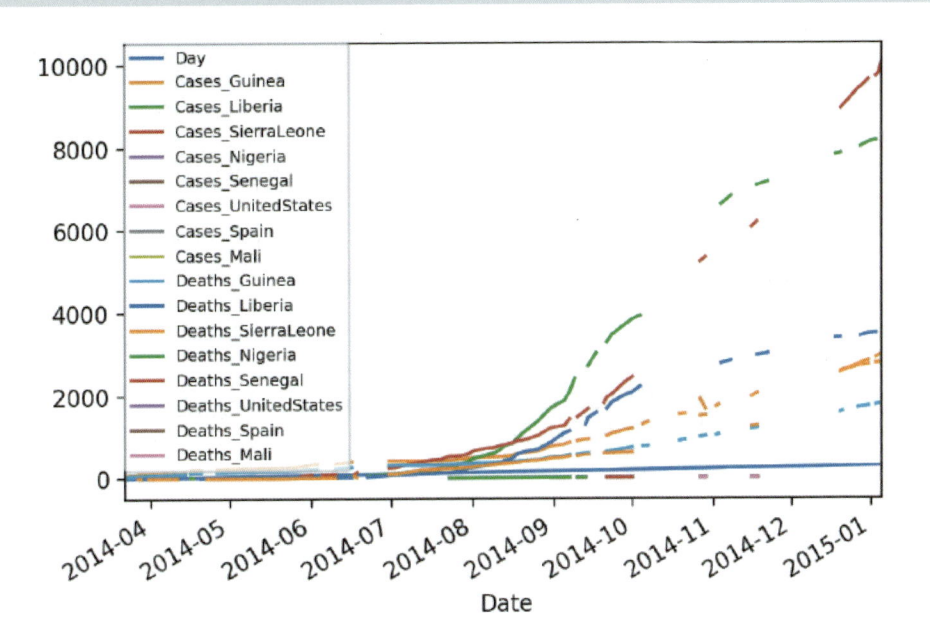

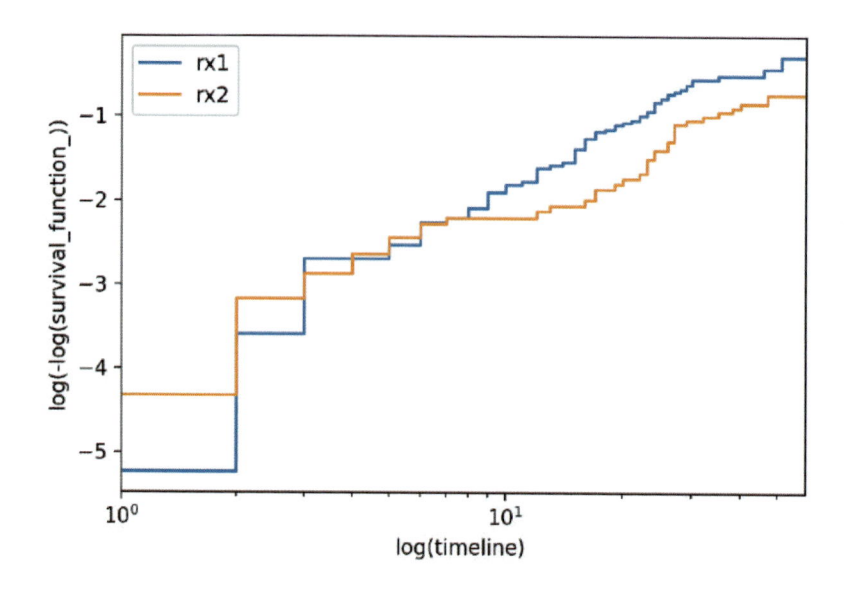

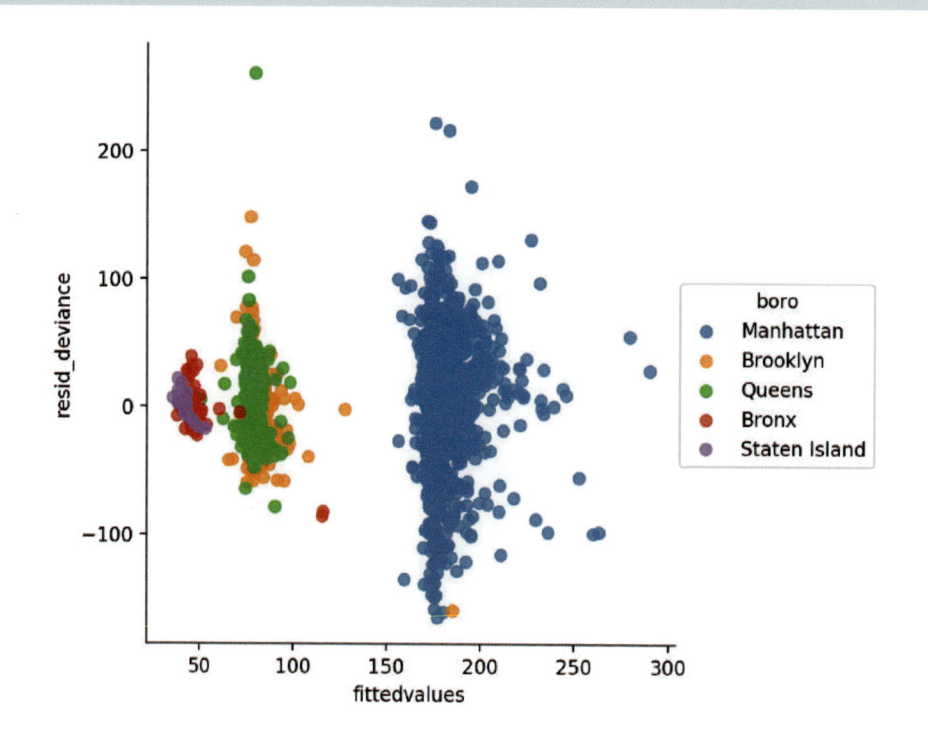

P.282 ···· 図14.3　house1モデルのQ-Qプロット（理論上の量と、サンプルの量）

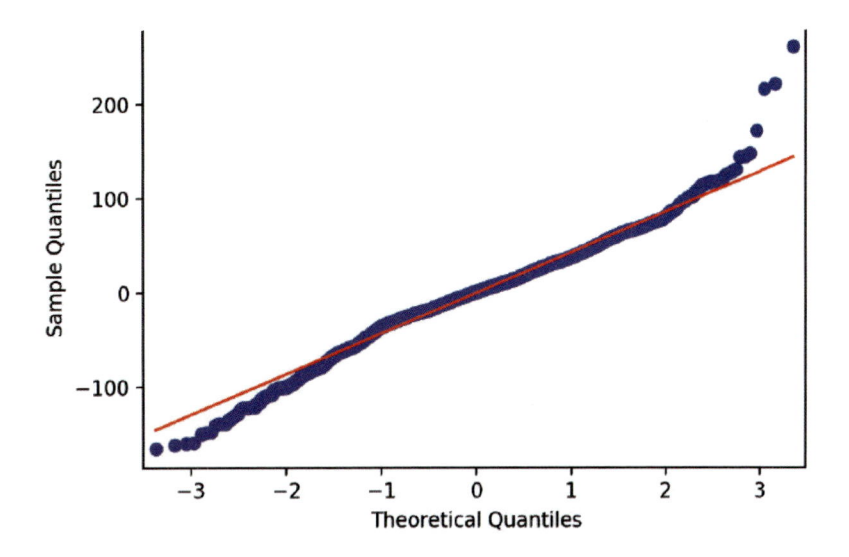

P.285 ···· 図14.5　house1モデルからhouse5モデルまでの共変数

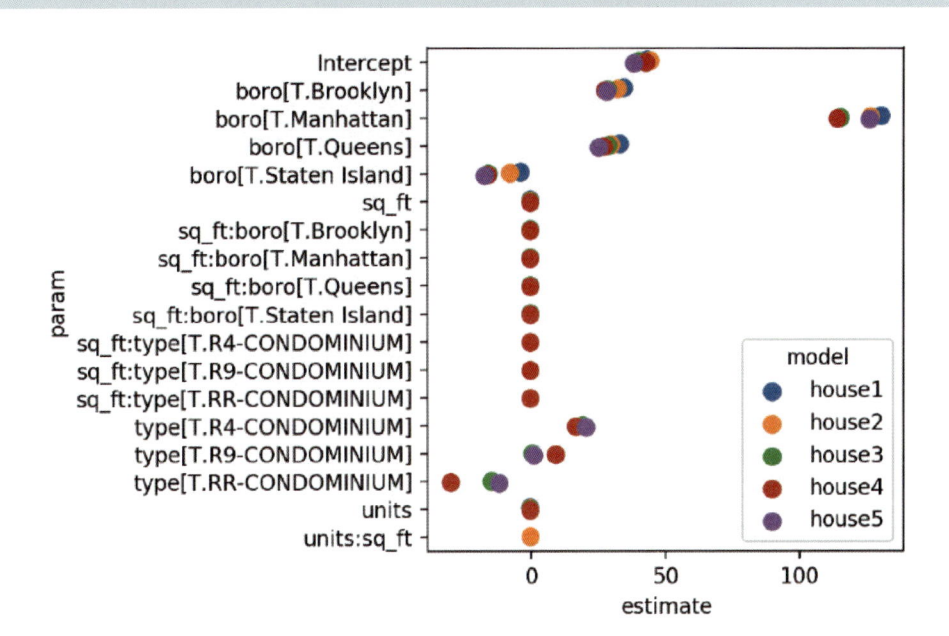

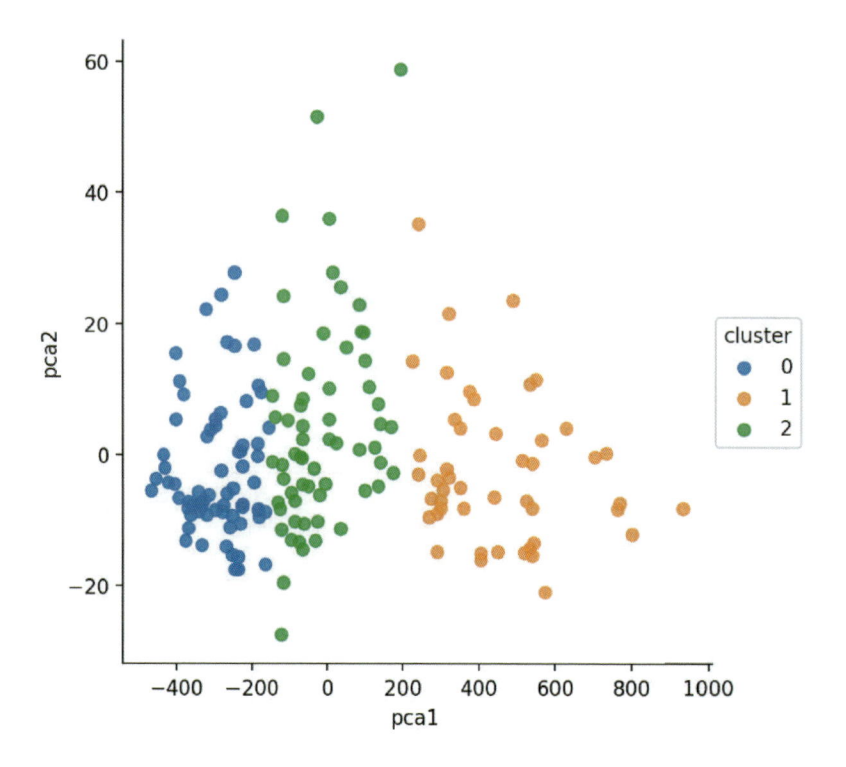

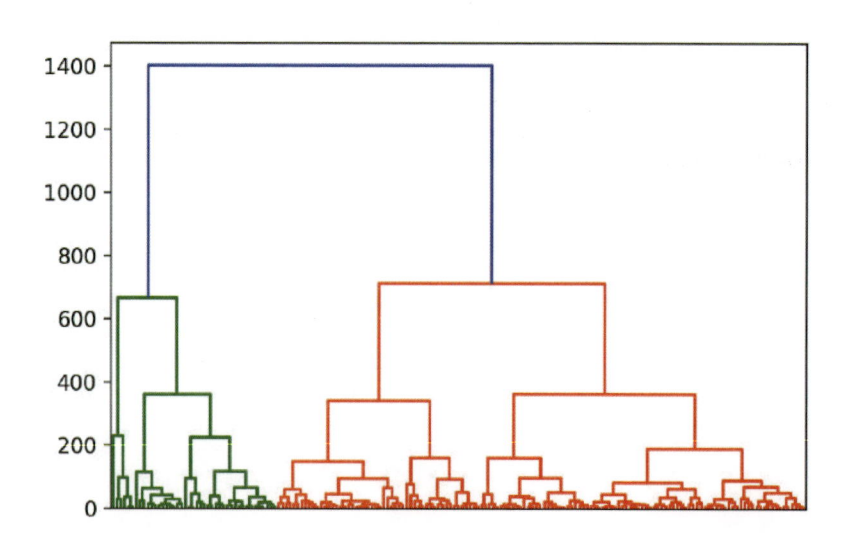

P.313 ···· 図16.4　階層的クラスタリング:single

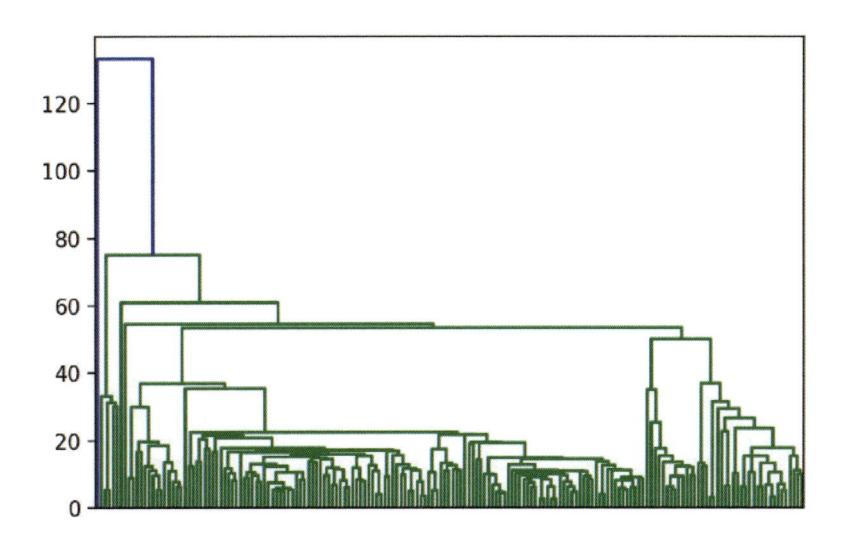

P.313 ···· 図16.5　階層的クラスタリング:average

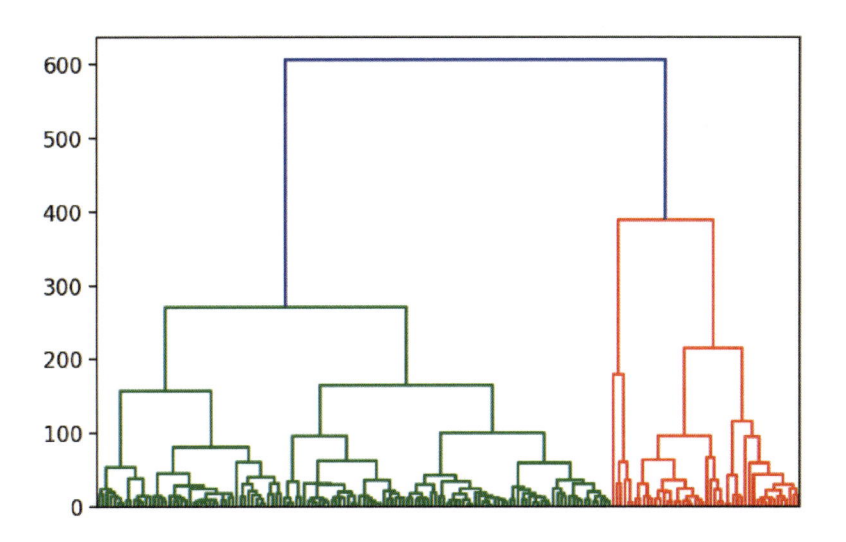

P.314 ···· 図16.6　階層的クラスタリング:centroid

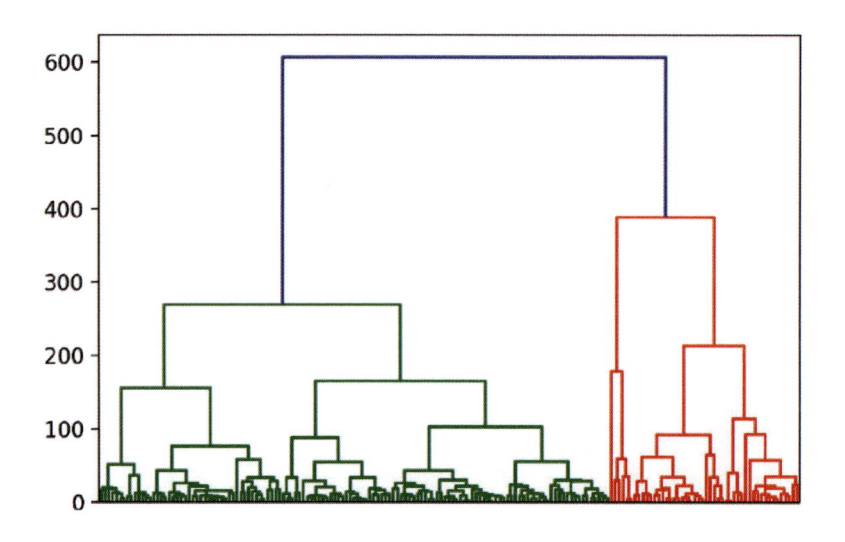

P.315 ···· 図16.7　階層的クラスタリングで「しきい値」を手作業で設定

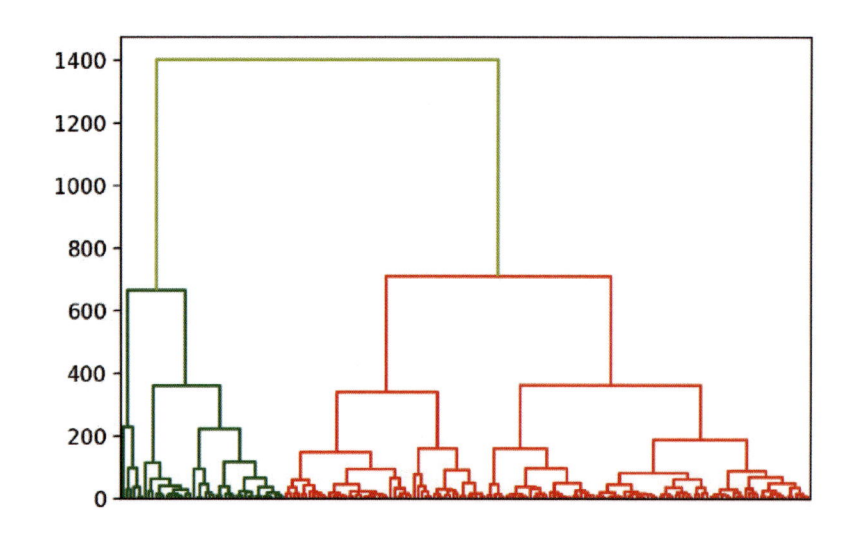

impress
top gear

Python データ分析／機械学習
のための基本コーディング！

pandas
ライブラリ活用入門

Daniel Y. Chen ＝著

吉川 邦夫 ＝訳

福島 真太朗 ＝監訳

インプレス

序文

　年が改まるたびに、データは世界にとってますます重要になってきています。そうして増大するデータを計算する能力についても、同じことが言えます。データの操作をどうやって行うかを決めるとき、ほとんどの人は、RかPythonかのどちらかを選びます。これは「言語の戦争」というより、「選択の余地がある贅沢」と言うべき状況です。データサイエンティストやエンジニアは、自分にとって最も快適な言語で仕事ができるのですから。これらのツールのおかげで、機械学習と統計分析のために、誰でも（everyone）データを扱うことが可能になったのです。だから私は、自分が『R for Everyone』[※1]で始めた仕事が、この『Pandas for Everyone』（原著名）によってPythonに拡張されたことを見て嬉しく思っています。

　私が最初に本書の著者 Dan Chen と出会ったのは、彼がコロンビア大学で公衆衛生の修士を目指しているとき、たまたま "Introduction to Data Science"（データサイエンス入門）のコースに入ってきたのがきっかけです。公衆衛生専攻の学生のなかには、大学院のデータサイエンスコースも受講して、すばやく勉強し、統計学的な学習能力を身につけようとする連中がいたのですが、彼も、その1人だったのです。学期が終わる頃、彼はデータサイエンスの価値に身を捧げ、その福音を説くまでになっていました。

　たまたま、その頃に pandas が出現して、データサイエンス用ツールとしての Python の価値が改善されました。すでに Python 言語に親しんでいたエンジニアたちが、データサイエンスにもそのツールを使えるようになったのです。この幸福なタイミングのおかげで、Dan は本当の意味でマルチリンガルな（つまり R と pandas の両方をマスターした）データサイエンティストになりました。それによって彼は、さまざまな聞き手や読み手に情報を届ける、すばらしい適所に到達できたのです（R と Python の両方のカンファレンスやミートアップで、彼のトークは人気のあるものとして頻繁に聞くことができます）。彼の熱意と知識は、彼のやることなすこと（新しいユーザーを教育することから、Python ライブラリの構築まで）に、現れています。そうした活動のなかで、オープンソース運動の精神を、彼は完全に受け入れています。

　この本は、原著のタイトルが示すように、データサイエンスに Python を使いたい人なら、誰にでも（everyone）読んでいただきたい本です。ベテランの Python ユーザーでも、経験を積んだプログラマーでも、統計学者でも、あるいは初心者でも、かまいません。Python に触れるのが初めてという人のために、この本の付録では、Python 言語をスムーズに使い始められるように、Python と pandas などのインストール情報を掲載していますし、データ解析パイプライン全般をカバーしています（データの読み込み、可視化、データ操作、モデルの採択、機械学習まで）。

　本書『Pandas for Everyone』は、Python という視点からデータサイエンスを案内するツアーであり、著者の Dan Chen はそのツアーガイドにうってつけの人物です。彼は、学会と業界の両方の経験から培った、分析プロセスに大切な直感を有しており、最大の効果を得るのに pandas をどう使うかを心得ているからです。これらすべてが結合されて、だれでも面白く読みながら知識を得られるような本になっています。
Jared Lander, series editor

※1　訳注：『R for Everyone: Advanced Analytics and Graphics』（Jared P. Lander, Addison-Wesley Data and Analytics）、（1st Ed. Dec. 29, 2013 ／ 2nd Ed. June 18, 2017）。邦訳：『みんなのR 第2版』（Jared P. Lander [著]、高柳慎一、津田真樹、牧山幸史、松村杏子、簑田高志 [訳]、2018/12）

まえがき

2013年には、まだ私は「データサイエンス」という言葉の存在さえ知らなかったのですが、それでも公衆衛生学の修士（MPH）でした。疫学の学生ですから、t-検定、ANOVA（分散分析）、線形回帰といったものよりも高度な統計手法を、学部の基礎として心理学や神経科学で学び、それらに夢中になっていました。2013年の秋は、私が初めてSoftware-Carpentryワークショップに参加したときであり、またMPHプログラムの定量的手法のコースで、疫学の第一学期と生物統計学の教科を組み合わせたような授業に最初に助手として参加したときでもありました。それからずっと学習と教育を続けています。

最初にデータサイエンス入門（Introduction to Data Science）のコースを学んだのは、ずいぶん前のことのように思えます。そのときの先生方は、Rachel Schutt（Ph.D）、Kayur Patel（Ph.D）、そしてJared Landerでした。おかげさまで、いったい何が可能なのかがわかり、目が開かれるようでした。私にとって思いもよらなかったことが、実は日常茶飯事であり、私に考えられるようなことは、どれも可能でした（とはいえ今では、たとえ可能でも効率が悪いことがあると知っています）。データサイエンスの技術的な詳細（コーディングに関すること）は、JaredからRで教わりました。彼がどれほどR言語に熱中しているかは、彼の友人や同僚たちが知っています。

当時の私は、いわば必然的にRを学んだのですが、「PythonかRか」という言語の戦いを意識したことはありませんでした。Pythonは、ただプログラミング言語として認識していただけで、Pythonに「解析スタック」があることさえ知らなかったのです（ずいぶん前のことですよ）。最初にSciPyスタックとpandasについて学んだとき、「自分がハイスクールや学部で学んだPythonの使い方と、疫学の研究で学んだことと、新たに獲得したデータサイエンスの知識とを、これで結び付けられるな」と思いました。さらにRに習熟すると、Pythonとの類似点が見えてきました。データクリーニングの仕事（そしてプログラミング一般）の大部分は「必要なものを、どうやって手に入れるか」であり、その残りが（多かれ少なかれ）構文なのだ、ということにも気がつきました。重要なのは、どういう手順にするかを考えること、そこで想像力を使うことであって、プログラミングの詳細にはまることではないのです。私自身は、あれこれ言語を使い分けるのに苦労を感じることはなく、どの言語が優れているのかと考えることも、ほとんどありません。とはいえ、この本はPythonによるデータ分析の世界に、これから入っていこうという人のために書いています。

この本には、私が出会った人々、私が参加したイベント、この数年で私が学んだスキルのすべてを、つぎ込みました。私が学んだ重要なポイントの1つは、ドキュメントを読むのが欠かせない作業だということです（さまざまな物事が何と呼ばれているかは、Googleで検索すれば、関連するStack Overflowのページを閲覧できますが、そういうのを除いての話です）。共同研究の仕事をしたり、PythonとRのライブラリを書いた経験から、これは確信を持って言えることですが、ドキュメントの執筆には大量の時間と労力が費やされるのです。だから私は、本書を通じて関連するドキュメントのページを参照しています。ある種の関数には、あまりにも多くのパラメータが、さまざまなユースケースに使われるので、それらのパラメータを網羅するのは実践的ではありません。もしそれが本書の目標ならば『Loading Data Into Python』というタイトルにすべきだったでしょう。けれども、日常的にデータを扱い、さまざまなデータ構造と馴染んでいけば、いつかはコードを見るだけで（そういうコードを自分で書いたことがなくても）どんな出力が得られるかを言い当てられ

るようになります（それは経験に基づく推測です）。本書によって、あなたが独力で確固たる基礎を学び、自主的な学習者になることを願っています。

　この本をまとめている期間に、私は数多くの人々に会い、多くのことを学びました。私が学んだ事項は、たとえばベストプラクティスとして、ループではなくベクトル化したステートメントを書くこと、コードを正しくテストすること、プロジェクトのフォルダ構造を整理すること、などです。また、実際の授業からは、人に教えるということについて多くを学びました。何かを教えるのは、何かを学ぶ最良の方法です。過去数年の間に私が学んだ知識の多くは、それを他の人々に説明しようと努力したときに身につきました。基本的な知識を身につければ、その次の情報を学ぶのは比較的楽になるものです。このプロセスを十分に繰り返せば、自分でも驚くほどの知識を得ることが可能です。それには、用語を Google で調べたり、Stack Overflow の回答を解釈することも含まれます。優秀な人たちは皆、疑問があれば自分で調べていますよ。本書が知識と学習を積み重ねる強固な基礎となり、その内容があなたにとって最初の言語であっても 4 番目の言語であっても、他の分析的な言語との架け橋になることを願っています。

本書の構成

本書の内容は 5 つのパートに分かれています。ほかに一群の付録を掲載しています。

【第 1 部】

ここでは、リアルなデータセットを使って pandas を紹介します。

●**第 1 章**：最初に、pandas を使ってデータセットをロードし、そのデータのさまざまな行と列を見ていきます。これによって、Python と pandas の文法がどういうものか、全般的な感触が得られるでしょう。この章の最後には、pandas で何ができるかを一群の例で示します。きっと学習の意欲がわいてくることでしょう。

●**第 2 章**：pandas のオブジェクトである DataFrame と Series について、さらに深く見ていきます。この章では、真偽による絞り込み（部分集合の抽出）や、不要な値の削除（ドロップ）、データのインポート / エクスポートのさまざまな方法なども示します。

●**第 3 章**：探索的データ解析（exploratory data analysis）を行うため、ライブラリの matplotlib と seaborn、そして pandas を使って、プロッティングによる作図の手法を示します。

【第 2 部】

第 2 部では、「データをロードしたら何が起きるか」「ロードしたデータを組み合わせる必要があるときにどうするか」を扱います。また、データをクリーニングする目的で、データを整然とさせること（"tidy data" と呼ばれる一連のデータを得るための操作）も紹介します。

●**第 4 章**：データセットを組み合わせる方法を取り上げます。同種のデータを連結する場合と、異種のデータをマージする場合があります。

●**第 5 章**：「データに欠損があると何が起きるか」「欠損値を埋めるデータをどのように作るのか」「欠損値にどう対処すればよいか」など、特にデータを集計するときに何が起きるかを説明します。

●**第 6 章**："Tidy Data" についての Hadley Wickham の論文を検討します。この章では、データの一般的な問題に関して、データを別の形に変える " リシェーピング " と " クリーニング " を扱います。

【第3部】

第3部では、データのクリーニングと前処理（マンジング）に必要な事項を扱います。

●**第7章**：データ型の扱い方のうち、特に DataFrame オブジェクトの列内でさまざまな型に変換する方法を扱います。

●**第8章**：文字列操作について紹介します。データは、しばしばテキストとしてエンコードされているので、この操作は、データクリーニング作業の一部として、必要になることが多いのです。

●**第9章**：データに関数を適用（apply）します。これは多くのプログラミング技術に関わる重要なテクニックです。apply の使い方を理解すれば、データ操作の規模を変更する必要が生じたとき、並列分散型で処理を行うコーディングに移行しやすくなります。

●**第10章**：groupby 演算。apply と同じく、データ規模を変更する際、しばしば必要になる強力なコンセプトです。また、データを効率よく集約（aggregate）、変換（transform）、フィルタリング（filter）することができる、優れた方法でもあります。

●**第11章**：日付時刻に関する pandas の強力な機能を見てみます。

【第4部】

データのクリーニングと前処理がすべて終わったら、次のステップはいくつかのモデルをデータに当てはめてみることです。モデルは、予測／クラスタリング／推定に使われるだけでなく、探索的な目的にも使われます。

第4部の目標は、統計学を教えることではありません（統計学を学ぶ場合、多数の既刊の書籍を利用できるはずです）。これらのモデルがどのようにデータに適合するのか、pandas とどのようにやり取りするのかを示すことが目的です。第4部は、「他の言語でモデルを当てはめる仕事」との架け橋としても使えるでしょう。

●**第12章**：線形モデルは、比較的単純に当てはめることができるモデルです。この章では、ライブラリの statsmodels と sklean を使って、線形モデルをデータに適合する方法を扱います。

●**第13章**：汎用化線型モデルは、その名前が示すように、より汎用的に使える線型モデルです。このモデルを使えば、たとえばバイナリデータやカウントデータなどさまざまな応答変数に、モデルを当てはめることができます。また、この章では生存モデルも扱います。

●**第14章**：主要なモデルを学んだら、次のステップは、複数のモデルについて何らかの評価を行って、最適なモデルを選ぶことを学習していきます。

●**第 15 章**：正則化は、当てはめるモデルが複雑すぎるか、データへの過学習が行われてしまうときに使うテクニックです。

●**第 16 章**：クラスタリングは、分類の正解が不明な場合であっても、「似たような」データをクラスタリング（あるいはグループ化）する必要があるときに、使うテクニックです。

【第 5 部】

　本書の結びとして、より大きな「Python のエコシステム」に関する要点を明らかにし、参考となる追加の情報源を提示します。

●**第 17 章**：Python の科学計算スタック（機能）について要約し、コードの性能向上と規模拡張が可能となる道のりを紹介します。

●**第 18 章**：本書の内容を超えた学習を進めるためのリンクや参考文献を提供します。

【付録】

　この付録は、Python プログラミングのマニュアルのようなものです。Python への完全な入門書ではありませんが、一部の付録は本書内のトピックを補足するものとなっています。

●**付録 A ～ G**：Python コードの実行方法に関連するトピックを扱います。つまり、Python のインストールのほか、コマンドラインでスクリプトを実行する方法、そしてコードを系統立ててまとめる方法です。また、Python 環境の作成方法や、ライブラリのインストール方法も扱っています。

●**付録 H ～ T**：Python と pandas に関連のある一般的なプログラミングの概念を扱います。これらは本文に対する補足的なリファレンスです。

本書の読み方

　Python の初心者であっても、熟練した Python プログラマーであっても、本書を利用できるように書きました。先生方（あるいは、この本を教育のために使う人たち）は、それぞれのワークショップやクラスに適した順番で章を選択できるでしょう。

◆初心者に近い方なら

　初心者には、本書の付録 A から F までを読むことをお勧めします。そこで、Python をインストールして使い始める方法を説明しているからです。それを実行した後なら、本文を最初から読み始めても大丈夫でしょう。初めのほうの章には、必要に応じて、関連内容を取り上げている付録への参照も入れてあります。それらの章の冒頭に掲載している「コンセプトマップ」と「目標」では、本書

の構成と、その章で何を学ぶのかを理解でき、その章を読み始める前に読んでおくべき付録を知ることができます。

◆熟練 Python プログラマーなら

熟練した Python プログラマーならば、pandas に取り組んで構文を理解するのに、最初の 2 章で十分かもしれません。その場合は、本書の残りの部分をリファレンスとして使えるでしょう。章の冒頭にある「目標」では、その章で扱っているトピックを知ることができます。第 2 部の「tidy data」に関する章、第 3 部の章は、特にデータ操作に役立つ内容になっています。

◆教育者なら

この本を教材として使いたいインストラクターの皆さんは、それぞれの章を、順番に教えることができるでしょう。それぞれの章は、だいたい 45 分から 1 時間で教えられるはずです。この本は、どの章も、その先の章を参照しないように構成してあります。それで、生徒さんたちの知識に関する負担を最小にしたわけですが、必要ならば並び替えても結構です。

◆開発環境

開発環境のセットアップのやり方は、人それぞれです。掲載したコード用に環境を設定するための情報（英語）は、本書の GitHub リポジトリ（https://github.com/chendaniely/pandas_for_everyone）の "Setup" という項目に書いた内容が参考になるはずです。付録 A にも、Python をインストールする方法の情報があります。

データの入手方法など

本書の記述に沿ってコーディングするのに、すべてのデータを入手する最も簡単な方法は、次の URL を使ってリポジトリをダウンロードすることです（https://github.com/chendaniely/pandas_for_everyone/archive/master.zip）。

これにより、リポジトリにあるすべてのファイルがダウンロードされ、Python スクリプトやノートブックを格納するためのフォルダも展開されます。

また、リポジトリからデータフォルダをコピーして、いずれかのフォルダに格納することもできます。ただし、GitHub リポジトリの内容は、必要に応じて更新することがあります。

◆ Python のセットアップ

付録 F では環境のインストールについて、付録 G ではパッケージのインストールについて説明しています。次に示すのは、本書で使用する環境とパッケージをインストールするコマンドで、これだけあれば使い始めるのに十分でしょう[2]。

※2　訳注：リポジトリの README にあるように、このコマンドリストは更新されている。本書の付録 G を参照のこと。

```
$ conda create -n book python=3.6
$ source activate book
$ conda install pandas xlwt openpyxl feather -format seaborn numpy \
  ipython jupyter statsmodels scikit-learn regex \
  wget odo numba
$ conda install -c conda-forge pweave
$ pip install lifelines
$ pip install pandas-datareader
```

◆フィードバックのお願い

　時間をかけて、本書を読んでいただく皆様に感謝いたします。もし本書に、何らかの問題、異議、間違いなどを見つけられたら、私に（英語で）フィードバックしてください！　その情報をお寄せいただく方法は GitHub の「Issues」がたぶん最良ですが、chendaniely@gmail.com を宛先として私にメールしていただいてもかまいません。ただし、Subject 行の先頭に [PFE] というタグを付けてください。それがないと、さまざまな listserv メールの洪水に埋まってしまうかもしれません。また、本書でカバーすべきだと思うトピックが他にありましたら、それも教えてください。GitHub リポジトリにノートブックを置くなど、できるだけ対処し、本書の後の刷あるいは版に入れるようにするつもりです。激励の言葉も、ありがたくいただきます！

◆日本語版の正誤表について

　日本語版に正誤がある場合、以下の URL のページに正誤表が表示されます。
　https://book.impress.co.jp/books/1118101067

謝辞

● **Introduction to Data Science：**

　この本に至る道を開いてくださった３人の方々は、僕がコロンビア大学で受けた "Introduction to Data Science" コースのインストラクターだった、Rachel Schutt、Kayur Patel、Jared Lander です。この方々なしには、「データサイエンス」という言葉の意味さえ、僕にはわからなかったでしょう。この分野について、本当に多くのことを、彼らのレクチャーとラボで学びました。いま知っていること、行っていることのすべてが、このクラスを原点としています。もっともインストラクターが学習プロセスのすべてではありません。ホームワークの課題を手探りし、最終的なプロジェクトだった科学記事の要約では身につけたスキルを発揮し、さらに学習を続け、クラスを無事に終了できたのは、同じ研究グループにいた仲間たちのおかげです。彼らは、Niels Bantilan、Thomas Vo、Vivian Peng、そして Sabrina Cheng です（ここに似顔絵を載せましょう）。そして、たぶん驚くべきことではないのでしょうが、修士のプログラムを無事通過できたのも、彼らのおかげなのです（その続きは、またあとで）。

この画像は、我々のプロジェクトグループのために Vivian Peng が描いた深夜の落書きの１つ。上には、我らのプロジェクトリーダー、Niels。中央には、左から Thomas、僕、Sabrina。そして下にいるのが Vivian。

● **Software-Carpentry：**

　"Introduction to Data Science" コースの一環として、Software-Carpentry のワークショップに参加したとき、はじめて pandas と出会いました。最初のインストラクターは、Justin Ely と David Warde-Farley でした。それ以来ずっと、このコミュニティに関わっています。Greg Wilson に、そ

して最初に僕が助手をしたときのリーダー、Aron Ahmadia と Randal S. Olson に、感謝します。それ以降は、多くのワークショップで教え、インストラクターたちと出会いました。そうした経験や出会いにより、いま僕が理解・実践している知識とスキルをマスターする機会のほか、新しい学習者に広める機会も得ることができました（それが本書に結実したのです）。

　Software-Carpentry は、NumFOCUS、PyData、いろいろな Scientific Python コミュニティに参加するきっかけにもなりました。そこには、僕の（Python の）ヒーローたちがいました。多すぎて名前のリストを挙げることはできませんが、R の世界と接触できたのは、ひとえに Jared Lander のおかげです。

● Columbia University Mailman School of Public Health：

　学部時代の研究グループが、修士プログラムの間に進化して、一生ものの友人グループになりました。このグループのメンバーは、疫学（epidemiology）と生物統計学（biostatistics）を最初に教わったプログラムの第一学期からの付き合いです。そのプログラムで学んだ知識が、のちの機械学習の知識に発展したと言えるでしょう。Karen Lin、Sally Cheung、Grace Lee、Wai Yee (Krystal) Khine、Ashley Harper、Jacquie Cheung に感謝します。そして、古き学習グループの同期生、Niels Bantilan、Thomas Vo、Sabrina Cheng にも感謝します。

　模範的な教師像を示してくださったインストラクターの Katherine Keyes（疫学）と Martina Pavlicova（生物統計学）に感謝します。さらには、助手として最初に教える経験を与えてくれた、Dana March Palmer に感謝します。メイルマン校にいたときの論文指導教官（thesis advisor）は Mark Orr でした。疫学部には、計算とシミュレーションのモデリングを行う教職員のグループがあって、リーダーは学部長だった Sandro Galea でした。卒業後、データアナリストとして最初の仕事を得たのは、コロンビア大学看護大学院の Jacqueline Merrill からです。

　メイルマン校への入校は、僕の人生を変える出来事でした。もし Ting Ting Guo がいなければ、MPH（Master of Public Health）プログラムに入ろうと考えなかったでしょう。そしてアドバイザーの Charlotte Glasser は、僕が頻繁に変えた学部時代の専攻や研究科生としての計画に、多大なる援助を与えてくれました。

● Virginia Tech：

　一緒に仕事をした、SDAL（Social and Decision Analytics Laboratory：社会意思決定分析研究所）の人々のおかげで、バージニア工科大学は、僕が経験した仕事場のなかで最も楽しめる場所の 1 つになりました。ここに誘ってくださった Mark Orr に、第 2 の感謝を捧げます。研究所を運営する Kim Lyman と Lori Conerly のおかげで、毎日の生活はずっと楽になりました。そして所長の Sallie Keller と副所長の Stephanie Shipp が、共同作業しやすい仕事環境を作ってくださいました。その他の、過去と現在のラボのメンバーを順不同で列挙すれば、David Higdon、Gizem Korkmaz、Vicki Lancaster、Mark Orr、Bianca Pires、Aaron Schroeder、Ian Crandell、Joshua Goldstein、Kathryn Ziemer、Emily Molfino、そして Ana Aizcorbe。この人たちがしっかり働いていたので、院生としての経験が楽しいものになりました。また、夏季の DSPG（Data Science for the Public Good）プログラムを通じて、学部生たち、ラボの院生たちと一緒にトレーニングを行い、働いたの

も楽しいことでした。教育についても、優れたプログラムの書き方を実践する面でも、多くを学びました。最後に Brian Goode が、いつもさまざまな話題の話し相手になってくれたので、プログラムを通じて僕の経験は、さらに豊かになりました。

　本書の大部分を書いていたのはバージニア州ブラックスバーグ（Blacksburg）にいたときですが、そのときの人たちが、学習課題の期間中、ずっと支えてくれました。Ph.D. を目指す仲間の、Alex Song Qi、Amogh Jalihal、Brittany Boribong、Bronson Weston、Jeff Law、Long Tian は、いつも僕を（そして互いに）誘って、がり勉から開放する機会を作ってくれます。共通するクラスが多いわけでもなく、ラボも違っていたりするのですが、我々の学際的プログラムにおいて、あくまで連絡を密にしようと努力する彼らの熱意を高く評価しています。

　僕がブラックスバーグに落ち着いたのは、Brian Lewis と Caitlin Rivers の援助があったからです。おかげさまで、NDSSL（Network Dynamics and Simulation Science Laboratory）で働くための物理的空間を獲得できました。そこで出会った Gloria Kang、Pyrros (Alex) Telionis、James Schlitt は、過去数年の間、創造的・感情的な「はけぐち」になってくれました。この本で使ったデータセットの一部は、NDSSL が提供元だったり、編集に関わっていたりします。

　最後になりましたが、いつも僕が仕掛けるいたずらを我慢してくれている、プログラマー仲間の Dennie Munson には、いくら感謝しても感謝しきれません。

● Book Publication Process：

　Python とデータサイエンスのコミュニティに貢献する、この機会を与えてくれたのは、Debra Williams Cauley です。本当にありがとうございました。このプロセスを通じて、僕は教師として凄まじく成長しました。この冒険のおかげで開かれたドアの数は、僕が破った締め切りの数を上回りました。僕を推薦して、この仕事をくださった Jared Lander に、さらなる感謝を捧げます。

　執筆のプロセスでフィードバックをいただいた、Gloria Kang、Jacquie Cheung、Jared Lander に、あらためて感謝を送ります。この本を表紙から背表紙までレビューしてくれた Chris Zahn にも、フィードバックとレビューを提供してくれた、Kaz Sakamoto と Madison Arnsbarger にも感謝を捧げます。そして、僕が自分の足もとを固め、仕事を「正しく」こなせるように、数多くの対話を通じて手伝ってくださった、M Pacer、Sebastian Raschka、Andreas Müller、Tom Augspurger にも感謝を捧げます。

　原稿を書き終えた後のプロセスに関わった、すべての人々に感謝します。Julie Nahil（production editor）、Jill Hobbs（copy editor）、Rachel Paul（project manager and proofreader）、Jack Lewis（indexer）、そして SPi Global（compositor）、みなさんと仕事ができて、嬉しかったです。重要なのは、僕の原稿の、ちょっと荒っぽいところを、皆さんが研磨して、一貫した形式を持つ本にしてくれたことです。

● Family：

　家族と親戚は、いつも僕にとって身近なものです。休暇だとか、いろんな野外料理とかで、一緒に集まるのは楽しいものです。なにしろ 50 人を超える一同の大多数が、一年を通じて定期的に集うことが可能だなんて、いつも驚かされています。この素晴らしい人々から愛とサポートを受けら

れる自分は、おそろしく幸福な人間です。

弟の Eric と、妹の Julia に。兄ってのは、タイヘンなんだけど。君たちが、いつも僕を、もっといい人になれ、ロールモデルになれって持ち上げてくれる。そしてユーモアと喜びと若さを、僕の人生にもたらしてくれる。前書きと付録にと絵を提供してくれた我が妹には、もう一度感謝を。

最後になってしまったけれど、ずっと援助してくれた母さんと、父さん、ありがとう。何度も、どたんばになってキャリアを変えてしまったけれど、いつもそばにいて、僕の決断を支持してくれましたね。金銭的にも、感情的にも、物理的にも（町から町へ居場所を変える手伝いを含めて）。いつも自分の願いを追いかけることができたのは、必ずあなた方が助けてくれると信じていたからです。この本を、家族に捧げます。

C O N T E N T S

Pandas
for
Everyone

Python
Data
Analysis

第 1 部　基本的な使い方を学ぶ

第 2 部　データ操作によるクリーニング

第3部　データの準備―変換／整形／結合など

第4部 モデルをデータに適合させる

第5部 締めくくり—次のステップへ

第6部 付録

MEMO

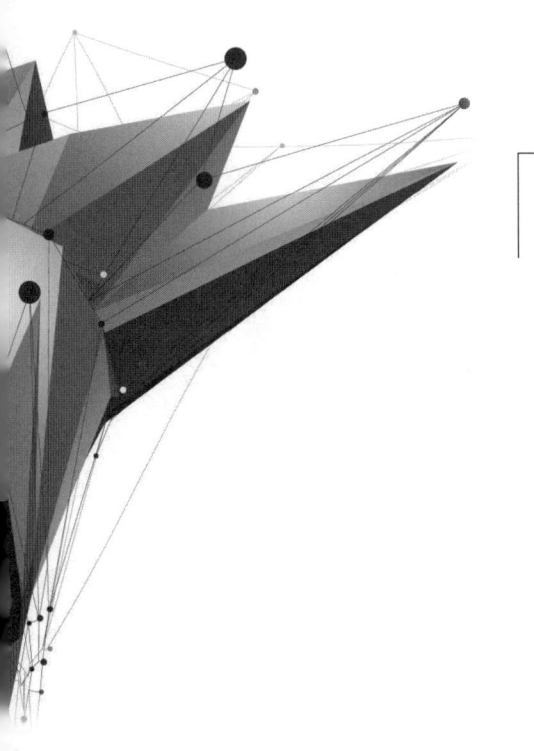

Part I
Introduction

▼
▼
▼
▼

第1部
基本的な
使い方を学ぶ

第1章
DataFrameの基礎

第2章
pandasのデータ構造

第3章
プロットによるグラフ描画

Pandas
for
Everyone

Python
Data
Analysis

第1章

DataFrameの基礎

1.1 はじめに

　pandas は、データ解析のためのオープンソースの Python ライブラリだ。これによって、スプレッドシート的なデータを高速にロードし、操作し、整列させ、マージするなどの処理が Python で可能になる。これらの拡張機能を与えるため、pandas は Series と DataFrame という 2 つの新しいデータ型を Python に導入する。DataFrame は、スプレッドシート全体 (行と列を持つ長方形のデータ) を表現する。Series は、DataFrame の行または列 1 つを表現する。逆に、pandas の DataFrame は、Series オブジェクトの辞書またはコレクションと考えることもできる。

　データを扱うのに、Python のようなプログラミング言語と pandas のようなツールを使う理由は何だろうか。それは結局、プロセスを自動化し、再現可能にするためだ。ある一群の解析処理を、複数のデータ集合に対して実行する必要があるとき、プログラミング言語を使えば、それらのデータ集合の解析処理を自動化できる。スプレッドシートを処理するプログラム (以下、スプレッドシートプログラム) の多くは、独自のマクロ言語によるプログラミングが可能だが、たいがいのユーザーは、それらを使っていない。また、すべてのスプレッドシートプログラムが、すべての OS で利用できるわけでもない。それに、プログラミング言語を使ってデータ解析を実行するのなら、ユーザーは、いやおうなしに、そのデータに対して実行した全部のステップを保管することになる。多くの人々には (私もそうだが)、スプレッドシートプログラムでデータを見ているとき、うっかり別のキーを打ってしまい、おかしなデータが入って、結果が意味をなさなくなったという経験があるだろう。なにもスプレッドシートプログラム

が良くないとか、データのワークフローに入れるなとか言うのではない（ぜひ入れるべきだ）。そうではなく、私が強調したいのは、もっと優れた、信頼性の高いツールがありますよ、ということなのだ。

・コンセプトマップ

  1. 予備知識（付録を参照）
      a. 相対ディレクトリ
      b. 関数呼び出し
      c. ドット記法
      d. Python の基本的なコンテナ
      e. 変数への代入

  2. この章で学ぶこと
      a. データをロードする
      b. 部分集合を抽出する（絞り込み）
      c. スライスする
      d. フィルタリングする
      e. pandas の基本データ構造（Series と DataFrame）
      f. 他の Python コンテナ（list と numpy.ndarray）との類似
      g. 基本的なインデックス参照

・目標

この章では、次の事項を学ぶ：

  1.   単純な、デリミタ記号（区切り文字）付きのデータファイルをロードする

  2.   ロードした列や行の数を調べる

  3.   ロードしたデータの型を判定する

  4.   行や列の絞り込みによって、データの各部を見る

1.2　最初のデータセットをロードする

データセット（データの集合）を与えられたとき、われわれは、まずデータをロードしてその構造と内容を見る。データセットを見る最も単純な方法は、個々の行や列を調べ、それらを絞り込む（部分集合を抽出する）ことだ。それぞれの列に、どのような型の情報が入っているのかを理解したら、記述統計量（descriptive statistics）に集約することで、データに潜むパターンの発見につなげることができる。

pandas は Python の標準ライブラリではないので、まずは Python に対して、このライブラリをロード（インポート）せよと指令する必要がある。

```
import pandas
```

　ライブラリをロードしたら、その read_csv 関数を使って、CSV 形式のデータファイルをロードすることができる。pandas から read_csv 関数にアクセスするには、ドット記法（dot notation）を使う。ドット記法については、付録 H、O、S に記述がある。

ギャップマインダーのデータセットについて

　ここで使う Gapminder データセットのオリジナルは、www.gapminder.org にある。この本で使っている Gapminder データは、ブリティッシュコロンビア大学の Jennifer Bryan が準備したバージョンで、リポジトリは、www.github.com/jennybc/gapminder にある [1]。

```
# デフォルトで read_csv 関数が読むのは、カンマで区切られた
# CSV ファイルだが、この Gapminder データはタブで区切られている。
# そこで、sep パラメータにより、セパレータのタブを \t で指定する
df = pandas.read_csv('../data/gapminder.tsv', sep='\t')
# head メソッドを使うと、Python が最初の 5 行だけ表示してくれる
print(df.head())
       country continent  year  lifeExp       pop   gdpPercap
0  Afghanistan      Asia  1952   28.801   8425333  779.445314
1  Afghanistan      Asia  1957   30.332   9240934  820.853030
2  Afghanistan      Asia  1962   31.997  10267083  853.100710
3  Afghanistan      Asia  1967   34.020  11537966  836.197138
4  Afghanistan      Asia  1972   36.088  13079460  739.981106
```

　pandas の関数を使うときは、pandas と書く代わりに別名の pd を使うのが一般的だ。次に示すコードは、前記の例と同じである。

```
import pandas as pd
df = pd.read_csv('../data/gapminder.tsv', sep='\t')
```

　組み込みの type 関数を使えば、本当に pandas の DataFrame を使っているのか（あるいは、pandas などのパッケージではなく Python そのものに入っているのか）をチェックできる。

```
print(type(df))
  <class 'pandas.core.frame.DataFrame'>
```

---

[1] 訳注：README.md を参照。DataFrame オブジェクトに含まれる 6 個の変数は、country（国名）、continent（大陸名）、year（5 年ごとの年）、lifeExp（誕生時に予期される平均余命）、pop（総人口）、gdpPercap（1 人当たりの国内総生産）。なお、Gapminder データセットのコピーは、著者の GitHub サイト（下記 URL）からでも入手できる。
https://github.com/chendaniely/pandas_for_everyone/blob/master/data/gapminder.tsv

この type 関数は、さまざまな種類の Python オブジェクトを含む仕事を始めたとき、いま実際に、どのオブジェクトを相手にしているのかを知る必要があるときに便利だ。

われわれがロードしたデータセットは、現在は pandas の DataFrame オブジェクトとして保存されていて、これは比較的小さい。どの DataFrame オブジェクトにもある shape 属性を使うと、その DataFrame の行数と列数を調べることができる。

```
# 行と列の個数をとる
print(df.shape)
(1704, 6)
```

この shape 属性が返す形状（各次元のデータ数）は 1 個の「タプル」（付録 J）で表され、1 番目の要素の値が行数、2 番目の要素の値が列数だ。先ほどの結果を見ると、われわれの Gapminder データセットは、1704 行、6 列である。

shape は、この DataFrame オブジェクトの属性であって、DataFrame 型が持つ関数やメソッドではないのだから、名前の後にカッコのペアを付けない。もし間違って属性名 shape の直後にカッコのペアを置いたら、エラーになるだろう。

```
# shape は属性であり、メソッドではないので
# これはエラーになる
print(df.shape())
Traceback (most recent call last):
  File "<ipython-input-1-e05f133c2628>", line 2, in <module>
    print(df.shape())
TypeError: 'tuple' object is not callable
```

最初にデータセットを見るとき、たいていはまず列と行の数を知りたいだろう（いま、それを行った）。次に重要なポイントとして、データに含まれている情報が何かを知るために、その列（column）を見る。列の名前を知りたいときは、先ほどの shape と同じように、DataFrame オブジェクトの columns 属性を使って指定する。

```
# 列の名前を見る
print(df.columns)
Index(['country', 'continent', 'year', 'lifeExp', 'pop', 'gdpPercap'],
      dtype='object')
```

質問

　列の名前の type は何か？

pandas の DataFrame オブジェクトは、他の言語（たとえば Julia や R）に見られる DataFrame 的

なオブジェクトと似ている。それぞれの列（Series）は同じ型で統一しなければならないが、それぞれの行は、さまざまに異なる型を含むことができる。この例で言えば、country の列は、どれも文字列であり、year の列は整数だろうと期待できる。けれども本当にそうなのかを確認するのが一番で、それには dtypes 属性か、info メソッドを使える。

```
# 各列の dtype を見る
print(df.dtypes)
country        object
continent      object
year            int64
lifeExp       float64
pop             int64
gdpPercap     float64
dtype: object

# データの詳しい情報を見る
print(df.info())
<class 'pandas.core.frame.DataFrame'>
RangeIndex: 1704 entries, 0 to 1703
Data columns (total 6 columns):
country       1704 non-null object
continent     1704 non-null object
year          1704 non-null int64
lifeExp       1704 non-null float64
pop           1704 non-null int64
gdpPercap     1704 non-null float64
dtypes: float64(2), int64(2), object(2)
memory usage: 80.0+ KB
None
```

表 1.1 に、pandas の型と、Python のネイティブな型との比較を示しておく。

表 1.1 pandas の型と、Python の型との比較

pandas の型	Python の型	説明
object	string	最も一般的なデータ型
int64	int	整数
float64	float	浮動小数点数
datetime64	datetime	datetime は Python の標準ライブラリにある（組み込み型ではない。つまりデフォルトではロードされず、インポートの必要がある）

1.3 列、行、セルを見る

単純なデータファイルをロードできるようになったら、次は、その内容を調べる方法が欲しいだろう。DataFrame オブジェクトの内容は print で出力することも可能だが、最近のデータは多くの場合、全部の情報を出力するにはセルの数が多すぎる。そういうデータは全体を見るより、

むしろ部分的に、データのさまざまな部分集合を調べるのが最良の方法だ。すでに見たように、DataFrame オブジェクトの head メソッドを使えば、データの最初の5行だけを調べることができる。これは、データが正しくロードされたことを確認し、それぞれの列について、名前と内容が、どのようなものかをつかむのに有効だ。けれども時には、データの中で、ある特定の行や列や値だけを見たい場合がある。

これから先を読む前に、自分に Python のコンテナについての知識があることを確認しておこう（付録のI、J、K を参照）。

1.3.1　列を絞り込む

複数の列を調べたいのなら、それらを名前か位置か範囲によって指定できる。

1.3.1.1　名前で列を絞り込む

データの中で、ある特定の列だけが欲しいのなら、そのデータに角カッコを使ってアクセスできる。

```
# country の列だけをとり出して独自の変数に保存する
country_df = df['country']

# 最初の 5 個の値を表示する
print(country_df.head())
0    Afghanistan
1    Afghanistan
2    Afghanistan
3    Afghanistan
4    Afghanistan
Name: country, dtype: object

# 最後の 5 個の値を表示する
print(country_df.tail())
1699    Zimbabwe
1700    Zimbabwe
1701    Zimbabwe
1702    Zimbabwe
1703    Zimbabwe
Name: country, dtype: object
```

列の名前によって複数の列を指定するには、角カッコの間に Python の list を入れて渡す。こうすると角カッコのペアが2重になるので、ちょっと奇妙に見えるかもしれない。

```
# country と continent と year のデータを見る
subset = df[['country', 'continent', 'year']]

print(subset.head())
      country continent year
```

```
 0 Afghanistan      Asia 1952
 1 Afghanistan      Asia 1957
 2 Afghanistan      Asia 1962
 3 Afghanistan      Asia 1967
 4 Afghanistan      Asia 1972

print(subset.tail())
        country continent year
1699 Zimbabwe     Africa 1987
1700 Zimbabwe     Africa 1992
1701 Zimbabwe     Africa 1997
1702 Zimbabwe     Africa 2002
1703 Zimbabwe     Africa 2007
```

この場合も、print を使って subset の DataFrame オブジェクト全体を出力することが可能だ。ただし、それでは紙面を浪費するから、本書ではその方法は使わない。

1.3.1.2　インデックスによる列の抽出（pandas v0.20 以前）

時には特定の列を、名前ではなく位置によって指定したくなるかもしれない。たとえば第 1 の列（"country"）と第 3 の列（"year"）とか、最後の列だけ（"gdpPercap"）というように。

pandas v0.20 からは、列を絞り込むために、角カッコの間に「整数のリスト」を入れて渡すことが、できなくなっている。たとえば、df[[1]] や、df[[0, -1]] や、df[list(range(5))] は、もう使えない。列を絞り込むには他の方法がある（1.3.3 項）が、それらは次に述べる「行を絞り込むテクニック」の応用だ。

1.3.2　行を絞り込む

行は、名前かインデックスを使う複数の方法で、絞り込むことができる。表 1.2 に、さまざまな方法の概要を示しておく。

表 1.2　行（または列）のインデックス参照を行うさまざまな方法

絞り込みの方法	説明
loc	インデックスラベル（行名）による絞り込み
iloc	行インデックス（行番号）による絞り込み
ix（pandas v0.20 以前）	インデックスラベルまたは行インデックスによる絞り込み

1.3.2.1　インデックスラベルによる行の抽出：loc

われわれの Gapminder データの一部を見よう。

```
print(df.head())
       country continent year lifeExp       pop  gdpPercap
 0 Afghanistan      Asia 1952  28.801   8425333 779.445314
 1 Afghanistan      Asia 1957  30.332   9240934 820.853030
 2 Afghanistan      Asia 1962  31.997  10267083 853.100710
 3 Afghanistan      Asia 1967  34.020  11537966 836.197138
```

```
4 Afghanistan      Asia 1972   36.088 13079460 739.981106
```

　出力された DataFrame オブジェクトの左端には、行番号のようなものが見える。この「列ではない数値の並び」が、DataFrame オブジェクトの「インデックスラベル」(index label) だ。インデックスラベルは「列の名前」のようなものであるが、列ではなく行に付く。pandas は、デフォルトでインデックスラベルに行番号を生成する（0 から始まることに注意）。行のインデックスラベルが行番号と異なる一般的な例としては、時系列のデータを扱う場合がある。その場合、インデックスラベルは何らかのタイムスタンプになるだろう。ただし、いまはデフォルトの行番号を値にしておく。

　インデックスラベルによって行を絞り込むには、DataFrame オブジェクトの loc 属性を使える。

```
# 最初の行を抽出する
# (Python では 0 から数える)
print(df.loc[0])
country      Afghanistan
continent           Asia
year                1952
lifeExp           28.801
pop              8425333
gdpPercap        779.445
Name: 0, dtype: object

# 100 番目の行を抽出する
# (Python では 0 から数える)
print(df.loc[99])
country       Bangladesh
continent           Asia
year                1967
lifeExp           43.453
pop             62821884
gdpPercap        721.186
Name: 99, dtype: object

# 最後の行を抽出する ...
# これはエラーになる
print(df.loc[-1])
Traceback (most recent call last):
  File "/home/dchen/anaconda3/envs/book36/lib/python3.6/sitepackages/
pandas/core/indexing.py", line 1434, in _has_valid_type
    error()
KeyError: 'the label [-1] is not in the [index]'

During handling of the above exception, another exception occurred:

Traceback (most recent call last):
  File "<ipython-input-1-5c89f7ac3971>", line 2, in <module>
    print(df.loc[-1])
KeyError: 'the label [-1] is not in the [index]'
```

　loc の値として -1 を渡すとエラーが発生する。その理由は、この例に存在しない行のインデッ

クスラベル（行番号）である '-1' を探そうとするからだ。その代わりに、Python のコードを使って
行番号を計算し、その値を loc に入れて渡すことができる。

```
# 最後の行を抽出する方法（正解）
# shape から得られる最初の値で、行数が得られる
number_of_rows = df.shape[0]

# 最終行のインデックス値をとるため、その値から 1 を引く
last_row_index = number_of_rows - 1

# 最終行のインデックスを使って絞り込む
print(df.loc[last_row_index])
country        Zimbabwe
continent        Africa
year               2007
lifeExp          43.487
pop            12311143
gdpPercap       469.709
Name: 1703, dtype: object
```

　あるいは、tail メソッドを使い、デフォルトの 5 行ではなく最後の 1 行だけを返すように指定
することもできる。

```
# 望みの結果を得る方法は数多く存在する
print(df.tail(n=1))
        country continent year lifeExp       pop  gdpPercap
1703 Zimbabwe    Africa 2007  43.487 12311143 469.709298
```

　ただし、tail メソッドを使うのと loc を使うのでは、このように結果の出力に違いが生じる。
このような方法を使うと、どんな型が返されるのかを調べよう。

```
subset_loc = df.loc[0]
subset_head = df.head(n=1)

# loc を使って得られる 1 行の型
print(type(subset_loc))
<class 'pandas.core.series.Series'>

# head を使って得られる 1 行の型
print(type(subset_head))
<class 'pandas.core.frame.DataFrame'>
```

　この章の冒頭で述べたように、pandas は 2 つの新しいデータ型を Python に導入している。ど
のメソッドを使うか、そして、いくつ行を返すかによって、pandas は異なるオブジェクトを返す。
オブジェクトの型は、画面に出力される様子を見て推測できるが、いつでも type 関数を使って

チェックするのが確実だ。これらのオブジェクトについては、第2章で詳しく調べよう。

・複数行の抽出

複数の列を取り出せるのと同様に、複数の行を選択することも可能だ。

```
# 第1行と第100行と第1000行を選択する。
# 複数列の選択に使ったのと同じ
# 2重角カッコの構文に注目
print(df.loc[[0, 99, 999]])
        country continent year lifeExp       pop  gdpPercap
0    Afghanistan      Asia 1952  28.801   8425333  779.445314
99    Bangladesh      Asia 1967  43.453  62821884  721.186086
999     Mongolia      Asia 1967  51.253   1149500 1226.041130
```

1.3.2.2　インデックス番号による行の抽出：iloc

iloc も、loc と同じことを行うが、こちらは行のインデックス番号による絞り込みに使われる。この例では、インデックスラベルが行番号なので、iloc も loc も、まったく同じように振る舞う。けれども、インデックスラベルが必ず行番号とは限らないことを忘れてはいけない。

```
# 2番目の行を見る
print(df.iloc[1])
country       Afghanistan
continent            Asia
year                 1957
lifeExp            30.332
pop               9240934
gdpPercap         820.853
Name: 1, dtype: object

## 100番目の行を見る
print(df.iloc[99])
country        Bangladesh
continent            Asia
year                 1967
lifeExp            43.453
pop              62821884
gdpPercap         721.186
Name: 99, dtype: object
```

このように、リストに1を入れるとき、実際に得られるのは最初の行ではなく、2番目の行である。これは Python の「ゼロをインデックスとする振る舞い」に従っている。つまり、コンテナの最初の要素は、インデックスが0である（コンテナの0番目の要素）。こういった挙動についての詳細は、付録のI、L、Pを参照。

iloc なら、-1を渡すことで、最後の行を取り出すことができる。これは loc ではできないことだ。

```
# -1 を使って最後の行を抽出する
print(df.iloc[-1])
country        Zimbabwe
continent        Africa
year               2007
lifeExp          43.487
pop            12311143
gdpPercap       469.709
Name: 1703, dtype: object
```

そして loc と同じように、整数値のリストを渡すことで、複数の行を取得できる。

```
# 第 1 行と第 100 行と第 1000 行を選択する。
print(df.iloc[[0, 99, 999]])
        country continent year lifeExp       pop   gdpPercap
0   Afghanistan      Asia 1952  28.801   8425333  779.445314
99   Bangladesh      Asia 1967  43.453  62821884  721.186086
999    Mongolia      Asia 1967  51.253   1149500 1226.041130
```

1.3.2.3 ix による行の抽出（pandas v0.20 以前）

　ix 属性は、pandas v0.20 から後のバージョンでは使えなくなっている。紛らわしい場合があるからだ。ただし、記述に漏れがないように、ix についても簡単に触れておく。

　ix は、loc と iloc を組み合わせたようなものと考えられる。ix は、ラベルでも整数でも、どちらを使っても絞り込みを行うことができるからだ。デフォルトではラベルを探すのだが、もし対応するラベルが見つからなければ、今度はフォールバック（予備の対応）として、整数によるインデックスを使おうとする。おかげで大量の混乱が生じる可能性がある。だから、この機能は捨てられたのだ。ix を使うコードは、loc や iloc を使うのと、まったく同じように見える。

```
# 最初の行
df.ix[0]

# 100 番目の行
df.ix[99]

# 第 1 行と第 100 行と第 1000 行
df.ix[[0, 99, 999]]
```

1.3.3　組み合わせて絞り込む

　属性の loc と iloc は、列か、行か、その両方を絞り込むのに使うことができる。loc と iloc

の一般構文は、角カッコのペアと 1 個のカンマを使う。カンマの左側は抽出すべき行の値であり、カンマの右側は抽出すべき列の値だ。つまり、df.loc[[rows], [columns]] か、または df.iloc[[rows], [columns]] という形式で書く。

1.3.3.1 複数列の抽出

これらのテクニックを、複数の列を抽出する目的で使う場合は、Python のスライス構文（付録 L）を使う必要がある。列を絞り込むと、その指定した列を全部の行から抽出することになるのだから、すべての行をキャプチャするメソッドが必要になるのだ。

Python のスライス構文は 1 個のコロン（:）を使う。コロンだけ指定すると、その属性は「すべて」を意味する。だから、loc または iloc の構文を使って（行ではなく）列を抽出するには、たとえば df.loc[:, [columns]] のように書く。これで、それらの列をすべての行から抽出できる。

```
# loc で列を絞り込む
# コロンの位置に注意しよう
# これは、全部の行を選択する場合
subset = df.loc[:, ['year', 'pop']]
print(subset.head())
    year       pop
0   1952   8425333
1   1957   9240934
2   1962  10267083
3   1967  11537966
4   1972  13079460

# iloc で列を絞り込む
# iloc では整数値を使える
# -1 は最後の列を選択する
subset = df.iloc[:, [2, 4, -1]]
print(subset.head())
    year       pop   gdpPercap
0   1952   8425333  779.445314
1   1957   9240934  820.853030
2   1962  10267083  853.100710
3   1967  11537966  836.197138
4   1972  13079460  739.981106
```

もし loc や iloc を正しく指定しなければ、エラーになる。

```
# loc で列を絞り込む ...
# ただし、整数値を渡しているので
# エラーになる
subset = df.loc[:, [2, 4, -1]]
print(subset.head())
Traceback (most recent call last):
  File "<ipython-input-1-719bcb04e3c1>", line 2, in <module>
    subset = df.loc[:, [2, 4, -1]]
KeyError: 'None of [[2, 4, -1]] are in the [columns]'
```

```
# iloc で列を絞り込む ...
# ただしインデックス名を渡しているので
# エラーになる
subset = df.iloc[:, ['year', 'pop']]
print(subset.head())
Traceback (most recent call last):
  File "<ipython-input-1-43f52fceab49>", line 2, in <module>
    subset = df.iloc[:, ['year', 'pop']]
TypeError: cannot perform reduce with flexible type
```

1.3.3.2 範囲による複数列の抽出

Python で値の範囲を作るには、組み込みの range 関数を使うことができる。範囲の最初と最後の値を指定すれば、Python が、その間にある値の範囲を自動的に作ってくれる。デフォルトにより、最初と最後の値の間にある、すべての値が作られる（Python の範囲は、左側を含むが右側を含まない。付録 L を参照）。ただし、ステップを指定することも可能だ（付録 L と P）。Python 3 の range 関数は、ジェネレータを返す（付録 P）。もし Python 2 を使っていれば、range 関数はリストを返し（付録 I）、xrange 関数がジェネレータを返す。

これまでに見たコードでは、整数のリストを使って複数列を抽出していた。range はジェネレータを返すのだから、まず、そのジェネレータをリストに変換する必要がある。

range(5) を呼び出したときには、0 から 4 まで 5 個の整数が返されることに注意しよう。

```
# 0 から 4 までの整数を含む範囲を作成
small_range = list(range(5))
print(small_range)
[0, 1, 2, 3, 4]

# その範囲で DataFrame オブジェクトを絞り込む
subset = df.iloc[:, small_range]
print(subset.head())
        country continent year lifeExp       pop
0  Afghanistan      Asia 1952  28.801   8425333
1  Afghanistan      Asia 1957  30.332   9240934
2  Afghanistan      Asia 1962  31.997  10267083
3  Afghanistan      Asia 1967  34.020  11537966
4  Afghanistan      Asia 1972  36.088  13079460

# 3 から 5 までの整数を含む範囲を作成
small_range = list(range(3, 6))
print(small_range)
[3, 4, 5]

subset = df.iloc[:, small_range]
print(subset.head())
   lifeExp       pop  gdpPercap
0   28.801   8425333 779.445314
1   30.332   9240934 820.853030
```

```
2  31.997 10267083 853.100710
3  34.020 11537966 836.197138
4  36.088 13079460 739.981106
```

質問

実際にある列の数を超える範囲を指定したら、何が起きるか？

前述したように、範囲の値は「左側を含み、右側を含まない形」で指定される。

```
# 0 から 5 に至る、1 つおきの整数を含む範囲を作成
small_range = list(range(0, 6, 2))
subset = df.iloc[:, small_range]
print(subset.head())
        country year       pop
0  Afghanistan 1952   8425333
1  Afghanistan 1957   9240934
2  Afghanistan 1962  10267083
3  Afghanistan 1967  11537966
4  Afghanistan 1972  13079460
```

ジェネレータをリストに変換するのは、ちょっと不便だ。これを解決するには、Python のスライス構文を使用する。

1.3.3.3　複数列のスライシング

Python のスライス構文（:）は、range 関数の構文と同様に使える。ただし、関数では始点と終点とステップをカンマで区切って指定するが、その代わりにスライス構文ではコロンで値を区切る。

先ほど見た range 関数で何が起きていたかを理解すれば、スライスは、それと同じことを行う簡略な方法とみなすことができる。

range は、ジェネレータを作り、それを値のリストに変換する目的で使える関数だ。それとは対照的に、スライスを行うためのコロン構文は、配列から値をスライスして抽出するときにだけ意味を持つのであって、それ自身が独自の意味を持つわけではない。

```
small_range = list(range(3))
subset = df.iloc[:, small_range]
print(subset.head())
       country continent year
0 Afghanistan      Asia 1952
1 Afghanistan      Asia 1957
2 Afghanistan      Asia 1962
3 Afghanistan      Asia 1967
4 Afghanistan      Asia 1972

# 最初の 3 つの列をスライスする
```

```
subset = df.iloc[:, :3]
print(subset.head())
        country continent year
0 Afghanistan      Asia 1952
1 Afghanistan      Asia 1957
2 Afghanistan      Asia 1962
3 Afghanistan      Asia 1967
4 Afghanistan      Asia 1972

small_range = list(range(3, 6))
subset = df.iloc[:, small_range]
print(subset.head())
   lifeExp       pop gdpPercap
0   28.801   8425333 779.445314
1   30.332   9240934 820.853030
2   31.997 10267083 853.100710
3   34.020 11537966 836.197138
4   36.088 13079460 739.981106

# 3から5までを含む列をスライス
subset = df.iloc[:, 3:6]
print(subset.head())
   lifeExp       pop gdpPercap
0   28.801   8425333 779.445314
1   30.332   9240934 820.853030
2   31.997 10267083 853.100710
3   34.020 11537966 836.197138
4   36.088 13079460 739.981106

small_range = list(range(0, 6, 2))
subset = df.iloc[:, small_range]
print(subset.head())
        country year       pop
0 Afghanistan 1952   8425333
1 Afghanistan 1957   9240934
2 Afghanistan 1962 10267083
3 Afghanistan 1967 11537966
4 Afghanistan 1972 13079460

# 最初の5個の列で、1つおきにスライス
subset = df.iloc[:, 0:6:2]
print(subset.head())
        country year       pop
0 Afghanistan 1952   8425333
1 Afghanistan 1957   9240934
2 Afghanistan 1962 10267083
3 Afghanistan 1967 11537966
4 Afghanistan 1972 13079460
```

質問

スライスで 2 つのコロンを指定し、値の指定を略したら、どうなるだろうか？
たとえば、以下に挙げるケースの結果は、それぞれどうなるのか。

- `df.iloc[:, 0:6:]`
- `df.iloc[:, 0::2]`
- `df.iloc[:, :6:2]`
- `df.iloc[:, ::2]`
- `df.iloc[:, ::]`

1.3.3.4　列と行の抽出

これまでは、loc や iloc でカンマの左にコロン（:）を使ってきた。こうすると、DataFrame オブジェクトの全部の行が選択される。けれども、特定の列だけでなく特定の行も選択したいときは、カンマの左に値を書くことができる。

```
# loc を使うとき
print(df.loc[42, 'country'])
Angola

# iloc を使うとき
print(df.iloc[42, 0])
Angola
```

ただし loc と iloc の違いを忘れないように。

```
# これはエラーになるだろう
print(df.loc[42, 0])
Traceback (most recent call last):
  File "<ipython-input-1-2b69d7150b5e>", line 2, in <module>
    print(df.loc[42, 0])
TypeError: cannot do label indexing on <class
'pandas.core.indexes.base.Index'> with these indexers [0] of <class
'int'>
```

ix が、どれほど紛らわしいかは、次の例を見るとわかる。これを使えなくなったのは良いことだ。

```
# データから 43 番目の country をとり出す
df.ix[42, 'country']

# 'country' の代わりに、インデックス 0 を使うと
df.ix[42, 0]
```

1.3.3.5 複数行、複数列の抽出

行や列を絞り込む構文と、複数行や複数列を抽出する構文を組み合わせれば、データのさまざまなスライスを取り出すことができる。

```
# 第 1 行、第 100 行、第 1000 行を、
# 第 1 列、第 4 列、第 6 列から切り出す
# これらの列は、それぞれ
# country, lifeExp, gdpPercap になる
print(df.iloc[[0, 99, 999], [0, 3, 5]])
          country lifeExp   gdpPercap
0     Afghanistan  28.801  779.445314
99     Bangladesh  43.453  721.186086
999      Mongolia  51.253 1226.041130
```

筆者が作業するときは、データを絞り込むときに可能な限り（インデックスの数値ではなく）実際の「列名」を渡す。そうすれば、どのインデックスで呼び出しているのかを列名ベクトルを見て確認する必要がないから、コードが読みやすくなる。それだけでなく、インデックスの絶対値を使うと、もし何かの理由で列の順序が変更されたら問題が起きるだろう。ただしこれは一般的な経験則であり、例外的に、インデックスで位置を指定するほうが適切な場合もある（たとえば 4.3 節で述べるデータの連結）。

```
# インデックスではなく、列名を直接使えば
# もっとコードが読みやすくなる。ただし、
# それには iloc ではなく loc を使う必要がある
print(df.loc[[0, 99, 999], ['country', 'lifeExp', 'gdpPercap']])
          country lifeExp   gdpPercap
0     Afghanistan  28.801  779.445314
99     Bangladesh  43.453  721.186086
999      Mongolia  51.253 1226.041130
```

そして、loc および iloc の属性では、行の位置指定にスライス構文を使えることを覚えておこう。

```
print(df.loc[10:13, ['country', 'lifeExp', 'gdpPercap']])
        country lifeExp   gdpPercap
10  Afghanistan  42.129  726.734055
11  Afghanistan  43.828  974.580338
12      Albania  55.230 1601.056136
13      Albania  59.280 1942.284244
```

1.4 グループ化と集約

もし数値を扱う他のライブラリや言語を使った経験があれば、多くの基本的な統計量の計算機能

がライブラリに入るか、言語に組み込まれることをご存じだろう。ここで、もう一度、Gapminder のデータを見ておこう。

```
print(df.head(n=10))
        country continent year lifeExp       pop  gdpPercap
0 Afghanistan      Asia 1952  28.801   8425333 779.445314
1 Afghanistan      Asia 1957  30.332   9240934 820.853030
2 Afghanistan      Asia 1962  31.997  10267083 853.100710
3 Afghanistan      Asia 1967  34.020  11537966 836.197138
4 Afghanistan      Asia 1972  36.088  13079460 739.981106
5 Afghanistan      Asia 1977  38.438  14880372 786.113360
6 Afghanistan      Asia 1982  39.854  12881816 978.011439
7 Afghanistan      Asia 1987  40.822  13867957 852.395945
8 Afghanistan      Asia 1992  41.674  16317921 649.341395
9 Afghanistan      Asia 1997  41.763  22227415 635.341351
```

これを見ると、最初に次のような疑問が出てくるだろう。

1. このデータで、各年度で期待された余命（lifeExp）の平均値は、いくつなのだろうか。余命、人口、GDP の平均値を知りたい。

2. データを大陸（continent）ごとに分けて、それと同じ計算を実行したら、どうなるか。

3. それぞれの大陸のリストに、どれだけの国（country）が入っているのか。

1.4.1　グループごとの平均値

　これらの疑問に答えるには、グループごとの計算（つまり集約）を実行する必要がある。言い換えると、ある変数の平均値（mean）や度数（frequency count）を求める計算を、その変数の部分集合に適用するのだ。グループごとに計算を行う処理は、「分割 - 適用 - 結合」(split-apply-combine) のプロセスと考えることができる [2]。まずはデータをさまざまな部分に分割する。そして各部に、われわれが選んだ関数（あるいは計算）を適用する。そして最後に、各部に対して行う計算のすべてを、1 個の DataFrame オブジェクトに結合する。この「グループ化 / 集約」の演算を実現するには、DataFrame オブジェクトに対して groupby メソッドを使う。

```
# 各年度で期待された、余命の平均値はいくつだろうか?
# この疑問に答えるには、まずデータを年度によって分割し、
# その 'lifeExp' 列を取り出して、それらの平均値を計算する
print(df.groupby('year')['lifeExp'].mean())
year
1952    49.057620
1957    51.507401
```

---

[2]　訳注：以降に示すpandasの公式ドキュメントに説明があるように、「分割-適用-結合」（split-apply-combine）のプロセスにおいて、適用の処理として集約だけでなく、データの変換（transform）、抽出（filtration）などもある。詳細については第10章を参照。

```
1962    53.609249
1967    55.678290
1972    57.647386
1977    59.570157
1982    61.533197
1987    63.212613
1992    64.160338
1997    65.014676
2002    65.694923
2007    67.007423
Name: lifeExp, dtype: float64
```

この例で使ったステートメントを分解してみよう。最初に、グループ化したオブジェクトを作る。そうして分類した DataFrame オブジェクトを、ただプリントせよと命じたら、pandas はメモリ上の位置を返すだけだ。

```
grouped_year_df = df.groupby('year')
print(type(grouped_year_df))
<class 'pandas.core.groupby.DataFrameGroupBy'>

print(grouped_year_df)
<pandas.core.groupby.DataFrameGroupBy object at 0x7fe424583438>
```

分類したデータから、計算を適用したい列だけを含む部分集合を抽出する。第 1 の質問に答えるには、lifeExp の列が必要だ。これには 1.3.1.1 で述べた「名前で列を絞り込む」手法を使える。

```
grouped_year_df_lifeExp = grouped_year_df['lifeExp']
print(type(grouped_year_df_lifeExp))
<class 'pandas.core.groupby.SeriesGroupBy'>

print(grouped_year_df_lifeExp)
<pandas.core.groupby.SeriesGroupBy object at 0x7fe423c9f208>
```

これによって得られるのは、1 個の Series オブジェクトである。ただ 1 つの列を抽出したからだ。その中で Series オブジェクトの内容が、（この場合は年度によって）グループ化されている。

そして最後に、lifeExp 列の型は float64 であり、数値ベクトルに対して実行できる演算の 1 つは平均値の計算（mean）なのだから、それによって最終的な結果を得ることができる。

```
mean_lifeExp_by_year = grouped_year_df_lifeExp.mean()
print(mean_lifeExp_by_year)
year
1952    49.057620
1957    51.507401
1962    53.609249
1967    55.678290
```

```
1972    57.647386
1977    59.570157
1982    61.533197
1987    63.212613
1992    64.160338
1997    65.014676
2002    65.694923
2007    67.007423
Name: lifeExp, dtype: float64
```

　これと同様な一群の計算を、人口と GDP に対しても実行できる。これらの型は、それぞれ int64 と float64 なのだから。けれども、2つ以上の変数によってデータを分類したいときは、どうすればよいのか。また、同じ計算を複数の列に対して実行したいときは、どうだろうか。この章で獲得したノウハウを使おう。つまり、リストを使うのだ！

```python
# バックスラッシュ（\）を使えば、Pythonの長い1行のコードを
# 複数の行に分けることができる。
# df.groupby(['year', 'continent'])[['lifeExp', 'gdpPercap']].mean()
# と書いても、次に示すコードと同じだ。
multi_group_var = df.\
    groupby(['year', 'continent'])\
    [['lifeExp', 'gdpPercap']].\
    mean()
print(multi_group_var)
                   lifeExp      gdpPercap
year continent
1952 Africa      39.135500    1252.572466
     Americas    53.279840    4079.062552
     Asia        46.314394    5195.484004
     Europe      64.408500    5661.057435
     Oceania     69.255000   10298.085650
1957 Africa      41.266346    1385.236062
     Americas    55.960280    4616.043733
     Asia        49.318544    5787.732940
     Europe      66.703067    6963.012816
     Oceania     70.295000   11598.522455
1962 Africa      43.319442    1598.078825
     Americas    58.398760    4901.541870
     Asia        51.563223    5729.369625
     Europe      68.539233    8365.486814
     Oceania     71.085000   12696.452430
1967 Africa      45.334538    2050.363801
     Americas    60.410920    5668.253496
     Asia        54.663640    5971.173374
     Europe      69.737600   10143.823757
     Oceania     71.310000   14495.021790
1972 Africa      47.450942    2339.615674
     Americas    62.394920    6491.334139
     Asia        57.319269    8187.468699
     Europe      70.775033   12479.575246
     Oceania     71.910000   16417.333380
```

```
1977  Africa      49.580423    2585.938508
      Americas    64.391560    7352.007126
      Asia        59.610556    7791.314020
      Europe      71.937767   14283.979110
      Oceania     72.855000   17283.957605
1982  Africa      51.592865    2481.592960
      Americas    66.228840    7506.737088
      Asia        62.617939    7434.135157
      Europe      72.806400   15617.896551
      Oceania     74.290000   18554.709840
1987  Africa      53.344788    2282.668991
      Americas    68.090720    7793.400261
      Asia        64.851182    7608.226508
      Europe      73.642167   17214.310727
      Oceania     75.320000   20448.040160
1992  Africa      53.629577    2281.810333
      Americas    69.568360    8044.934406
      Asia        66.537212    8639.690248
      Europe      74.440100   17061.568084
      Oceania     76.945000   20894.045885
1997  Africa      53.598269    2378.759555
      Americas    71.150480    8889.300863
      Asia        68.020515    9834.093295
      Europe      75.505167   19076.781802
      Oceania     78.190000   24024.175170
2002  Africa      53.325231    2599.385159
      Americas    72.422040    9287.677107
      Asia        69.233879   10174.090397
      Europe      76.700600   21711.732422
      Oceania     79.740000   26938.778040
2007  Africa      54.806038    3089.032605
      Americas    73.608120   11003.031625
      Asia        70.728485   12473.026870
      Europe      77.648600   25054.481636
      Oceania     80.719500   29810.188275
```

　この出力データは、年度と大陸によって分類されている。年度と大陸の組み合わせについて、それぞれ余命の平均値と GDP の平均値が計算されている。データの出力方法も、少し違っている。年度と大陸の「列名」である year と continent は、余命と GDP の「列名」である lifeExp と gdpPercap と、同じ行にはない。そして年度の行と大陸の行では、インデックスに、ある種の階層的な構造がある。こういった「データの種類を扱う方法」については、第 10 章で詳しく調べよう。

　この DataFrame オブジェクトを「平坦化」(flatten)する必要があるなら、次のように reset_

indexメソッドを使える[3]。

```
flat = multi_group_var.reset_index()
print(flat.head(15))
    year continent    lifeExp      gdpPercap
0   1952    Africa  39.135500    1252.572466
1   1952  Americas  53.279840    4079.062552
2   1952      Asia  46.314394    5195.484004
3   1952    Europe  64.408500    5661.057435
4   1952   Oceania  69.255000   10298.085650
5   1957    Africa  41.266346    1385.236062
6   1957  Americas  55.960280    4616.043733
7   1957      Asia  49.318544    5787.732940
8   1957    Europe  66.703067    6963.012816
9   1957   Oceania  70.295000   11598.522455
10  1962    Africa  43.319442    1598.078825
11  1962  Americas  58.398760    4901.541870
12  1962      Asia  51.563223    5729.369625
13  1962    Europe  68.539233    8365.486814
14  1962   Oceania  71.085000   12696.452430
```

質問

データをグループ化するのに使ったリストで、順序は重要だろうか？

---

[3] 監訳注：ここでの「平坦化」とは、DataFrameオブジェクトのインデックスを列に加え、インデックスを新たに0からの通し番号に変換する処理を表す。オブジェクトmulti_group_varのインデックスを抽出すると次のようになる。

```
multi_group_var.index
  MultiIndex(levels=[[1952, 1957, 1962, 1967, 1972, 1977, 1982, 1987, 1992, 1997, 2002,
  2007], ['Africa', 'Americas', 'Asia', 'Europe', 'Oceania']],
          labels=[[0, 0, 0, 0, 0, 1, 1, 1, 1, 1, 2, 2, 2, 2, 2, 3, 3, 3, 3, 3, 4, 4, 4, 4,
          4, 5, 5, 5, 5, 6, 6, 6, 6, 6, 7, 7, 7, 7, 7, 8, 8, 8, 8, 8, 9, 9, 9, 9, 9, 10,
          10, 10, 10, 10, 11, 11, 11, 11, 11], [0, 1, 2, 3, 4, 0, 1, 2, 3, 4, 0, 1, 2, 3, 4,
          0, 1, 2, 3, 4, 0, 1, 2, 3, 4, 0, 1, 2, 3, 4, 0, 1, 2, 3, 4, 0, 1, 2, 3, 4, 0, 1,
          2, 3, 4, 0, 1, 2, 3, 4, 0, 1, 2, 3, 4, 0, 1, 2, 3, 4]],
          names=['year', 'continent'])
```

以上の結果が表しているのは、オブジェクト multi_group_var のインデックスは MultiIndex オブジェクトであり、group_by メソッドに指定した列 year、continent をインデックスとしていることである。一方で、オブジェクト flat のインデックスは以下で確認でき、0 から 59 までの連番となっている。

```
flat.index
  RangeIndex(start=0, stop=60, step=1)
```

1.4.2 グループごとの度数 / 頻度

データに対する一般的な処理として、度数あるいは頻度（frequency）の計算も挙げられる[4]。pandas の Series オブジェクトに対して、（重複を除く）ユニークな出現回数を得るには nunique メソッド、（重複を含む）出現回数を得るには value_counts メソッドを使うことができる[5]。

```
# Series オブジェクトに含まれるユニークな値の頻度を計算するには
# nunique (number unique) を使う
print(df.groupby('continent')['country'].nunique())
continent
Africa      52
Americas    25
Asia        33
Europe      30
Oceania      2
Name: country, dtype: int64
```

質問

もし nunique の代わりに value_counts を使ったら、どういう結果が得られるか？

1.5 基本的なグラフ

可視化（visualization）は、データ処理の大半のステップで極めて重要である。データを理解しクリーニングしようとするときは、可視化によって、そのデータの傾向（trend）を識別しやすくなる。最終的にデータから得られた知見を他の人に伝えるときにも、可視化が役立つ。可視化とプロッティング（グラフ化）については、第 3 章で、もっと詳しく説明しよう。

まずは、世界各国の住民について年度ごとに期待された余命のデータを、もう一度見てみよう。

```
global_yearly_life_expectancy = df.groupby('year')['lifeExp'].mean()
print(global_yearly_life_expectancy)
year
1952    49.057620
1957    51.507401
1962    53.609249
1967    55.678290
1972    57.647386
1977    59.570157
1982    61.533197
```

---

[4]　訳注：frequency は、文脈によって度数、頻度、出現回数、周波数などと訳される。

[5]　訳注：Series オブジェクトのメソッド、unique, value_counts, nunique については、たとえば note.nkmk.me の「pandas でユニークな要素の個数、頻度（出現回数）をカウント」（https://note.nkmk.me/python-pandas-value-counts/）に解説がある。

```
1987    63.212613
1992    64.160338
1997    65.014676
2002    65.694923
2007    67.007423
Name: lifeExp, dtype: float64
```

pandas を使うと、図 1.1 に示すような基本的なグラフを作成できるのだ。

```
global_yearly_life_expectancy.plot()
```

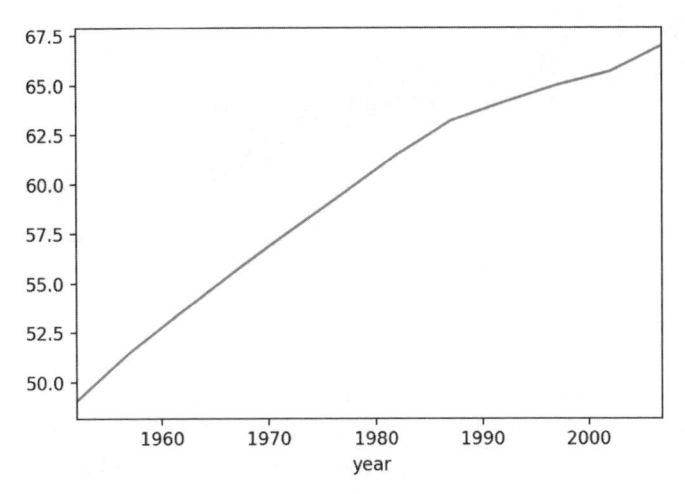

図 1.1　pandas の基本的なプロット機能によって、平均余命の変化を示す

1.6　まとめ

　この章では、単純なデータセットをロードする方法を説明し、個々の値を見ることから始めた。このようにして観測値を見るのは、最初は面倒だと思われるかもしれない。特にスプレッドシートを使い慣れている人は、そう感じるだろう。けれども、データ解析の目標は、再現可能な結果を出すことだ。何度も同じ仕事を繰り返すことではない。スクリプト言語が、その能力と柔軟性を与えてくれる。

　この章では、Python が提供する基本的なプログラミングとデータ構造の一部を学んだ。また、データをすばやく集約し可視化する方法も見た。次の章では、pandas のオブジェクトである DataFrame と Series を、もっと詳しく調べるとともに、データの一部を抽出し可視化するのに使える他の方法も紹介する。

　本書を読み進むにつれて、もし馴染みのない概念やデータ構造に遭遇したら、本書の付録で、それらの情報を探していただきたい。付録では、Python の基本的なプログラミング機能の多くをカバーして説明している。

pandasのデータ構造

2.1　はじめに

　第 1 章では、pandas のオブジェクトである DataFrame と Series を紹介した。これらのデータ構造は、インデックスやラベルを付けられるという意味で、Python の基本的なデータコンテナ（リストや辞書）に似ているが、さらにデータを扱いやすくする機能が備わっている。

・コンセプトマップ

1. 予備知識
    a. コンテナ
    b. 関数の使い方
    c. サブセット（部分集合）の絞り込みとインデックス参照

2. 自作のデータをロードする

3. Series
    a. Series オブジェクトを作る
      - dict
      - ndarray
      - スカラー
      - リスト
    b. スライシング

4. DataFrame

・**目標**

この章では、次の事項を学ぶ：

1. 自作のデータをロードする
2. Series オブジェクト
3. Series オブジェクトに対する基本的な操作
4. DataFrame オブジェクト
5. 条件による絞り込みと、スライスとインデックス参照のファンシー (fancy) な方法[1]
6. データの保存

2.2 データを自作する

データを手作業で入力するにしても、テスト用に小さな例を作るにしても、ファイルからロードすることなく DataFrame オブジェクトを作る方法を知っていると便利だ。エラーが出たときに "Stack Overflow"[2] で質問する際にも使える。

2.2.1 Series を作る

pandas の Series オブジェクトは、Python の組み込み機能の list と同じく、1次元のコンテナだ。そしてこれが、DataFrame の各列を表現するデータ型である。pandas の DataFrame で列に使える dtype のリストは、先の表 1.1 に示した。DataFrame オブジェクトで同じ列にあるものは、どれも同じ dtype でなければならない。そして DataFrame オブジェクトは、Series オブジェクトの辞書と考えることができる（列名がキーで、列の内容が値）。要するに Series は、Python の list と非常によく似ているが、要素の dtype がすべて同じでなければならないという点が違っている。numpy ライブラリを使ったことのある人は、ndarray と振る舞いが同じだ、ということに気がつくだろう。

最も簡単に Series オブジェクトを作る方法は、Python の list を渡すことだ。もし型が混在するリストを渡したら、最も共通する表現が使われる（典型的な例では dtype が object になる）。

```
import pandas as pd

s = pd.Series(['banana', 42])
print(s)
```

---

[1] 訳注：Vander Plas著『Pythonデータサイエンスハンドブック』の「2.7　ファンシーインデックス」によれば、これは、単一のスカラー値の代わりにインデックスの配列を渡し、複数の配列要素を同時にアクセスするもの。

[2] 監訳注：Stack Overflowとは、特にプログラミングについてのナレッジコミュニティであり、Q&Aなどにより知識の共有を行うことができる。
https://stackoverflow.com/
https://ja.stackoverflow.com/

```
0     banana
1         42
dtype: object
```

　左側に「行番号」のような表示があるが、その実体は Series オブジェクトの index である。1.3.2 項では DataFrame オブジェクトの「行名」と「行のインデックス」を見たが、それと同じことだ。つまり、Series オブジェクトにはインデックス値として「名前」を代入できる。

```
# 手作業で Series に index を代入するには
# Python の list を渡す
s = pd.Series(['Wes McKinney', 'Creator of Pandas'],
                          index=['Person', 'Who'])
print(s)
Person          Wes McKinney
Who        Creator of Pandas
dtype: object
```

質問

1. list の代わりに Python の他のコンテナ、たとえば tuple や dict などを使ったら、どうなるのだろうか。また、numpy ライブラリの ndarray なら、どうなるだろうか。
2. コンテナとともに index を渡したら、どうなるのだろうか。
3. dict を使うときに index を渡したら、そのインデックスが上書きされるのか。それとも値がソートされるのか。

2.2.2　DataFrame を作る

　1.1 節でも触れたように DataFrame は、Series オブジェクトの辞書だと考えることができる[3]。だからこそ DataFrame は、辞書として作るのが最も一般的なのだ。キーが列の名前、値が列の内容である。

```
scientists = pd.DataFrame({
      'Name': ['Rosaline Franklin', 'William Gosset'],
      'Occupation': ['Chemist', 'Statistician'],
      'Born': ['1920-07-25', '1876-06-13'],
      'Died': ['1958-04-16', '1937-10-16'],
      'Age': [37, 61]})
print(scientists)
   Age       Born        Died               Name   Occupation
0   37 1920-07-25 1958-04-16  Rosaline Franklin      Chemist
1   61 1876-06-13 1937-10-16     William Gosset Statistician
```

---

[3]　訳注：Python の辞書（dict）については「付録 K」を参照。

ただし、この出力の順序は保証されないので、この点に注意されたい[4]。

DataFrame のドキュメント[5]によれば、columns パラメータを使って、次のように列の順序を指定できる。'Name' の列を行インデックスとして使うには、index パラメータを使う。

```python
scientists = pd.DataFrame(
    data={'Occupation': ['Chemist', 'Statistician'],
          'Born': ['1920-07-25', '1876-06-13'],
          'Died': ['1958-04-16', '1937-10-16'],
          'Age': [37, 61]},
    index=['Rosaline Franklin', 'William Gosset'],
    columns=['Occupation', 'Born', 'Died', 'Age'])
print(scientists)
                    Occupation        Born        Died Age
Rosaline Franklin      Chemist  1920-07-25  1958-04-16  37
William Gosset    Statistician  1876-06-13  1937-10-16  61
```

ところで、出力の順序が保証されないのは、Python の辞書が順序を持たないからだ[6]。もし順序付きの辞書が欲しければ、collections モジュール[7]の OrderedDict を使わなければならない。

けれども、すでに作成した辞書を OrderedDict 関数で単純にラップするだけではだめだ。いったん作成された辞書は順序を失っており、その状態で OrderedDict 関数に渡されてしまう。たとえば、次のようにコードを書く必要があるだろう。

```python
from collections import OrderedDict

# OrderedDict で丸カッコを使っている個所に注目
# 丸カッコに入れて「2個のタプルのリスト」を渡している
scientists = pd.DataFrame(OrderedDict([
    ('Name', ['Rosaline Franklin', 'William Gosset']),
    ('Occupation', ['Chemist', 'Statistician']),
    ('Born', ['1920-07-25', '1876-06-13']),
    ('Died', ['1958-04-16', '1937-10-16']),
    ('Age', [37, 61])
    ])
)
print(scientists)
                Name    Occupation        Born        Died Age
0 Rosaline Franklin      Chemist  1920-07-25  1958-04-16  37
```

---

[4] 監訳注：Python のバージョンによって、辞書のキーの出力が変化する。Python 3.6 以前では、辞書のキーに指定した順序で出力されるとは限らなかった。そのため、collections モジュールの OrderedDict クラスを用いる必要があった。Python 3.6 においては CPython では出力順が保証されるが、他の実装系では依然として OrderedDict クラスを使用する必要がある。Python 3.7 以降では、公式的に出力順を保証することが宣言されている。

[5] DataFrame のドキュメント：
http://pandas.pydata.org/pandas-docs/stable/generated/pandas.DataFrame.html

[6] 監訳注：上の ※4 の監訳注を参照。

[7] collections モジュール（日本語版ドキュメント）：https://docs.python.org/ja/3.6/library/collections.html

```
1    William Gosset Statistician  1876-06-13  1937-10-16  61
```

2.3　Series について

スライス構文が結果の型に及ぼす影響については 1.3.3.1 で見た。われわれの変数 scientists の DataFrame オブジェクトから最初の行を抽出するのに loc 属性を使えば、Series オブジェクトが得られる。

まず、サンプルの DataFrame オブジェクトをもう一度作成しよう。

```
# 行インデックスラベル付きで
# サンプルの DataFrame オブジェクトを作る
scientists = pd.DataFrame(
      data={'Occupation': ['Chemist', 'Statistician'],
            'Born': ['1920-07-25', '1876-06-13'],
            'Died': ['1958-04-16', '1937-10-16'],
            'Age': [37, 61]},
      index=['Rosaline Franklin', 'William Gosset'],
      columns=['Occupation', 'Born', 'Died', 'Age'])
print(scientists)
                   Occupation        Born        Died Age
Rosaline Franklin     Chemist  1920-07-25  1958-04-16  37
William Gosset    Statistician  1876-06-13  1937-10-16  61
```

そして行インデックスラベルによって、科学者を 1 人選択する。

```
# 行インデックスラベルによる選択
first_row = scientists.loc['William Gosset']
print(type(first_row))

<class 'pandas.core.series.Series'>

print(first_row)
Occupation     Statistician
Born             1876-06-13
Died             1937-10-16
Age                      61
Name: William Gosset, dtype: object
```

Series オブジェクトを出力すると（つまり文字列表現では）、インデックスは第 1「列」として出力され、値は第 2「列」として出力される。

Series オブジェクトには、数多くの属性とメソッドがある[8]。

属性の例として、index と values がある。

---

[8]　ドキュメント：http://pandas.pydata.org/pandas-docs/stable/generated/pandas.Series.html

```
print(first_row.index)
Index(['Occupation', 'Born', 'Died', 'Age'], dtype='object')
print(first_row.values)
['Statistician' '1876-06-13' '1937-10-16' 61]
```

Series のメソッドには、たとえば keys があるが、これは index 属性の別名だ。

```
print(first_row.keys())
Index(['Occupation', 'Born', 'Died', 'Age'], dtype='object')
```

このあたりで、index、values、keys の構文についての質問が出てきそうだ。属性とメソッドについての詳細は、クラスに関する「付録 S」で触れている。属性は、オブジェクトのプロパティだと思えばよい（この例では、Series がオブジェクトだ）。そしてメソッドは、実行される何らかの計算または処理だと考えよう。1.3.2 項で見たように、サブセット（部分集合）の抽出に使う loc、iloc、ix の構文は、すべてメソッドではなく属性として提供される。だから、それらの構文は、丸カッコではなく、角カッコのペア [ ] を使う。keys はメソッドなので、最初のキー（それは最初のインデックスでもある）を取得するには、メソッド名の**後**に丸カッコのペア ( ) を置く。Series オブジェクトに使う属性の一部を、表 2.1 に示す。

```
# 属性を使って最初のインデックスをとる
print(first_row.index[0])
Occupation

# メソッドを使って最初のインデックスをとる
print(first_row.keys()[0])
Occupation
```

表 2.1　Series で使える属性の例

Series の属性	説明
loc	インデックスの値を使った絞り込み（サブセットの抽出）
iloc	インデックス位置を使った絞り込み（サブセットの抽出）
ix	インデックスの値・位置を使った絞り込み（サブセットの抽出）
dtype または dtypes	Series の内容の型
T	Series の転置（Transpose）
shape	データの行数と列数
size	Series にある全要素の数
values	Series の ndarray（あるいは、それに似たもの）

2.3.1　Series は ndarray に似たもの

Series と呼ばれる pandas のデータ構造は、numpy.ndarray（付録 R）と非常によく似ている。

実際、ndarray で使える多くのメソッドや関数が、Series でも使えるのだ。Series は、「ベクトル」（vector）と呼ばれるときもある。

2.3.1.1 Series のメソッド

まずは、われわれの変数 scientists の DataFrame オブジェクトから、"Age" 列の Series オブジェクトを取り出そう。

```
# 'Age' の列をとる
ages = scientists['Age']
print(ages)
Rosaline Franklin    37
William Gosset       61
Name: Age, dtype: int64
```

NumPy は科学計算ライブラリであり、典型的には数値ベクトルを扱うために使用される。Series は numpy.ndarray の拡張と考えられるものなので、共通した属性やメソッドがある。数値ベクトルに対して、以下のような一般的な集計を実行できる[9]。

```
print(ages.mean())
49.0
print(ages.min())
37
print(ages.max())
61
print(ages.std())
16.9705627485
```

これらのメソッド（mean、min、max、std）は、numpy.ndarray も備えている[10]。Series のメソッドの一部を、表 2.2 に挙げる。

表 2.2　Series に対して実行できるメソッド（一部）

Series メソッド	説明
append	2 つ以上の Series を連結する
corr	もう 1 つの Series との相関を計算する*
cov	もう 1 つの Series との共分散を計算する*
describe	要約統計量を計算する*
drop_duplicates	重複のない Series を返す

---

[9]　ドキュメントの「Descriptive statistics」：
　　　http://pandas.pydata.org/pandas-docs/stable/basics.html#descriptive-statistics
　　　訳注：日本語の記事は、「pandas の describe で各列の要約統計量（平均、標準偏差など）を取得」（https://note.nkmk.me/python-pandas-describe/）など。

[10]　numpy ndarray のドキュメント：
　　　http://docs.scipy.org/doc/numpy/reference/arrays.ndarray.html

Series メソッド	説明
equals	Series に含まれる要素が同じかを判定する
get_values	Series の値をとる。values 属性と同じ
hist	ヒストグラムを描画する
isin	値が Series に含まれているかチェックする
min	最小値を返す
max	最大値を返す
mean	算術平均を返す
median	中央値を返す
mode	最頻値を返す
quantile	所与の分位点の値を返す
replace	Series に含まれる値を指定された値で置き換える
sample	Series の値から無作為標本を 1 つ返す
sort_values	値をソートする
to_frame	Series を DataFrame に変換する
transpose	転置を返す
unique	ユニークな値の numpy.ndarray を返す

＊：欠損値は自動的に drop（削除）される。

2.3.2　真偽値による絞り込み

　第 1 章では、データの絞り込みに特定のインデックスを使う方法を示した。けれども、データの絞り込みに使うべき行または列のインデックスが、いつも判明しているわけではない。そういうケースは稀で、それより計算や観測で得た特定の値と一致する（あるいは、一致しない）値を探すケースが典型的である。

　このプロセスを調べるために、より大きなデータセットを使おう[11]。

```
scientists = pd.read_csv('../data/scientists.csv')
```

　数値ベクトルの基本的な集約を行う方法は、先ほど表 2.2 で見たばかりである。describe メソッドは、1 回のメソッド呼び出しによって、複数の要約統計量を計算する。

```
ages = scientists['Age']
print(ages)
0    37
1    61
2    90
3    66
4    56
```

---

[11]　訳注：データセットを含むCSVファイル（scientists.csv）は、著者のGitHubサイトから入手できる。たとえば、下記URLのページに表示される［Raw］の上で「名前を付けてリンク先を保存」を選択すればよい。
https://github.com/chendaniely/pandas_for_everyone/blob/master/data/scientists.csv

```
5    45
6    41
7    77
Name: Age, dtype: int64

# 基本的な記述統計を行う
print(ages.describe())
count     8.000000
mean     59.125000
std      18.325918
min      37.000000
25%      44.000000
50%      58.500000
75%      68.750000
max      90.000000
Name: Age, dtype: float64

# すべての年齢の平均値
print(ages.mean())
59.125
```

平均値を上回る年齢だけに絞り込みたいときは、次のように実行する。

```
print(ages[ages > ages.mean()])
1    61
2    90
3    66
7    77
Name: Age, dtype: int64
```

この print 文にある ages > ages.mean() が何を返すのかを見てみよう。

```
print(ages > ages.mean())
0    False
1     True
2     True
3     True
4    False
5    False
6    False
7     True
Name: Age, dtype: bool

print(type(ages > ages.mean()))
<class 'pandas.core.series.Series'>
```

　上記のステートメントは、dtype が bool である Series を返す。つまり、値の抽出にはラベルやインデックスを使えるだけでなく、真偽値のベクトルを渡すこともできるのだ。Python には数多

くの関数やメソッドがある。それらは実装方法に依存して、ラベルやインデックスや真偽値を返す。これから新しいメソッドを学び、さまざまなパーツを組み合わせて処理するのだから、この重要なポイントを覚えておこう。

もし本当にそうしたければ、真偽値のベクトルを手作業で提供することによって、データを絞り込むことも可能だろう。

```python
# インデックス 0, 1, 4, 5, 7のデータをとる
manual_bool_values = [True, True, False, False, True, True, False, True]
print(ages[manual_bool_values])
0    37
1    61
4    56
5    45
7    77
Name: Age, dtype: int64
```

2.3.3　演算の自動的な整列とベクトル化（ブロードキャスティング）

従来のプログラミングに慣れている人は、ages > ages.mean() が for ループ（付録 M）でもないのにベクトルを返すのを、奇妙に思うかもしれない。Series（および DataFrame）に対して使われるメソッドの多くは、ベクトル化される。つまり、ベクトル全体を同時に処理するのだ。このアプローチによってコードが読みやすくなり、計算を高速化するといった最適化も大抵の場合は行われることになる。

2.3.3.1　同じ長さのベクトル

長さが同じ 2 つのベクトルに対して演算を実行すると、個々の要素について計算した結果を保持するベクトルが得られる。

```python
print(ages + ages)
0     74
1    122
2    180
3    132
4    112
5     90
6     82
7    154
Name: Age, dtype: int64

print(ages * ages)
0    1369
1    3721
2    8100
3    4356
```

```
4    3136
5    2025
6    1681
7    5929
Name: Age, dtype: int64
```

2.3.3.2　ベクトルと整数値（スカラー）

　ベクトルに対して 1 個のスカラー値を使う演算を実行すると、その値がベクトルの全要素に対して繰り返し適用される。

```
print(ages + 100)
0    137
1    161
2    190
3    166
4    156
5    145
6    141
7    177
Name: Age, dtype: int64

print(ages * 2)
0     74
1    122
2    180
3    132
4    112
5     90
6     82
7    154
Name: Age, dtype: int64
```

2.3.3.3　長さの違うベクトル

　2 つのベクトルの長さが違うときの振る舞いは、ベクトルの種類によって異なる。Series の場合、2 つのベクトルのインデックスが一致する部分に演算が実行される。結果として得られるベクトルでは、残りの部分は「欠損値」で埋められる（欠損値を表現する NaN は "not a number" を意味する）。
　このような振る舞いは、「ブロードキャスティング」（broadcasting）と呼ばれるが、言語によって意味の相違がある。pandas のブロードキャスティングは、寸法（各次元のデータ数）が異なる配列間の演算が、どのように計算されるかという意味である。

```
print(ages + pd.Series([1, 100]))
0     38.0
1    161.0
2      NaN
```

```
3      NaN
4      NaN
5      NaN
6      NaN
7      NaN
dtype: float64
```

他の型との演算では、寸法（データ数）が同じでなければならない。

```
import numpy as np
# これはエラーになる
print(ages + np.array([1, 100]))
Traceback (most recent call last):
  File "<ipython-input-1-daaf3fc48315>", line 2, in <module>
    print(ages + np.array([1, 100]))
ValueError: operands could not be broadcast together with shapes (8,)
(2,)
```

2.3.3.4　インデックスラベルが共通するベクトル（自動整列）

　pandas で気が利いているのは、データの自動的な整列が、ほとんど常に行われることだ。演算が実行されるときに、もし可能ならばデータの整列がインデックスラベルによって常に行われる。

```
# データにおける年齢（出現順）
print(ages)
0    37
1    61
2    90
3    66
4    56
5    45
6    41
7    77
Name: Age, dtype: int64

rev_ages = ages.sort_index(ascending=False)
print(rev_ages)
7    77
6    41
5    45
4    56
3    66
2    90
1    61
0    37
Name: Age, dtype: int64
```

　この 2 つのベクトル（ages と、それを逆順にした rev_ages）に対して演算を実行すると、演算

が要素ごとに行われる前に、まずインデックスラベルによるベクトルの整列が実行される。

```
# インデックスラベルによる整列を示すための、
# 参考用の出力例
print(ages * 2)
0     74
1    122
2    180
3    132
4    112
5     90
6     82
7    154
Name: Age, dtype: int64

# たとえベクトルの 1 つが逆順でも
# 上の例と同じ出力が得られる
print(ages + rev_ages)
0     74
1    122
2    180
3    132
4    112
5     90
6     82
7    154
Name: Age, dtype: int64
```

2.4　DataFrame について

DataFrame は、pandas で最も一般的なオブジェクトである。DataFrame を使う技法こそが、Python でスプレッドシート的なデータを保存する方法だ、と考えることができる。Series データ構造の特徴の多くは、DataFrame にも存在する。

2.4.1 真偽値による絞り込み：DataFrame

Series のサブセットを真偽値のベクトルによって抽出できるのと同じように、DataFrame の絞り込みも同様に行うことができる。

```
# 真偽値のベクトルによる
# 行の絞り込みが行われる
print(scientists[scientists['Age'] > scientists['Age'].mean()])
                  Name        Born        Died  Age     Occupation
1       William Gosset  1876-06-13  1937-10-16   61   Statistician
2  Florence Nightingale  1820-05-12  1910-08-13   90          Nurse
3          Marie Curie  1867-11-07  1934-07-04   66        Chemist
```

```
7           Johann Gauss 1777-04-30 1855-02-23   77 Mathematician
```

　ブロードキャスティングの働きにより、もし `DataFrame` オブジェクトの行数と異なる寸法の `bool` ベクトルを提供したら、返される行の最大値は `bool` ベクトルの長さになる。

```
# bool ベクトルとして 4 個の真偽値を渡す
# それによって絞り込まれた 3 行が返される
print(scientists.loc[[True, True, False, True]])
              Name        Born        Died Age   Occupation
0 Rosaline Franklin 1920-07-25 1958-04-16  37      Chemist
1   William Gosset 1876-06-13 1937-10-16   61 Statistician
3       Marie Curie 1867-11-07 1934-07-04  66      Chemist
```

　表 2.3 に、さまざまな絞り込みの方法を示す。

表 2.3　DataFrame のサブセットを抽出する方法

構文	選択結果
`df[ 列の名前 ]`	1 列
`df[[ 列 1, 列 2, … ]]`	複数の列
`df.loc[ 行のラベル ]`	インデックスラベル (行の名前) による 1 行
`df.loc[[ ラベル 1, ラベル 2, . . . ]]`	インデックスラベルによる複数行
`df.iloc[ 行番号 ]`	行番号による 1 行
`df.iloc[[ 行 1, 行 2, . . . ]]`	行番号による複数行
`df.ix[label_or_number]`	インデックスラベルまたは番号による 1 行 *
`df.ix[[lab_num1, lab_num2, . . . ]]`	インデックスラベルまたは番号による複数行 *
`df[bool]`	真偽値による 1 行
`df[[bool1, bool2, . . . ]]`	真偽値による複数行
`df[start:stop:step]`	スライス構文による複数行

＊注意：ix は、pandas v0.20 以降では使えなくなっている。

2.4.2　演算による整列とベクトル化（ブロードキャスティング）

　pandas による「ブロードキャスティング」は、numpy ライブラリ[12] に由来する。これは要するに、配列のようなオブジェクトの間で演算を実行するときにどう処理するかという話であり、Series も DataFrame も、配列のようなオブジェクトなのだ。その振る舞いは、オブジェクトの型と長さに依存し、もしオブジェクトにラベルが割り当てられていれば、それにも依存する。

　今度は、scientists データセットを前後 2 つのサブセットに分けよう。

```
first_half = scientists[:4]
second_half = scientists[4:]
```

---

[12]　NumPy ライブラリ：http://www.numpy.org/

```
print(first_half)
              Name       Born       Died Age    Occupation
0    Rosaline Franklin 1920-07-25 1958-04-16  37      Chemist
1      William Gosset 1876-06-13 1937-10-16  61 Statistician
2 Florence Nightingale 1820-05-12 1910-08-13  90        Nurse
3         Marie Curie 1867-11-07 1934-07-04  66      Chemist

print(second_half)
          Name       Born       Died Age        Occupation
4 Rachel Carson 1907-05-27 1964-04-14  56          Biologist
5    John Snow 1813-03-15 1858-06-16  45          Physician
6  Alan Turing 1912-06-23 1954-06-07  41 Computer Scientist
7 Johann Gauss 1777-04-30 1855-02-23  77       Mathematician
```

　DataFrame オブジェクトに対して 1 個のスカラー（実数）による演算を実行すると、その演算は DataFrame オブジェクトの個々のセルに対して適用される。その結果、以下の例では数値が 2 倍になり、文字列は二度繰り返されている（これは Python の文字列に対する通常の振る舞いである）。

```
# 1 個のスカラーによる乗算
print(scientists * 2)
                                   Name                Born \
0       Rosaline FranklinRosaline Franklin 1920-07-251920-07-25
1             William GossetWilliam Gosset 1876-06-131876-06-13
2 Florence NightingaleFlorence Nightingale 1820-05-121820-05-12
3                 Marie CurieMarie Curie 1867-11-071867-11-07
4             Rachel CarsonRachel Carson 1907-05-271907-05-27
5                 John SnowJohn Snow 1813-03-151813-03-15
6             Alan TuringAlan Turing 1912-06-231912-06-23
7             Johann GaussJohann Gauss 1777-04-301777-04-30

                 Died Age                       Occupation
0 1958-04-161958-04-16  74              ChemistChemist
1 1937-10-161937-10-16 122        StatisticianStatistician
2 1910-08-131910-08-13 180                  NurseNurse
3 1934-07-041934-07-04 132              ChemistChemist
4 1964-04-141964-04-14 112          BiologistBiologist
5 1858-06-161858-06-16  90          PhysicianPhysician
6 1954-06-071954-06-07  82 Computer ScientistComputer Scientist
7 1855-02-231855-02-23 154        MathematicianMathematician
```

　DataFrame オブジェクトがすべて数値であるときには、add メソッドを使用することで、DataFrame オブジェクトの各セルの値に対して加算することができる。自動的な整列（automatic alignment）については、第 4 章で DataFrame オブジェクトの連結を行うときに、もっと詳しく見ていく。

2.5　Series と DataFrame の書き換え

　データを絞り込んだりスライスしたりといったさまざまな方法がわかったのだから（表2.3）、デー

タのオブジェクトを変更することもできるはずだ。

2.5.1 列を追加する

'Born' と 'Died' の列は、型が object である。このことが意味するのは、これらの列のデータが文字列だということだ。

```
print(scientists['Born'].dtype)
object

print(scientists['Died'].dtype)
object
```

これらを文字列型から、適切な型である datetime に変換すれば、日付と時刻の一般的な演算(たとえば 2 つの日付の差を取ったり、人の年齢を計算したりすること)ができるようになる。日付として特定のフォーマットを指定したいときには、独自の format を提供することができる。format に使える変数のリストが、Python の datetime モジュールのドキュメントに存在する[13]。なお、datetime の用例は、第 11 章にも示している。

当該のデータフォーマットは "YYYY-MM-DD" という形式となっているので、'%Y-%m-%d' というフォーマットを指定することもできる。

```
# 'Born' 列を datetime 型に変換する
born_datetime = pd.to_datetime(scientists['Born'], format='%Y-%m-%d')
print(born_datetime)
0    1920-07-25
1    1876-06-13
2    1820-05-12
3    1867-11-07
4    1907-05-27
5    1813-03-15
6    1912-06-23
7    1777-04-30
Name: Born, dtype: datetime64[ns]

# 'Died' 列を datetime 型に変換する
died_datetime = pd.to_datetime(scientists['Died'], format='%Y-%m-%d')
```

もしそうしたければ、object(文字列)の日付を datetime で表現した上で、新しい列の集合を作ることもできる。次の例は、Python の複数代入の構文(付録 Q)を使っている。

```
scientists['born_dt'], scientists['died_dt'] = (born_datetime, died_datetime)
```

---

[13] datetime モジュールのドキュメント:
https://docs.python.org/3.5/library/datetime.html#strftime-and-strptime-behavior

```
print(scientists.head())
                 Name        Born        Died Age    Occupation \
0      Rosaline Franklin 1920-07-25 1958-04-16  37       Chemist
1        William Gosset 1876-06-13 1937-10-16  61   Statistician
2 Florence Nightingale 1820-05-12 1910-08-13  90         Nurse
3          Marie Curie 1867-11-07 1934-07-04  66       Chemist
4         Rachel Carson 1907-05-27 1964-04-14  56      Biologist

     born_dt    died_dt
0 1920-07-25 1958-04-16
1 1876-06-13 1937-10-16
2 1820-05-12 1910-08-13
3 1867-11-07 1934-07-04
4 1907-05-27 1964-04-14

print(scientists.shape)
(8, 7)
```

2.5.2 列を直接変更する

　新しい値を既存の列に直接代入することもできる。この項の例は、列の中身をランダムに並び替える方法を示すものだ。第9章では、apply メソッドにより、複数の列に関わるもっと複雑な演算を示す。

　まずは 'Age' 列の、もとの値を見よう。

```
print(scientists['Age'])
0    37
1    61
2    90
3    66
4    56
5    45
6    41
7    77
Name: Age, dtype: int64
```

次に、これらの値をシャッフルする。

```
import random

# シードを設定 (常に同じ疑似乱数が得られる)
random.seed(42)
random.shuffle(scientists['Age'])
/home/dchen/anaconda3/envs/book36/lib/python3.6/random.py:274:
SettingWithCopyWarning:
A value is trying to be set on a copy of a slice from a DataFrame
```

```
See the caveats in the documentation: http://pandas.pydata.org/pandas-
docs/stable/indexing.html#indexing-view-versus-copy
  x[i], x[j] = x[j], x[i]

print(scientists['Age'])
0 66
1 56
2 41
3 77
4 90
5 45
6 37
7 61
Name: Age, dtype: int64
```

　上に挙げたコードから出た `SettingWithCopyWarning` というメッセージ[14] は、このステートメントの書き方についての警告であり、`loc` を使う方法を推奨している。あるいは、組み込みの `sample` メソッドを使えば、指定した列の長さに基づいて、ランダムなサンプリング（データの取り出し）を行うこともできる。

　ランダムなサンプリングを行う `sample` メソッドにより、行のインデックス（行番号）もランダムに取り出されるので、次の例のように `reset_index` メソッドを利用しよう。ごちゃまぜになったインデックス値は、`reset_index` メソッドにより、順番になるように振り直すことができる。ただし、`reset_index` の `drop=True` パラメータを指定することで、インデックスを `DataFrame` オブジェクトの列に挿入せず、値だけを保持するよう、pandas に伝える。

```
# random_state を使って、ランダム化を弱める
scientists['Age'] = scientists['Age'].\
      sample(len(scientists['Age']), random_state=24).\
      reset_index(drop=True) # 年齢の値だけがランダム化される

# この列は 2 回シャッフルしている
print(scientists['Age'])
0       61
1       45
2       37
3       90
4       56
5       66
6       77
7       41
Name: Age, dtype: int64
```

---

[14]　Returning a view versus a copy（ビューを返すか、コピーを返すか）：https://pandas.pydata.org/pandas-docs/stable/indexing.html#indexing-view-versus-copy
　　　訳注：pandas オブジェクトに値を設定するときは「インデックスの連鎖」を避けるように注意しなければならない。インデックスの連鎖は、代入によって予測不能な結果をもたらす場合がある（いわゆる「浅いコピー」による問題が生じる）。

先のコードで使用した random.shuffle メソッドは、列に直接作用するようだ。random.shuffle のドキュメント[15]を読むと、確かにシーケンスを「その場で」(in place)シャッフルすると書かれている。「その場で」というのは、シーケンスに直接作用するという意味だ。対照的に、reset_index メソッドを使った上の方法では、新たに計算した値を別の変数に代入し、それを列に代入することになる。

科学者の「実際の」年齢は、datetime の数値演算を使って計算できる。datetime についての情報は、第11章にもある。

```
# 日付の引き算によって日数をとる
scientists['age_days_dt'] = (scientists['died_dt'] - \
      scientists['born_dt'])
print(scientists)
                  Name       Born      Died  Age \
0     Rosaline Franklin 1920-07-25 1958-04-16   61
1       William Gosset 1876-06-13 1937-10-16   45
2  Florence Nightingale 1820-05-12 1910-08-13   37
3          Marie Curie 1867-11-07 1934-07-04   90
4         Rachel Carson 1907-05-27 1964-04-14   56
5            John Snow 1813-03-15 1858-06-16   66
6          Alan Turing 1912-06-23 1954-06-07   77
7         Johann Gauss 1777-04-30 1855-02-23   41


          Occupation    born_dt    died_dt age_days_dt
0            Chemist 1920-07-25 1958-04-16   13779 days
1        Statistician 1876-06-13 1937-10-16   22404 days
2              Nurse 1820-05-12 1910-08-13   32964 days
3            Chemist 1867-11-07 1934-07-04   24345 days
4           Biologist 1907-05-27 1964-04-14   20777 days
5           Physician 1813-03-15 1858-06-16   16529 days
6  Computer Scientist 1912-06-23 1954-06-07   15324 days
7        Mathematician 1777-04-30 1855-02-23   28422 days

# 日数の値を年数だけに変換するには astype メソッドを使う
scientists['age_years_dt'] = scientists['age_days_dt'].\
      astype('timedelta64[Y]')
print(scientists)
                  Name       Born      Died  Age \
0     Rosaline Franklin 1920-07-25 1958-04-16   61
1       William Gosset 1876-06-13 1937-10-16   45
2  Florence Nightingale 1820-05-12 1910-08-13   37
3          Marie Curie 1867-11-07 1934-07-04   90
4         Rachel Carson 1907-05-27 1964-04-14   56
5            John Snow 1813-03-15 1858-06-16   66
6          Alan Turing 1912-06-23 1954-06-07   77
7         Johann Gauss 1777-04-30 1855-02-23   41


          Occupation    born_dt    died_dt age_days_dt \
0            Chemist 1920-07-25 1958-04-16   13779 days
```

[15] 「ランダムシャッフル」(日本語版ドキュメント):https://docs.python.org/ja/3.6/library/random.html#random.shuffle

```
1         Statistician 1876-06-13 1937-10-16  22404 days
2                Nurse 1820-05-12 1910-08-13  32964 days
3              Chemist 1867-11-07 1934-07-04  24345 days
4             Biologist 1907-05-27 1964-04-14 20777 days
5            Physician 1813-03-15 1858-06-16  16529 days
6  Computer Scientist 1912-06-23 1954-06-07  15324 days
7         Mathematician 1777-04-30 1855-02-23 28422 days

   age_years_dt
0          37.0
1          61.0
2          90.0
3          66.0
4          56.0
5          45.0
6          41.0
7          77.0
```

pandas の関数とメソッドの多くは、`inplace` パラメータを持ち、アクションを「その場で」実行したいときには、このパラメータを `True` に設定できる。そうすると、何も返さずに、所与の列を直接書き換えるようになる。

 変換された `datetime` を列に直接代入することもできるだろう。それでもやはり代入を実行する必要がある、というのが重要なポイントだ。`random.shuffle` を使う例は、そのメソッドを「その場で」実行するから、この関数からは何も明示的に返されず、関数に渡した値そのものが直接操作される。

2.5.3 列を捨てる

列を 1 つ捨てる（ドロップする）には、列を抽出する技法によって必要な列をすべて選択するか、あるいは、`DataFrame` オブジェクトの drop メソッド[16]で捨てる列を選択するか、どちらかの方法を使用できる。

```
# データに現在ある全部の列を確認する
print(scientists.columns)
Index(['Name', 'Born', 'Died', 'Age', 'Occupation', 'born_dt',
       'died_dt', 'age_days_dt', 'age_years_dt'],
      dtype='object')

# シャッフルした Age の列を捨てる
# 列を捨てるには axis=1 という引数を渡す
scientists_dropped = scientists.drop(['Age'], axis=1)
```

---

[16]　drop メソッドのドキュメント：
https://pandas.pydata.org/pandas-docs/stable/generated/pandas.DataFrame.drop.html

```
# Age 列を捨てた後の列
print(scientists_dropped.columns)
Index(['Name', 'Born', 'Died', 'Occupation', 'born_dt', 'died_dt',
       'age_days_dt', 'age_years_dt'],
      dtype='object')
```

2.6　データのエクスポートとインポート

データのインポートは、これまでの例でも示してきた。処理中にデータセットをエクスポートしたり保存したりすることもよく行われる。データセットは、最終的にクリーニングされたバージョンのデータとして保存する場合と、中間的な段階で保存する場合がある。そのどちらの出力も、解析用として、あるいはデータ処理パイプラインにある次のパートの入力として、使うことができる。

2.6.1　pickle

Python では、データを pickle（ピクル）で永続化できる。つまり、データ（オブジェクト）をシリアライズし、バイナリフォーマットで保存する、という方法だ。pickle データの読み出しには後方互換性がある[17]。

2.6.1.1 Series

Series のエクスポートメソッドは、多くが DataFrame でも利用できる。numpy を使ったことのある読者は、ndarray に save メソッドがあることをご存じだろう。このメソッドは旧式とされ、代わりに to_pickle メソッドを使うようになっている。

```
names = scientists['Name']
print(names)
0      Rosaline Franklin
1        William Gosset
2    Florence Nightingale
3          Marie Curie
4         Rachel Carson
5            John Snow
6           Alan Turing
7          Johann Gauss
Name: Name, dtype: object

# 保存先へのパスを示す文字列を渡す
names.to_pickle('../output/scientists_names_series.pickle')
```

---

[17]　訳注：標準ライブラリのドキュメント「12.1　pickle - Pythonオブジェクトの直列化」（https://docs.python.jp/3/library/pickle.html）を参照。pickleのプロトコルバージョンと後方互換性については、「12.1.2　データストリームの形式」に書かれている。

　pickle 出力は、バイナリフォーマットなので、もしテキストエディタで開こうとしたら、まるで文字化けしたように見えるだろう。

　保存したいオブジェクトが、一連の計算の中間的な段階ならば、あるいは、そのデータを Python だけで処理するなら、オブジェクトを pickle に保存するのが、Python にとって（ディスクに保存する空間という意味でも）最適である。けれども、このアプローチでは、Python を使わない人はデータを読めないということになる。

2.6.1.2 DataFrame

同じメソッドを DataFrame オブジェクトにも使える。

```
scientists.to_pickle('../output/scientists_df.pickle')
```

2.6.1.3 pickle データを読む

pickle のデータを読み込むには、pd.read_pickle 関数を使う。

```
# Series の場合
scientist_names_from_pickle = pd.read_pickle(
      '../output/scientists_names_series.pickle')
print(scientist_names_from_pickle)

0        Rosaline Franklin
1          William Gosset
2     Florence Nightingale
3             Marie Curie
4           Rachel Carson
5               John Snow
6              Alan Turing
7            Johann Gauss
Name: Name, dtype: object

# DataFrame の場合
scientists_from_pickle = pd.read_pickle(
      '../output/scientists_df.pickle')
print(scientists_from_pickle)

                   Name        Born        Died Age \
0     Rosaline Franklin  1920-07-25  1958-04-16   61
1        William Gosset  1876-06-13  1937-10-16   45
2  Florence Nightingale  1820-05-12  1910-08-13   37
3           Marie Curie  1867-11-07  1934-07-04   90
4         Rachel Carson  1907-05-27  1964-04-14   56
5             John Snow  1813-03-15  1858-06-16   66
6           Alan Turing  1912-06-23  1954-06-07   77
7          Johann Gauss  1777-04-30  1855-02-23   41

       Occupation      born_dt     died_dt age_days_dt \
```

```
0            Chemist 1920-07-25 1958-04-16 13779 days
1        Statistician 1876-06-13 1937-10-16 22404 days
2               Nurse 1820-05-12 1910-08-13 32964 days
3             Chemist 1867-11-07 1934-07-04 24345 days
4           Biologist 1907-05-27 1964-04-14 20777 days
5           Physician 1813-03-15 1858-06-16 16529 days
6  Computer Scientist 1912-06-23 1954-06-07 15324 days
7        Mathematician 1777-04-30 1855-02-23 28422 days

   age_years_dt
0          37.0
1          61.0
2          90.0
3          66.0
4          56.0
5          45.0
6          41.0
7          77.0
```

pickle として保存されるファイルの拡張子は、.p か、.pkl か、.pickle である。

2.6.2　CSV

CSV（Comma-separated values）は、最も柔軟性の高いデータ保存形式だ。それぞれの行で、列情報が 1 個のカンマ（,）によって区切られる。ただし、デリミタとして使えるのはカンマに限らない。ある種のファイルはタブによって区切られるし（TSV）、セミコロンで区切る場合さえある。共同作業やデータ共有に使うデータフォーマットとして CSV が好まれる理由は、どんなプログラムでも、この種のデータ構造を開くことができるからだ。テキストエディタでも CSV ファイルをオープンして編集できる。

Series と DataFrame には、CSV ファイルを書くための to_csv メソッドがある。どのような CSV ファイルを作るかによって、さまざまに変更できるパラメータが、Series[18] と DataFrame[19] のドキュメントに記載されている。たとえばデータに含まれるカンマを変更して TSV ファイルに保存したいという場合は、sep パラメータを変更すればよい。

```
# Series オブジェクトを CSV に保存する
names.to_csv('../output/scientist_names_series.csv')

# DataFrame オブジェクトを TSV に保存する（値はタブで区切られる）
scientists.to_csv('../output/scientists_df.tsv', sep='\t')
```

[18]　Series を CSV ファイルに保存：
　　　http://pandas.pydata.org/pandas-docs/stable/generated/pandas.Series.to_csv.html
[19]　DataFrame を CSV ファイルに保存：
　　　http://pandas.pydata.org/pandas-docs/stable/generated/pandas.DataFrame.to_csv.html

2.6.2.1 出力から「行番号」を外す

作成した CSV（あるいは TSV）ファイルを開くと、最初の「列」が DataFrame オブジェクトの行番号のように見えるだろう。多くの場合、これは不要である（特に他の人と共同作業しているとき）。ただし「列」に見えるのは、本当は「行のラベル」を保存したものであり、それが重要になる**かもしれない**ということを忘れないように。ドキュメントを読むと、行の名前（インデックス）を書くための index パラメータがある。

```
# 行の名前を CSV に出力しない
scientists.to_csv('../output/scientists_df_no_index.csv', index=False)
```

2.6.2.2 CSV データをインポートする

CSV ファイルのインポートは、1.2 節で示した。それには pd.read_csv 関数を使う。ドキュメントを読むと[20]、CSV を読むにはさまざまな方法があることがわかる。関数パラメータの使い方についての情報が必要ならば、付録 O を見ていただきたい。

2.6.3 Excel

Excel は、たぶん最も一般的に（あるいは CSV に次いで 2 番目に多く）使われているデータ型だが、データサイエンスのコミュニティには悪評がある。主な理由は、色などの余計な情報がデータセットに侵入しやすいことだ。いや、1 回限りの計算によってデータセットの構造が壊れるという理由もある。その他の理由の一部は、1.1 節で挙げた。しかしこの本の目標は、Excel バッシングではなく、データ分析に適した代替のツールについて、お教えすることにある。簡単に言えば、スクリプト言語でできる処理が多ければ多いほど、大きなプロジェクトへのスケールアップも、ミスを見つけて修正することも、共同作業も容易になるのだ。とはいえ、Excel の人気と市場シェアに勝てるものはない。Excel にも、独自のスクリプト言語がある（絶対に使わなければならない場合に備えて！）。スクリプト言語を使えば、予測も再現もしやすい方法でデータを扱うことができるのだ。

2.6.3.1 Series

Series データ構造には、明示的な to_excel メソッドがない。Series を Excel ファイルの形式でエクスポートする必要があるとき、選択肢の 1 つは、その Series を 1 列だけの DataFrame に変換することだ。

```
# Excel ファイルに保存するために、
# まず Series を DataFrame に変換する
names_df = names.to_frame()
```

---

[20]　read_csv のドキュメント：
http://pandas.pydata.org/pandas-docs/stable/generated/pandas.read_csv.html

```
import xlwt # インストールの必要あり
# xls ファイル
names_df.to_excel('../output/scientists_names_series_df.xls')

import openpyxl # インストールの必要あり
# 新しい xlsx ファイル
names_df.to_excel('../output/scientists_names_series_df.xlsx')
```

2.6.3.2 DataFrame

DataFrame を Excel ファイルにエクスポートする方法は、直前の例で示した通りだが、ドキュメント [21] を見ると、出力を調整する方法が、いくつもある。たとえば sheet_name パラメータを使うと、データを特定の「シート」に出力できる。

```
# DataFrame を Excel フォーマットで保存
scientists.to_excel('../output/scientists_df.xlsx',
                    sheet_name='scientists',
                    index=False)
```

2.6.4 feather フォーマット：R 言語とのインターフェイス

「R 言語にもロードできるバイナリ形式」でオブジェクトを保存するには、"feather" と呼ばれるフォーマットを使う。このアプローチの主な利点は、この 2 つの言語の間で CSV ファイルを読み書きするよりも高速だという点だ。このデータフォーマットの使い方として一般的な経験則は、中間的なデータのフォーマットとしてだけ使い、長期保存には feather フォーマットを使わないこと。つまり、あなたのコードからデータを R に渡す目的にだけ使い、データの最終バージョンを保存するときには使わないことだ。

feather フォーマッタをインストールするには、conda install -c conda-forge feather-format または pip install feather-format を使う。DataFrame オブジェクトの to_feather メソッドを使って、feather オブジェクトを保存できる。ただし、どの DataFrame オブジェクトでも feather オブジェクトに変換できるわけではない。たとえば今、本書で使っているデータセットには日付の値を持つ列が含まれているが、執筆の時点で、これは feather によるサポートがない [22]。

---

[21] DataFrame.to_Excel のドキュメント
http://pandas.pydata.org/pandas-docs/stable/generated/pandas.DataFrame.to_excel.html

[22] datetime.date を feather に変換するときの Arrow 未実装エラーについて：
https://github.com/wesm/feather/issues/121
訳注：上記 issue の xhochy によるコメントによれば、Feather の実装は予定通り apache/arrow コードベース (https://github.com/apache/arrow) に入り、この問題は解決したはず、とのこと。

2.6.5 その他のデータ出力形式

pandas にはデータをエクスポート / インポートする方法が数多く存在する。`to_pickle`、`to_csv`、`to_excel`、`to_feather` は、pandas の DataFrame からの出力で使えるデータフォーマットの一部にすぎない。表 2.4 に、その他の出力フォーマットの一部を挙げる。

より複雑な（データのエクスポートに限らない）全般的なデータ変換については、odo ライブラリ[23] が、各種データフォーマットの相互変換を行う一貫した方法を提供している（付録 T）。

表 2.4　DataFrame の出力変換メソッド (一部)

メソッド	説明
`to_clipboard`	システムのクリップボードにデータを保存してペースト可能にする
`to_dense`	データを正規の ("dense") `DataFrame` に変換する
`to_dict`	データを Python の `dict` に変換する
`to_gbq`	データを Google BigQuery の表に変換する
`to_hdf`	データを HDF (hierarchical data format) で保存する
`to_msgpack`	データをポータブルな JSON ライクのバイナリに保存する
`to_html`	データを HTML の表に変換する
`to_json`	データを JSON の文字列に変換する
`to_latex`	データを LaTeX の表環境用に変換する
`to_records`	データをレコード配列に変換する
`to_string`	`DataFrame` を stdout 表示用の文字列にする
`to_sparse`	データを SparseDataFrame に変換する
`to_sql`	データを SQL データベースに保存する
`to_stata`	データを Stata の `dta` ファイルに変換する

2.7　まとめ

この章では、pandas のオブジェクトである `Series` と `DataFrame` が、Python でどのような働きをするかについて、やや詳しく見てきた。また、データクリーニングの単純な例や、他のプログラムと共用できるようにデータをエクスポートする一般的な方法も示した。第 1 章と第 2 章で、pandas というライブラリの働きについて、基本的な理解が得られたと思う。

次の章では、Python と pandas によるプロットの基本を学ぶ。データの可視化は、分析の最終的な結果をプロットするだけでなく、データのパイプライン全体を通じて頻繁に利用される。

---

[23]　Odo ライブラリのドキュメント：http://odo.readthedocs.io/en/latest/

第3章

プロットによるグラフ描画

3.1 はじめに

データの可視化（data visualization）は、データを表示するステップだが、そうであるのと同じくらいに、データを処理するステップの一部でもある。値を比較するには、数値を眺めるよりプロットされた図を見るほうが、ずっと簡単だ。データを可視化すると、ただ表の値を見るよりも、データの意味について直感的な理解が得られる。また、可視化によってデータの隠れた部分に光が当たれば、分析を行う人（あなた）が、適切なモデルを選択しやすくなるだろう。

・コンセプトマップ

1. 予備知識
    a. コンテナ
    b. 関数の使い方
    c. 絞り込みとインデックス参照
    d. クラス

2. matplotlib

3. seaborn

4. pandas

・**目標**

この章では、次の事項を学ぶ：

1. matplotlib ライブラリ
2. seaborn ライブラリ
3. pandas でのプロッティング

データ可視化の神髄を示す例が「アンスコムのカルテット」（Anscombe's quartet）だ。このデータセットは英国の統計学者 Frank Anscombe が、統計グラフの重要性を示すために作成した。

アンスコムのデータセットには、それぞれ 2 つの連続変量（continuous variable）を含む 4 セットのデータが含まれている。平均値（mean）、分散（variance）、相関（correlation）、回帰直線（regression line）を見る限り、どのセットも同じである。けれども、データを可視化するとはじめて、それぞれのセットが同じパターンに従っていないことが明白になる。これによって、可視化の利点が示され、要約統計量（summary statistics）だけを見ることの落とし穴が指摘される。

```
# アンスコムのデータセットは、seaborn ライブラリにある
import seaborn as sns
anscombe = sns.load_dataset("anscombe")
print(anscombe)
   dataset     x      y
0        I  10.0   8.04
1        I   8.0   6.95
2        I  13.0   7.58
3        I   9.0   8.81
4        I  11.0   8.33
5        I  14.0   9.96
6        I   6.0   7.24
7        I   4.0   4.26
8        I  12.0  10.84
9        I   7.0   4.82
10       I   5.0   5.68
11      II  10.0   9.14
……12 ～ 38 は省略……
39      IV   8.0   5.25
40      IV  19.0  12.50
41      IV   8.0   5.56
42      IV   8.0   7.91
43      IV   8.0   6.89
```

3.2 matplotlib

matplotlib は、Python の基礎的なプロッティングライブラリだ。これは極めて柔軟性が高く、ユーザーがプロットのあらゆる要素を制御できる。

　matplotlib のプロット機能をインポートする方法は、これまでに紹介したライブラリのインポートと、少し違っている。matplotlib というライブラリをインポートすると、pyplot という名前のサブフォルダ（サブパッケージ）ができて、その下に、すべてのプロットユーティリティが入るという感じだ。インポートしたライブラリに略称を付けるのと同様に、以下のように指定することで、matplotlib.pyplot を plt と略すことができる。

```
import matplotlib.pyplot as plt
```

　このように書けば、基本的なプロット機能の呼び出しは、大部分が plt から始まることになる。プロット機能を使用する次の例では、あるベクトルから x 軸の値を受け取り、それに対応するベクトルから y 軸の値を受け取る（図 3.1）。

```
# データのサブセットを作る。
# アンスコムの dataset の値が I となるデータだけが含まれる。
dataset_1 = anscombe[anscombe['dataset'] == 'I']

plt.plot(dataset_1['x'], dataset_1['y'])
```

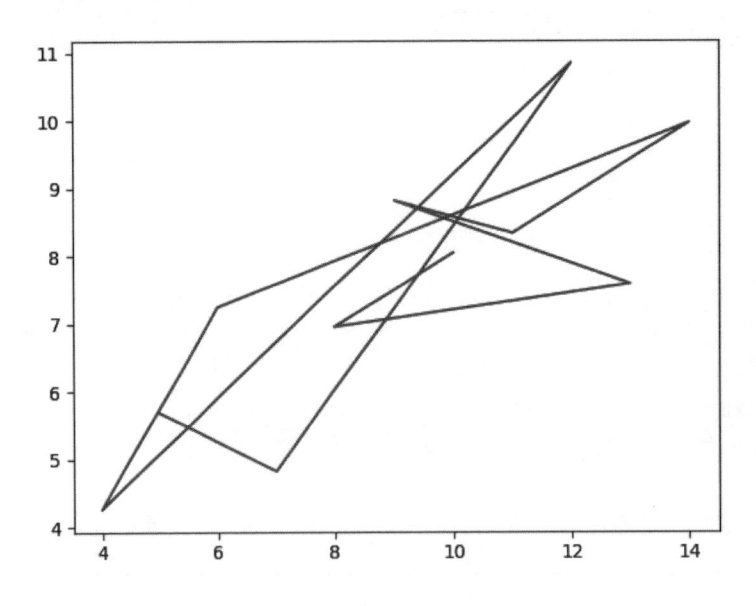

図 3.1　アンスコムのデータセット I

＊注意：訳者の環境では、Windows PC の Anaconda プロンプトで IPython を実行、マジックコマンドの %matplotlib を使って、図をウィンドウに表示させた。

デフォルトでは、`plt.plot`は線を描くことになっている。円（ポイント）を描画したいときは、`'o'`パラメータを渡すことで、`plt.plot`に対して「ポイントを使え」と伝えることができる（図3.2）。

```
plt.plot(dataset_1['x'], dataset_1['y'], 'o')
```

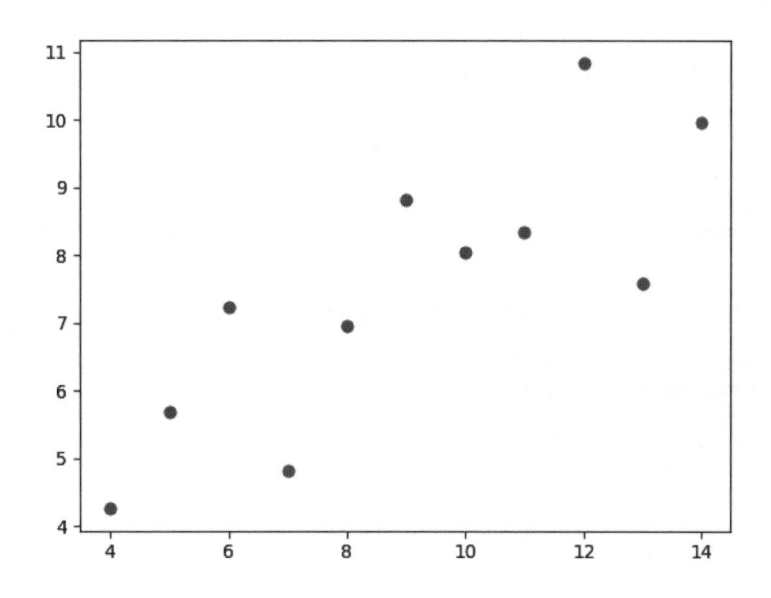

図3.2　アンスコムのデータセットⅠ（ポイントを使ったグラフ）

このプロセスを、アンスコムの残りのデータセットについて繰り返そう。

```
# アンスコムのデータから残りのサブセットを作る
dataset_2 = anscombe[anscombe['dataset'] == 'II']
dataset_3 = anscombe[anscombe['dataset'] == 'III']
dataset_4 = anscombe[anscombe['dataset'] == 'IV']
```

これらを1つずつ個別にプロットすることも可能だが、`matplotlib`にはサブプロット（下位のプロット区域）を作成する、ずっと簡便な方法がある。それは、最終的な図の形状（行数と列数）を指定することで、より小さなプロットは、指定した形状に合わせて、その中に入れさせるのだ。こうすれば、完全に分離した4つの図としてではなく、1つの図として結果を表現できる。

`subplot`を追加する構文では、次の3つのパラメータを指定する。

1. 図でサブプロットに使う行数
2. 図でサブプロットに使う列数
3. このサブプロットの位置

　サブプロットの位置は（1 から始まる）連続番号であり、プロットは、まず左から右へ、そして上から下へ、順に配置される。ただし、今の段階で（単に次のコードを実行することで）プロットを出そうとしても、中身が空白の図が並ぶだけだ（図 3.3）。これまでに行ったのは、図を作成し、その図を 2×2 のグリッドに分けて、プロット用の場所を確保することだけなのである。まだプロットを作って挿入していないので、何も現れない。

```python
# サブプロットを入れる図の全体を作成する
fig = plt.figure()

# その図に、サブプロットの配置を伝える
# この例ではプロットを 2 行に並べ、各行に 2 個ずつのプロットを入れる

# サブプロット axes1 は 2 行 2 列のうち位置 1 に置く
axes1 = fig.add_subplot(2, 2, 1)

# サブプロット axes2 は 2 行 2 列のうち位置 2 に置く
axes2 = fig.add_subplot(2, 2, 2)

# サブプロット axes3 は 2 行 2 列のうち位置 3 に置く
axes3 = fig.add_subplot(2, 2, 3)

# サブプロット axes4 は 2 行 2 列のうち位置 4 に置く
axes4 = fig.add_subplot(2, 2, 4)
```

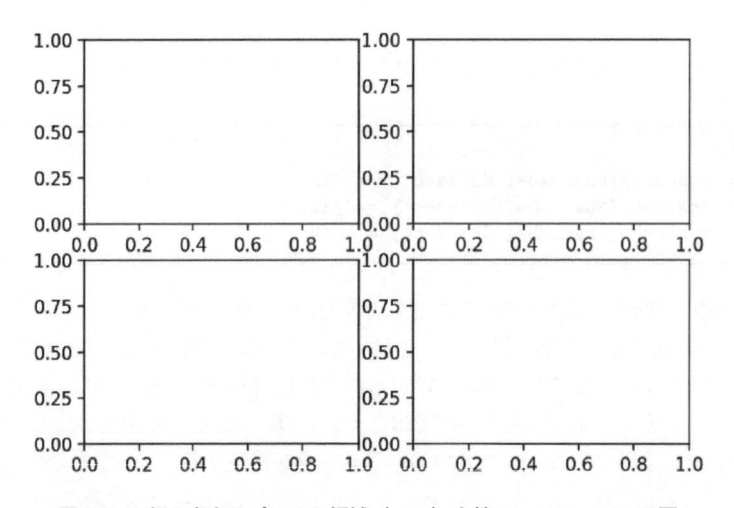

図 3.3　4 個の空白のプロット領域（axes）を持つ matplotlib の図

それぞれのプロット領域に plot メソッドを使うことで、プロットを作成する（図 3.4）。

```
# さきほど作ったプロット領域のそれぞれにプロットを加える
axes1.plot(dataset_1['x'], dataset_1['y'], 'o')
axes2.plot(dataset_2['x'], dataset_2['y'], 'o')
axes3.plot(dataset_3['x'], dataset_3['y'], 'o')
axes4.plot(dataset_4['x'], dataset_4['y'], 'o')

[<matplotlib.lines.Line2D at 0x7f8f96598b70>]
```

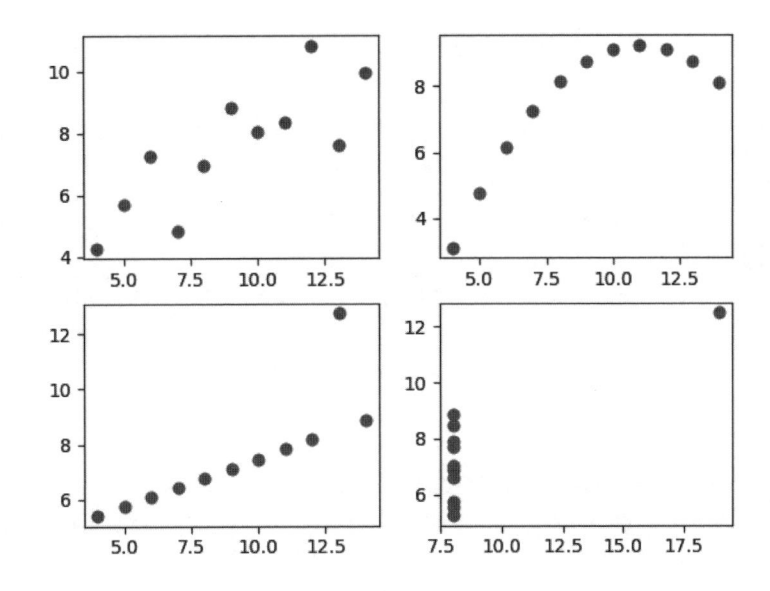

図 3.4　4 つの散布図が入った matplotlib の図

最後に、これらのサブプロットにラベルを付け、tight_layout を使って、（図の形状に合わせ）適切な余白を持たせたレイアウトで配置する。

```
# 個々のサブプロットに小さめのタイトルを追加
axes1.set_title("dataset_1")
axes2.set_title("dataset_2")
axes3.set_title("dataset_3")
axes4.set_title("dataset_4")

# 全体の図にタイトルを追加
fig.suptitle("Anscombe Data")

# 「タイトレイアウト」を使う
fig.tight_layout()
```

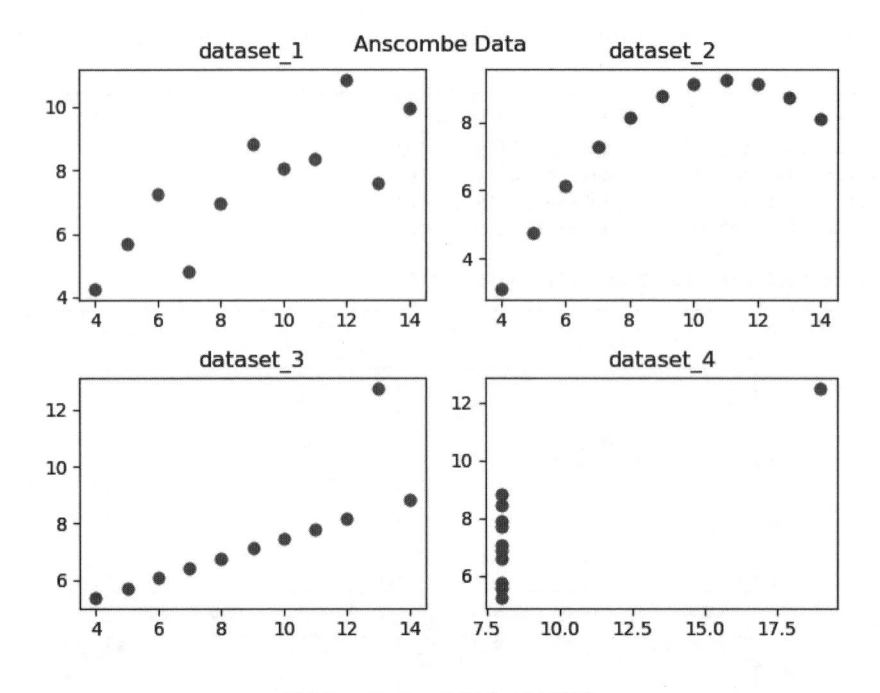

図 3.5 アンスコムのデータ可視化

　アンスコムのデータ可視化は「要約統計量だけを見ていると、判断を誤るおそれがあるのは、なぜなのか」を示している。点が可視化されると、それぞれのデータセットは要約統計量が同じなのに、点の関係がデータセット間で大きく違っていることが明白となる。

　アンスコムの例を仕上げるため、それぞれのサブプロットに set_xlabel() と set_ylabel() を追加して、タイトルだけでなく x 軸と y 軸のラベルを付けておこう。

　話を先に進めて、もっといろいろな統計プロットの作り方を学ぶ前に、「図の各部」（Parts of a Figure）に関する matplotlib のドキュメント[※1] を読んでおくべきである。ここでは、それにあった「古い図」（older figure）を図 3.6 に採録し、「新しい図」（newer figure）を図 3.7 に採録しておく。

※1　matplotlib の図の各部についてのドキュメント：
http://matplotlib.org/faq/usage_faq.html#parts-of-a-figure
訳注：本書で「座標軸」と訳している語は、原文では単数形の axis、「プロット領域」と訳している語は、axis の複数形、axes である。この axes という言葉は「複数の座標軸」を意味するが、「まだ空白かもしれないプロット」という意味もある（https://en.wikipedia.org/wiki/Axes）。この部分の翻訳では、逐語的に厳密な訳を提供するより、意味を明らかにすることを優先し、より一般的な用語を使った。

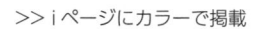

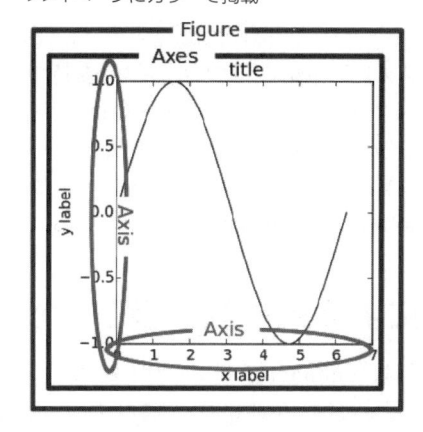

図3.6　matplotlibドキュメントにあった「図の各部」（Parts of a Figure）についての古いバージョン（訳注：本書ではFigureを「図」、Axesを「プロット領域」、Axisを「座標軸」と訳している）

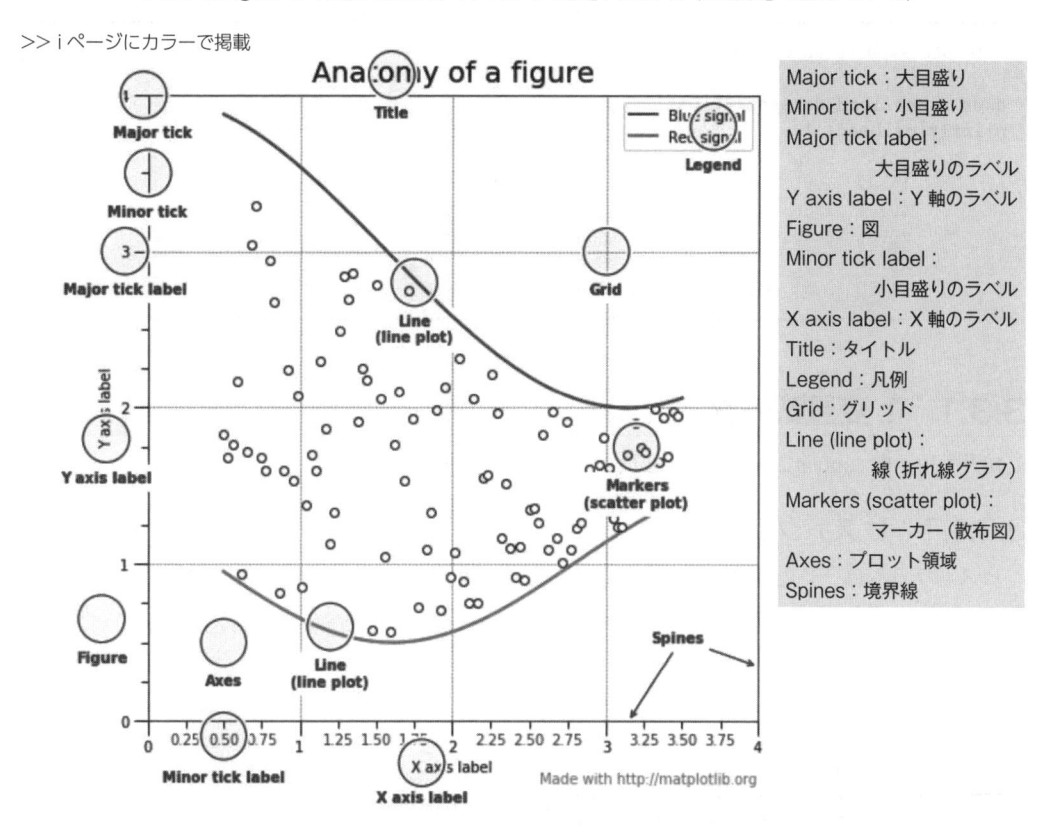

図3.7　「図の各部」の、より新しいバージョン。図に含まれる、より多くの部分について詳しく説明されている。古い図と違って、この新しい図は全面的にmatplotlibを使って作成されている。

　Python におけるプロッティングで、特に紛らわしいのは、"axis" と "axes" という言葉の使い方だ。この2つは発音が同じなのに、図の異なる部分を説明するときに使われる言葉なのだ。アンスコムの例でいえば、個々のサブプロットが "axes"（プロット領域）を持つ。その "axes" に、x-axis（x軸）と y-axis（y軸）が入っている。4つのサブプロットを組み合わせたものが、この図である。

　この章の残りの部分で、統計的なプロットを作成する方法を説明するが、最初は matplotlib を使い、その後では、matplotlib ベースのより高度なプロッティングライブラリを使う。それは、統計用グラフィックス専用に作られた seaborn ライブラリである。

3.3　matplotlib による統計的グラフィックス

　これから行う一連の可視化では、seaborn ライブラリ（3.4節）に付属する "tips" データセットを使う。このデータセットには、勘定総額（total bill）、人数（size）、曜日（day）、時間帯（time）など、さまざまな変数に関して、人々が残したチップの量が含まれている。

　このデータセットは、アンスコムのデータセットで行ったのと同じようにロードできる。

```
# import seaborn as sns

tips = sns.load_dataset("tips")
print(tips.head())
   total_bill   tip     sex smoker  day    time  size
0       16.99  1.01  Female     No  Sun  Dinner     2
1       10.34  1.66    Male     No  Sun  Dinner     3
2       21.01  3.50    Male     No  Sun  Dinner     3
3       23.68  3.31    Male     No  Sun  Dinner     2
4       24.59  3.61  Female     No  Sun  Dinner     4
```

3.3.1　1変量データ

　統計学用語の "univariate" とは、「変量が1つの」という意味だ。

3.3.1.1　ヒストグラム

　ヒストグラムは、1変量のデータを見るのに最も一般的な手段だ。観測値は「ビニングされる」（binned）。つまり、ビン（bin）と呼ばれる区間に分けてプロットすることによって、変量の度数分布を示す（図3.8）。

```
fig = plt.figure()
axes1 = fig.add_subplot(1, 1, 1)
axes1.hist(tips['total_bill'], bins=10)
axes1.set_title('Histogram of Total Bill')
axes1.set_xlabel('Frequency') # 度数
axes1.set_ylabel('Total Bill') # 総額
```

```
fig.show()
```

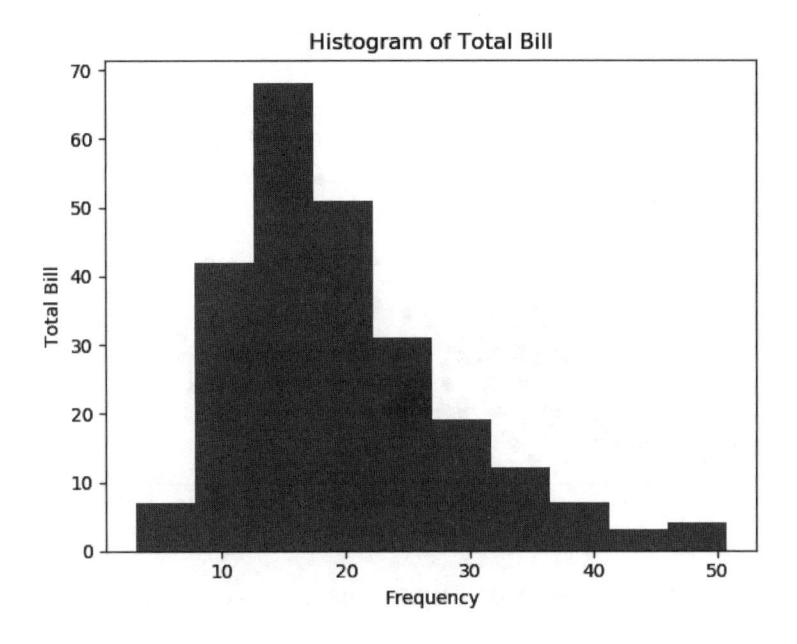

図 3.8　matplotlib を使ったヒストグラム

3.3.2　2 変量データ

統計学用語の "bivariate" とは、「変量が 2 つの」という意味だ。

3.3.2.1　散布図

散布図（scatterplot）は、ある連続変量を、もう 1 つの連続変量に対応させてプロットするときに使われる（図 3.9）。

```
scatter_plot = plt.figure()
axes1 = scatter_plot.add_subplot(1, 1, 1)
axes1.scatter(tips['total_bill'], tips['tip'])
axes1.set_title('Scatterplot of Total Bill vs Tip')
axes1.set_xlabel('Total Bill')
axes1.set_ylabel('Tip') # チップ
scatter_plot.show()
```

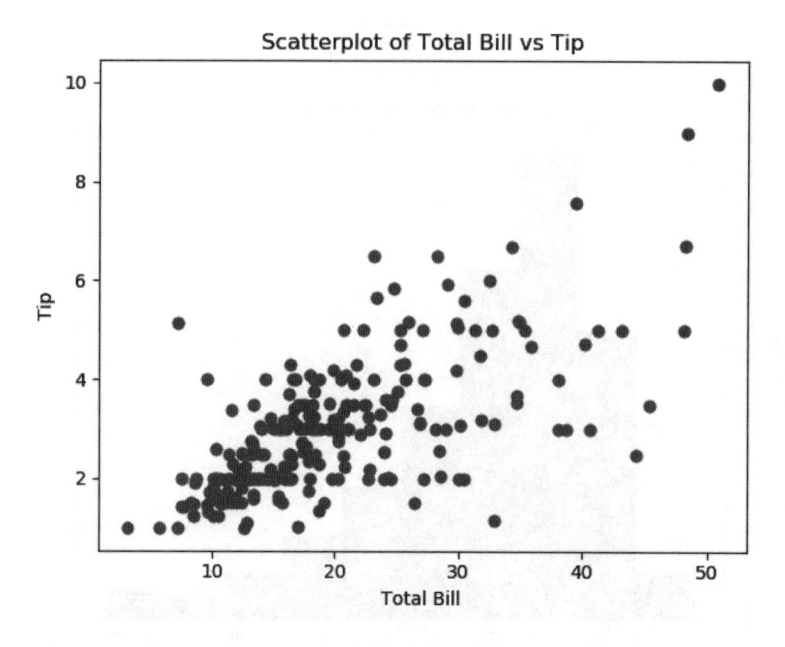

図3.9 matplotlib を使った散布図「総額 vs チップの散布図」

3.3.2.2 箱ひげ図

箱ひげ図（boxplot）は、ある離散変量（discrete variable）を、連続変量に対応させてプロットするときに使われる（図 3.10）[2]。

```
boxplot = plt.figure()
axes1 = boxplot.add_subplot(1, 1, 1)
axes1.boxplot(
    # boxplot の第 1 引数はデータである。
    # ここでは複数のデータをプロットするのだから
    # それぞれのデータをリストに入れる必要がある
    [tips[tips['sex'] == 'Female']['tip'],
     tips[tips['sex'] == 'Male']['tip']],
    # それから、オプションの labels パラメータによって、
    # 渡しているデータにラベルを付ける
    labels=['Female', 'Male'])
axes1.set_xlabel('Sex') # 性別
axes1.set_ylabel('Tip')
axes1.set_title('Boxplot of Tips by Sex')
boxplot.show()
```

[2] 監訳注：箱ひげ図の見方については、「3.4.2.5 箱ひげ図」を参照。

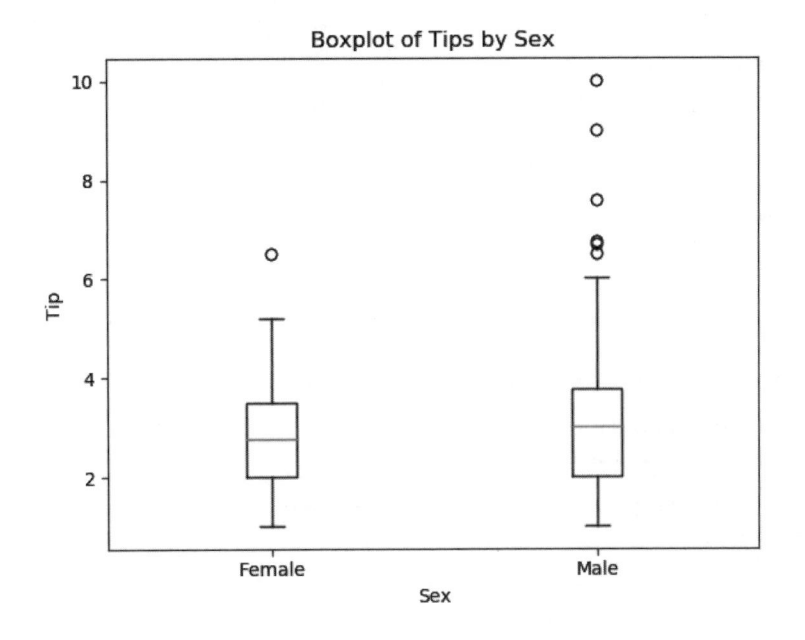

図3.10 matplotlib による箱ひげ図「性別とチップの箱ひげ図」

3.3.3 多変量データ

　多変量（multivariate）データのプロッティングは単純ではない。あらゆるケースに利用できる万能のレシピやテンプレートが存在しないのだ。多変量データでのプロセスを、前出の散布図をもとに説明しよう。これに、もう1つの変量（たとえば性別を示すsex）を追加したいとしたら、選択肢の1つは、第3の値をベースとした色で、点を描くことだろう。

　さらに第4の変量を追加したければ、ドットのサイズを変化させることも可能だ。だが、大きさによって変量を表現する方法には1つ難点があって、人間は面積の違いを識別するのが得意ではない。もちろん巨大なドットの隣に微小なドットがあれば、違いは明らかだが、もっと小さな差となると判別が困難になるし、図が乱雑になるかもしれない。乱雑さを抑制する方法の1つは、個々の点に透明度の値を加えることだ。これにより、数多くの点が重複している領域が、それほど混んでいない領域よりも暗い色でプロットされるようになる。

　一般的な経験則として、色の違いのほうが、サイズを変えるよりも、ずっと識別されやすい。もし面積によって値の違いを表現する必要があるのなら、必ず値に比例した面積でプロットする必要がある。よくある落とし穴は、値を円の半径にマップしてプロットすることだ。ところが円の面積は πr^2 なのだから、実際にはスケールを2乗した面積になってしまう。それは誤解を招くだけでなく、間違いなのだ。

　色も選択が難しい。人間の視覚は色相（hue）を線形目盛りで認識してくれないのだから、カラー

パレットを選択するときは慎重な考慮が必要だ。幸い、matplotlib^{※3} も、seaborn^{※4} も、独自の
カラーパレットを提供しているし、良いカラーパレットの選択を援助してくれる ColorBrewer^{※5} の
ようなツールも存在する。

　図 3.11 は、色によって第 3 の変量（sex）を散布図に追加している。

```python
# 性別（sex）に基づいた色の変数を作る
def recode_sex(sex):
    if sex == 'Female':
        return 0
    else:
        return 1

tips['sex_color'] = tips['sex'].apply(recode_sex)

scatter_plot = plt.figure()
axes1 = scatter_plot.add_subplot(1, 1, 1)
axes1.scatter(
    x=tips['total_bill'],
    y=tips['tip'],

    # 人数（size）に基づいたドットサイズの設定。
    # 値を 10 倍することによって、点が大きくなり、
    # 大きさの違いも強調される
    s=tips['size'] * 10,

    # sex を表す色を設定
    c=tips['sex_color'],

    # 点に透明度を与えるアルファ値を設定
    # 点の重複を識別しやすくなる
    alpha=0.5)

axes1.set_title('Total Bill vs Tip Colored by Sex and Sized by Size')
axes1.set_xlabel('Total Bill')
axes1.set_ylabel('Tip')
scatter_plot.show()
```

>> ii ページにカラーで掲載

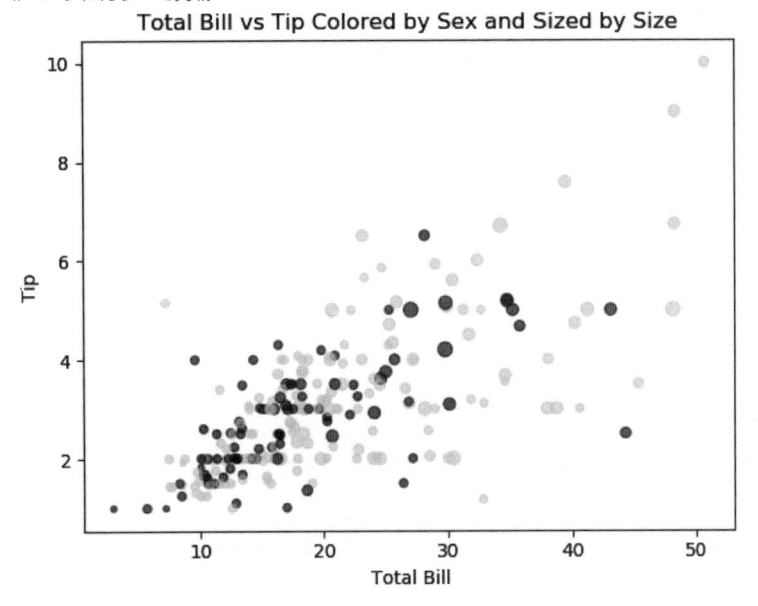

図 3.11　matplotlib で色を使った散布図「総額 vs チップ：性別を色で、人数をサイズで示す」

3.4　seaborn

　matplotlib ライブラリは、Python において中核となるプロッティングツールと考えてよい。
seaborn は、その matplotlib ライブラリをベースとして、統計的グラフィックスのために、より
高レベルのインターフェイスを提供する。seaborn を使えば、より美しくより複雑な可視化を、よ
り少ない行のコードで作ることができる。

　seaborn ライブラリは、pandas および PyData スタックの他のパーツ（numpy、scipy、
statsmodels）と密接に統合されているので、データ分析プロセスのどの部分からでも、とても容
易に可視化を行うことができる。

　seaborn は matplotlib の上に構築されているので、seaborn を使う場合も可視化の微調整が可
能である。

　3.3 節では、そのデータセットにアクセスできるように、seaborn ライブラリをすでにロードし
ている。

```
# seaborn をロードしていない場合はロードする
import seaborn as sns

tips = sns.load_dataset("tips")
```

3.4.1 1 変量データ

matplotlib の例と同様に、1 変量のプロットを作っていこう。

3.4.1.1 ヒストグラム

ヒストグラムは、sns.distplot[6] を使って作る（図 3.12）。

```
# この subplots 関数は、個々のサブプロット用として
# 別々に作成した小さな図オブジェクト配列（ax）を、
# 1 個の図オブジェクト（hist）に追加する
# (matplotlib.pyplot.subplots)
hist, ax = plt.subplots()

# seaborn の distplot を使ってプロットを作成
ax = sns.distplot(tips['total_bill'])
ax.set_title('Total Bill Histogram with Density Plot')

plt.show() # 図を表示するのにも matplotlib.pyplot が必要
```

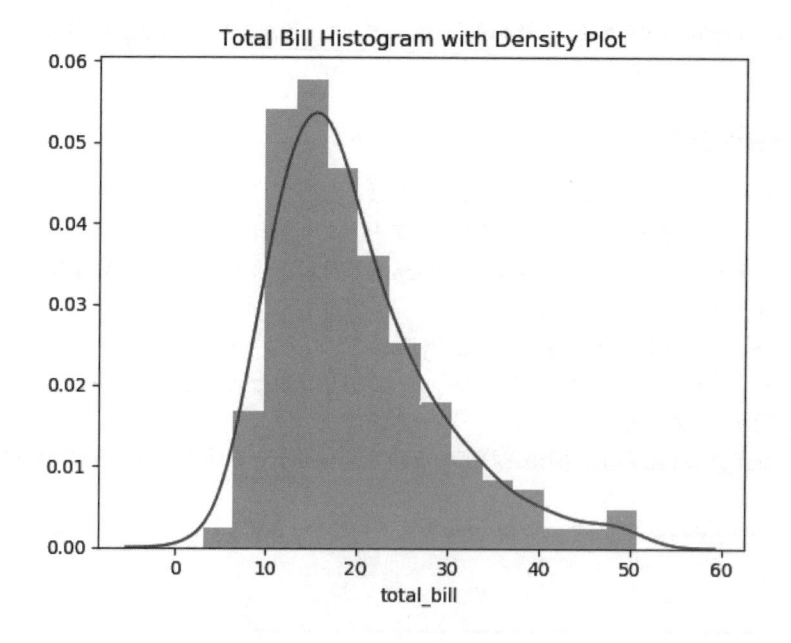

図 3.12　seaborn の distplot による作図「総額のヒストグラムと密度プロット」

---

[6]　distplot のドキュメント：
　　　http://seaborn.pydata.org/generated/seaborn.distplot.html#seaborn.distplot

　デフォルトの動作では、distplotはヒストグラムとともに、カーネル密度推定（KDE）を使って密度もプロッティングする。ヒストグラムだけ欲しいときは、kdeパラメータをFalseにセットする。その結果を図3.13に示す。

```
hist, ax = plt.subplots()
ax = sns.distplot(tips['total_bill'], kde=False)
ax.set_title('Total Bill Histogram')
ax.set_xlabel('Total Bill')
ax.set_ylabel('Frequency')
plt.show()
```

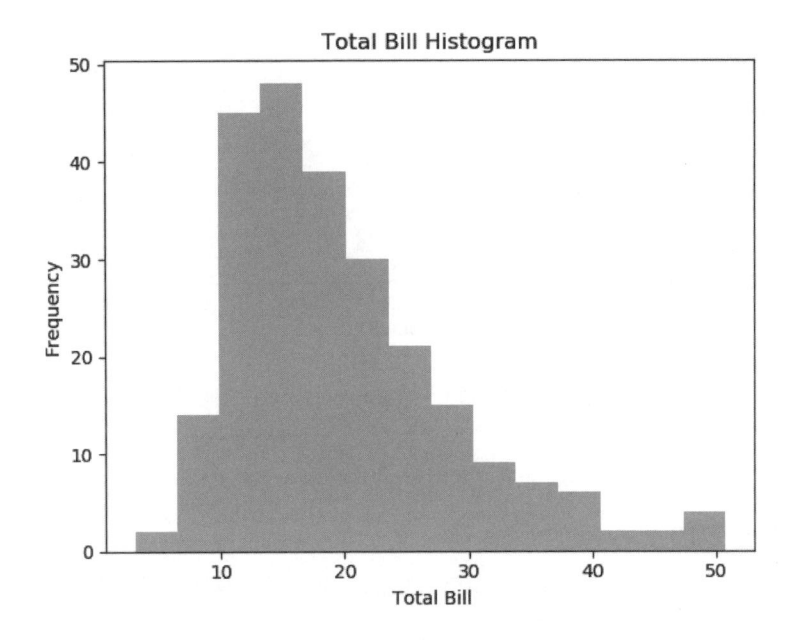

図3.13　seaborn の distplot によるヒストグラム「総額のヒストグラム」

3.4.1.2　密度プロット（KDE）

　密度プロット（density plot）は、単変量の分布を可視化する、もう1つの方法だ（図3.14）。これは基本的に、それぞれのデータポイントを中心とした正規分布を描き、曲線の下の面積が1となるようにプロットの重複を平滑化したものだ。

```
den, ax = plt.subplots()
ax = sns.distplot(tips['total_bill'], hist=False)
ax.set_title('Total Bill Density')
ax.set_xlabel('Total Bill')
```

```
ax.set_ylabel('Unit Probability') # 確率
plt.show()
```

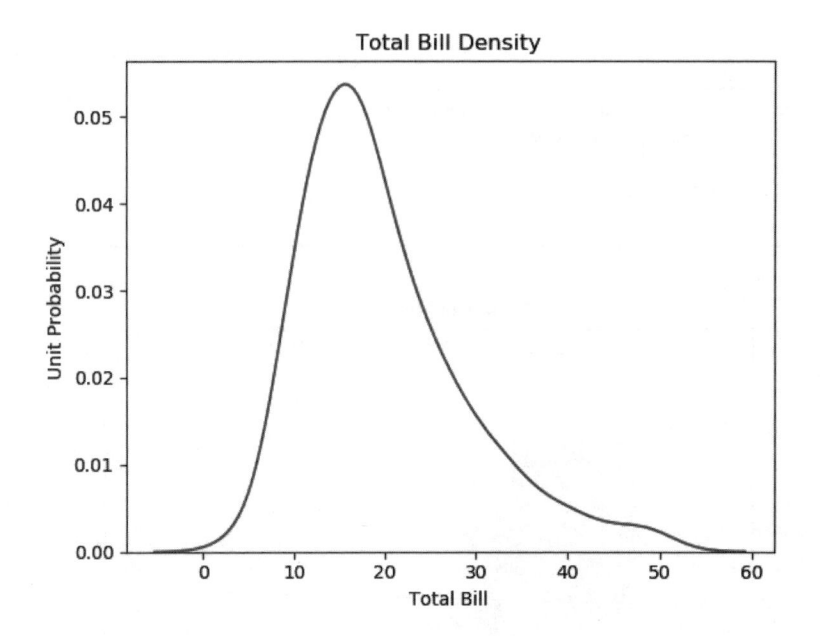

図 3.14　seaborn の密度プロット（distplot による）「総額の密度」

密度プロットだけが欲しいときは、sns.kdeplot も使える。

3.4.1.3　ラグプロット

ラグプロット（rug plot）は、ある変量の分布を 1 次元で表現するものだ。可視化を強化するために、他のプロットと合わせて使われることが多い。図 3.15 は、ヒストグラムと密度プロットを重ねた図の下（x 軸の上）にラグプロットを置いている。

```
hist_den_rug, ax = plt.subplots()
ax = sns.distplot(tips['total_bill'], rug=True)
ax.set_title('Total Bill Histogram with Density and Rug Plot')
ax.set_xlabel('Total Bill')
plt.show()
```

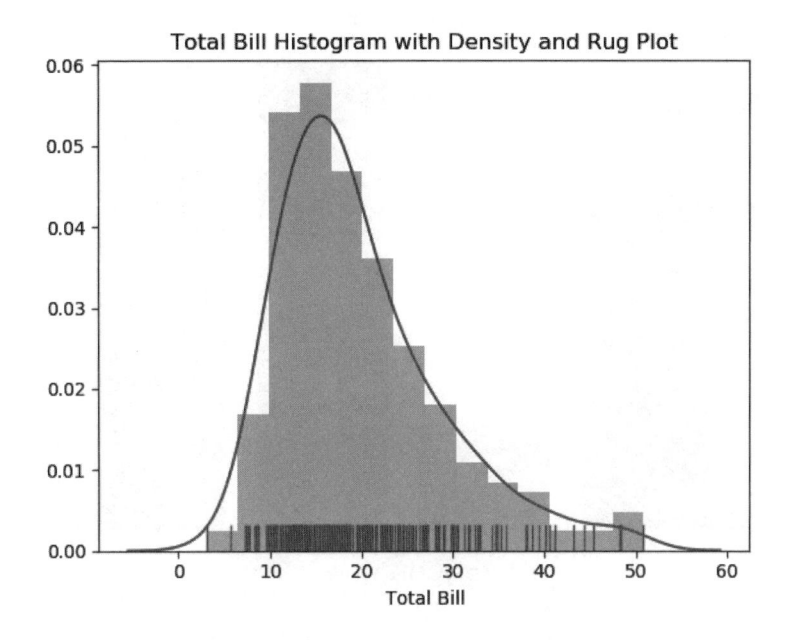

図 3.15　seaborn の distplot：ラグ付き

3.4.1.4　countplot（棒グラフ）

　棒グラフはヒストグラムに似ているが、分布を示すために値をビニング（区間分けしてプロット）するのではなく、離散変量の出現回数（頻度）をプロットする目的で使うことができる。この目的でseaborn の countplot を使ったのが図 3.16 だ。

```
count, ax = plt.subplots()
ax = sns.countplot('day', data=tips)
ax.set_title('Count of days')  # 曜日ごとの集計
ax.set_xlabel('Day of the Week')  # 曜日
ax.set_ylabel('Frequency')  # 頻度
plt.show()
```

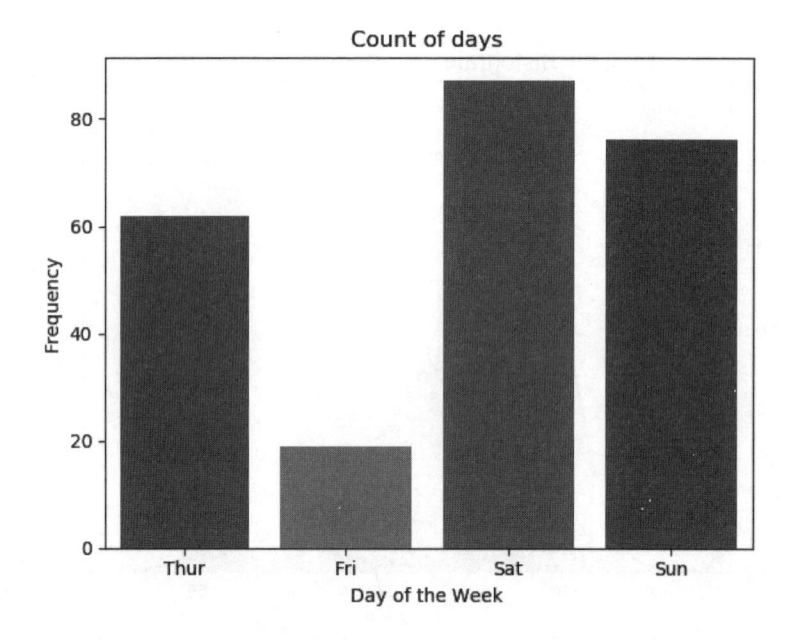

図 3.16　seaborn の countplot「曜日ごとの集計」

3.4.2　2 変量データ

次は、seaborn ライブラリを使って 2 変量をプロットしよう。

3.4.2.1　散布図

seaborn で散布図（scatter plot）を作る方法は、いくつかある。scatter という名前の明示的な関数があるのではなく、代わりに regplot を使う。これは散布図をプロットするとともに、回帰直線（regression line）も引くのだが、もし fit_reg=False と設定すれば、散布図のみで可視化される（図 3.17）。

```
scatter, ax = plt.subplots()
ax = sns.regplot(x='total_bill', y='tip', data=tips)
ax.set_title('Scatterplot of Total Bill and Tip')
ax.set_xlabel('Total Bill') # 総額
ax.set_ylabel('Tip') # チップ
plt.show()
```

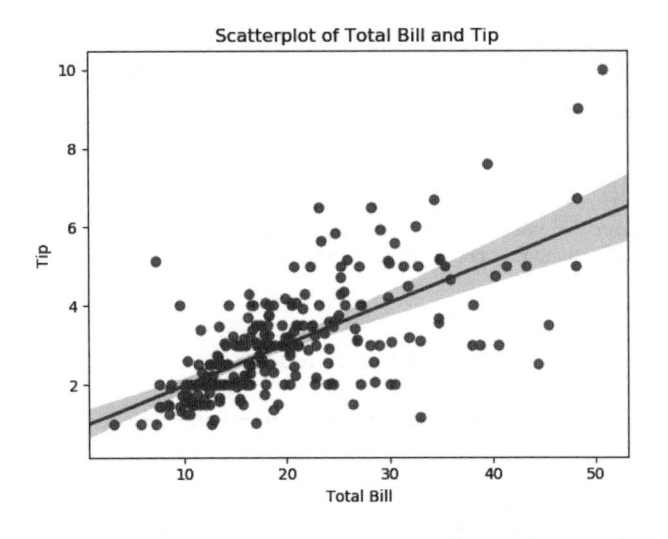

図3.17 seaborn による散布図（regplot）「総額とチップの散布図」

　同様な関数である lmplot でも、散布図を作成できる。この lmplot は内部で regplot を呼び出すのだから、regplot のほうがより一般的で基本となるプロット関数である。主な違いは、regplot が（図3.6 の「図の各部」で示した）プロット領域（axes）を作るのに対して、lmplot は図を作成するということである（図3.18）。

```
fig = sns.lmplot(x='total_bill', y='tip', data=tips)
plt.show()
```

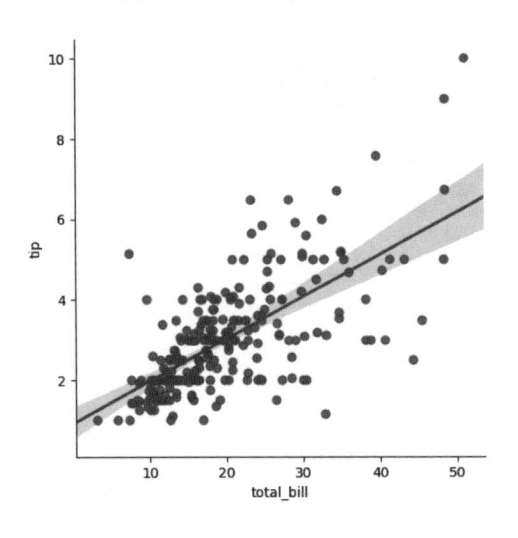

図3.18 seaborn による散布図（lmplot）

さらに jointplot を使って、それぞれの軸について 1 変量プロットを含む散布図を作ることもできる（図 3.19）。1 つ大きな違いとして、jointplot はプロット領域（axes）を返さない（だから、プロットを入れるために axes を含む図を作る必要はない）。代わりに、この関数は JointGrid オブジェクトを作成する。

```
joint = sns.jointplot(x='total_bill', y='tip', data=tips)
joint.set_axis_labels(xlabel='Total Bill', ylabel='Tip')

# タイトルを追加し、フォントサイズを設定し、
# テキストの位置を Total Bill 軸の上側に移動
joint.fig.suptitle('Joint Plot of Total Bill and Tip',
                   fontsize=10, y=1.03)
```

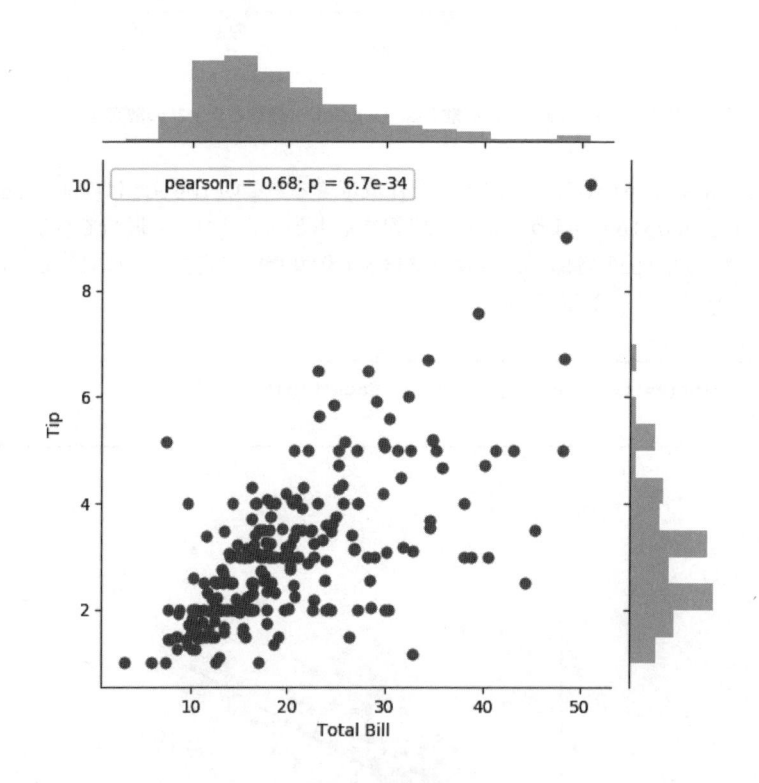

図 3.19 seaborn による散布図（jointplot）「総額とチップのジョイントプロット」

3.4.2.2 hexbin プロット（六角形ビニング）

散布図は 2 つの変量を比較するのに優れている。けれども、時には点が多すぎて散布図が意味をなさない場合もある。この問題を回避する方法の 1 つは、複数の点をビニングして（まとめて）プ

ロットすることだ。ヒストグラムは1個の変量をビニングして棒を作るが、hexbinは2個の変量をビニングできる（図3.20）。この目的のために六角形（hexagon）を使う理由は、2次元の任意の表面を最も効率よく覆うことのできる図形だからだ。hexbinはmatplotlibの関数なので、以下はmatplotlibの上にseabornが構築されていることを示す例になっている。

```
hexbin = sns.jointplot(x="total_bill", y="tip", data=tips, kind="hex")
hexbin.set_axis_labels(xlabel='Total Bill', ylabel='Tip')
hexbin.fig.suptitle('Hexbin Joint Plot of Total Bill and Tip',
                    fontsize=10, y=1.03)
```

>> ii ページにカラーで掲載

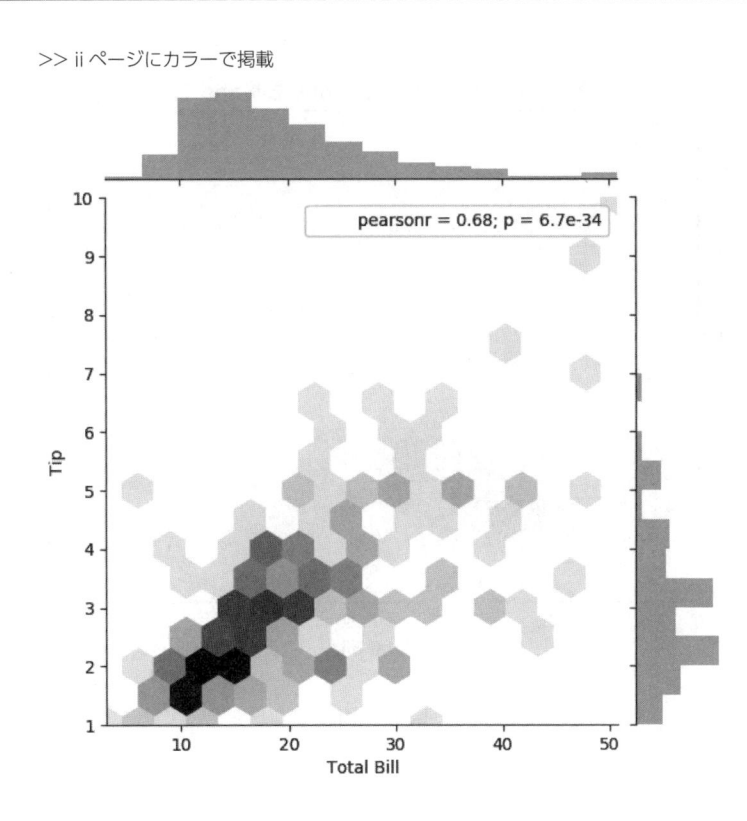

図3.20　seabornのhexbinプロット（jointplot）「hexbinによる総額とチップのジョイントプロット」

3.4.2.3　2次元の密度プロット

2次元のカーネル密度プロットも作成できる。そのプロセスは、sns.kdeplotの仕組みと同様だが、2つの変量について密度プロットを作るのだ。2変量プロットは、単独で表示することもできるし（図3.21）、jointplotを使って、2つの単変量プロットと組み合わせて表示することもできる（図3.22）。

```
kde, ax = plt.subplots()
ax = sns.kdeplot(data=tips['total_bill'],
                 data2=tips['tip'],
                 shade=True) # 濃淡で輪郭を塗る
ax.set_title('Kernel Density Plot of Total Bill and Tip')
ax.set_xlabel('Total Bill')
ax.set_ylabel('Tip')
plt.show()

kde_joint = sns.jointplot(x='total_bill', y='tip',
                          data=tips, kind='kde')
```

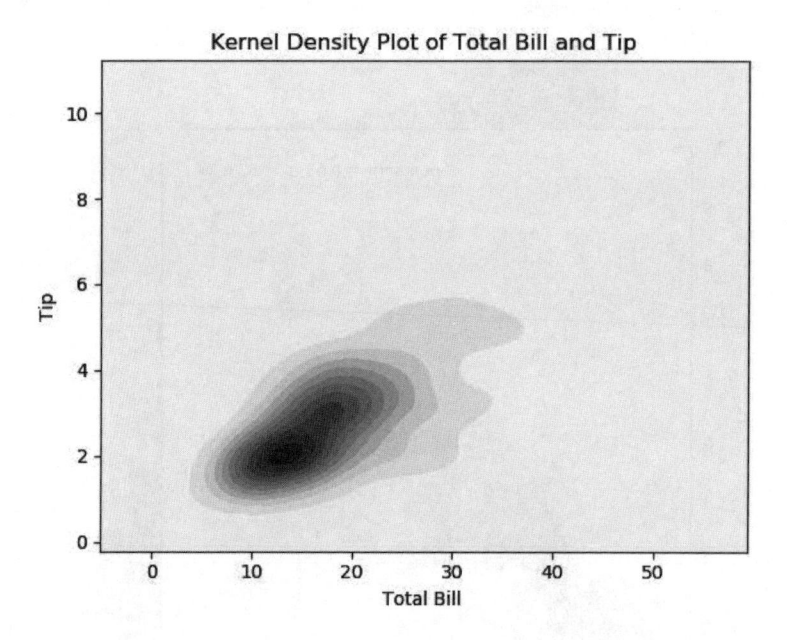

図 3.21　seaborn の KDE プロット

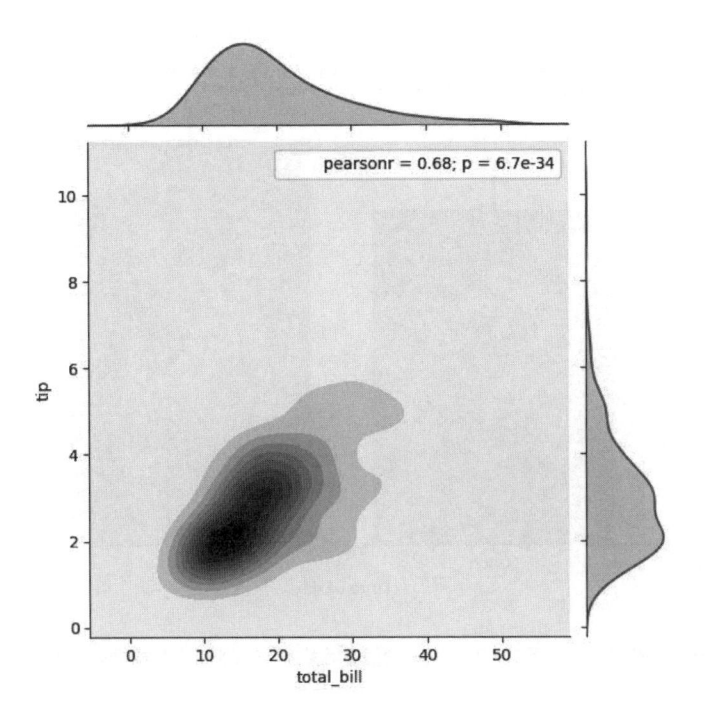

図 3.22 seaborn の KDE プロット（jointplot）

3.4.2.4 棒グラフ

　複数の変量を示すには、棒グラフ（Bar Plot）を使うこともできる。barplot は、デフォルトでは平均値を計算して棒の高さとするが（図 3.23）[7]、その estimator パラメータには、どんな関数でも渡すことができる。たとえば numpy.std 関数を渡せば、標準偏差（standard deviation）が計算されて棒の高さとする。

```
bar, ax = plt.subplots()
ax = sns.barplot(x='time', y='total_bill', data=tips)
ax.set_title('Bar plot of average total bill for time of day')
ax.set_xlabel('Time of day') # 時間帯
ax.set_ylabel('Average total bill') # 総額の平均値
plt.show()
```

---

[7]　監訳注：棒グラフの縦に表示される線は、（平均 − 標準偏差）から（平均 + 標準偏差）の値の範囲を表している。

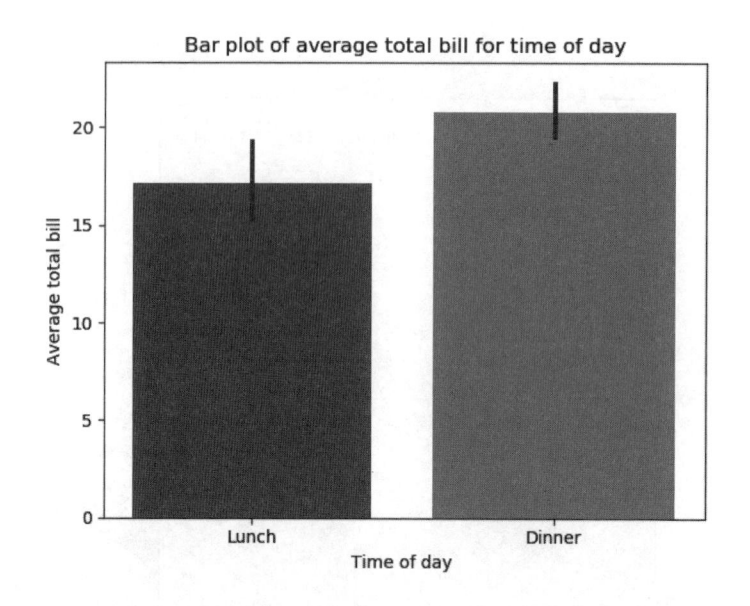

図3.23 seabornの棒グラフ（デフォルトで平均値を計算）「時間帯ごとに総額の平均値を示す棒グラフ」

3.4.2.5 箱ひげ図

箱ひげ図（boxplot）は、図3.24のように複数の統計量を示すことができる。最小値（minimum：ひげの下端）、第1四分位点（first quantile：ボックスの下端）、中央値（median）、第3四分位点（third quantile：ボックスの上端）、最大値（maximum：ひげの上端）、そして必要ならば四分位範囲（interquartile）に基づく外れ値（outliner）も表示できる。

なお、このプロット関数のyパラメータはオプション扱いであり、もし省略するとプロットの中には1個の箱だけが作られる。

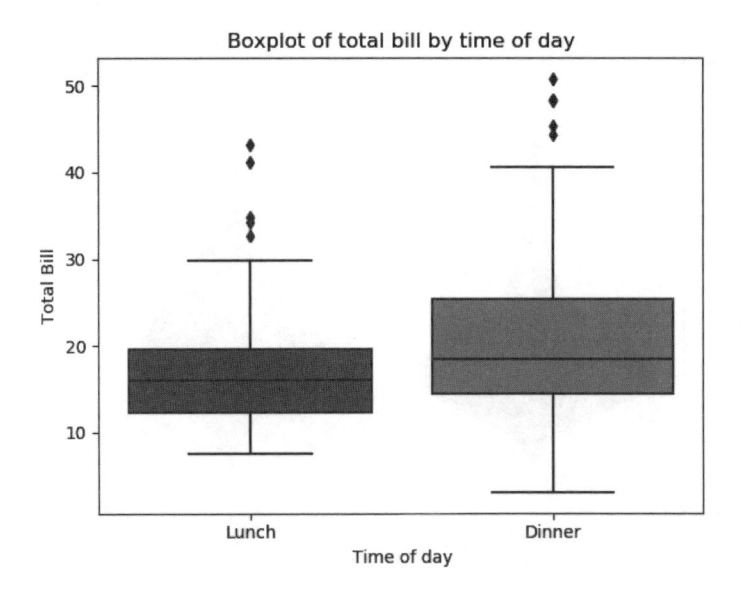

図 3.24　seaborn の箱ひげ図「時間帯ごと（Lunch、Dinner）の総額を示すボックスプロット」

```
box, ax = plt.subplots()
ax = sns.boxplot(x='time', y='total_bill', data=tips)
ax.set_title('Boxplot of total bill by time of day')
ax.set_xlabel('Time of day')
ax.set_ylabel('Total Bill')
plt.show()
```

3.4.2.6　バイオリンプロット

　箱ひげ図は統計量を可視化する古典的な方法だが、背後にある「データの分散」が見えにくくなるおそれがある。バイオリンプロット（図 3.25）は、箱ひげ図と同じ値を表示できるが、「箱」にあたるものをカーネル密度推定（KDE）としてプロットする。これにより、データの散らばりなど視覚的情報をより多く保持できる。アンスコムの例で見たように、要約統計量のみをプロットするのでは誤解を招きかねない。

```
violin, ax = plt.subplots()
ax = sns.violinplot(x='time', y='total_bill', data=tips)
ax.set_title('Violin plot of total bill by time of day')
ax.set_xlabel('Time of day')
ax.set_ylabel('Total Bill')
plt.show()
```

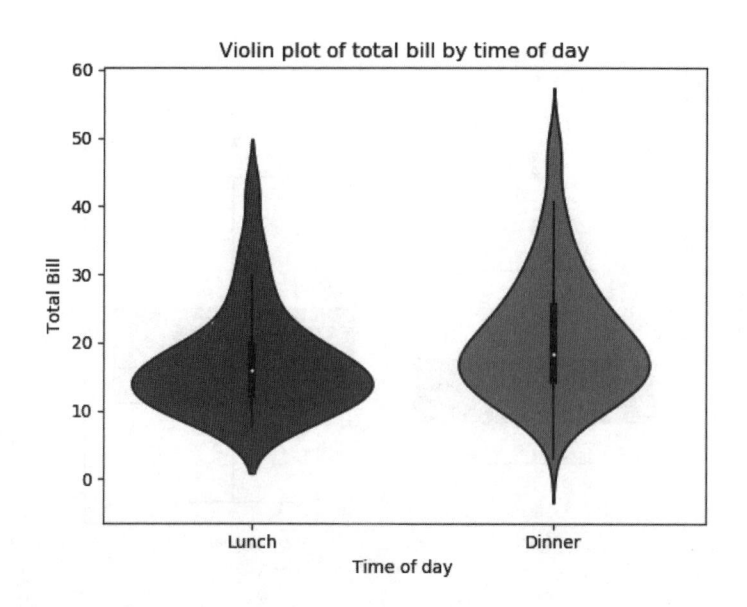

図 3.25　seaborn のバイオリンプロット「時間帯ごとの総額を示すバイオリンプロット」

3.4.2.7　ペアの相関を見る

　ほとんど数値だけのデータから、すべての「ペアの相関」(pairwise relationships) を可視化するには、pairplot を使うのが簡単だ。この関数は、ペアとなる 2 変量について散布図をプロットし、単変量についてヒストグラムをプロットする (図 3.26)。

```
fig = sns.pairplot(tips)
```

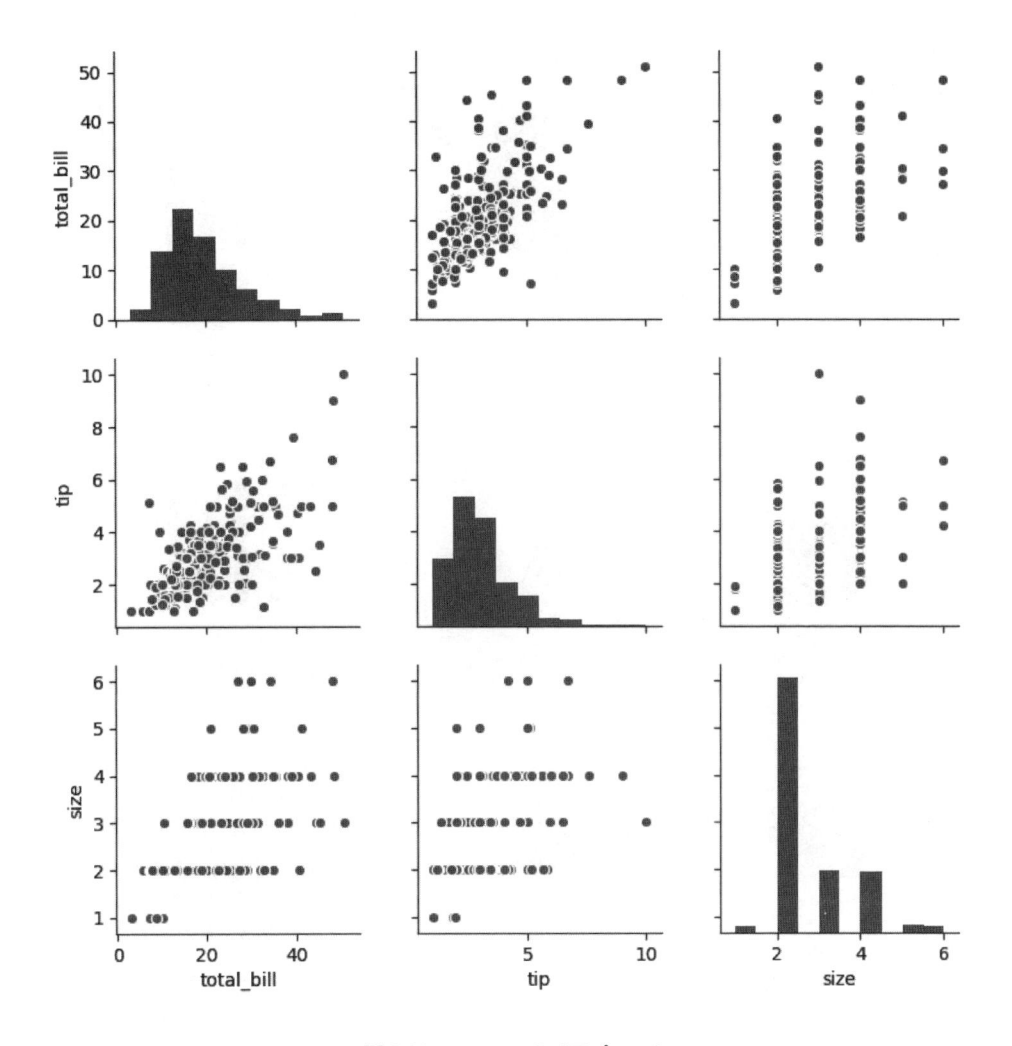

図3.26 seaborn のペアプロット

　pairplot を使うときの難点として、情報の冗長性がある。つまり、可視化された情報（プロット行列）の上側が下側と同じようになってしまうのだ。pairgrid を使えば、上側（upper）と下側（lower）で異なるプロットの方式を割り当てることが可能である。このプロットを図3.27に示す。

```
pair_grid = sns.PairGrid(tips)
# sns.regplot の代わりに plt.scatter を使うことも可能
pair_grid = pair_grid.map_upper(sns.regplot)
pair_grid = pair_grid.map_lower(sns.kdeplot)
pair_grid = pair_grid.map_diag(sns.distplot, rug=True)
plt.show()
```

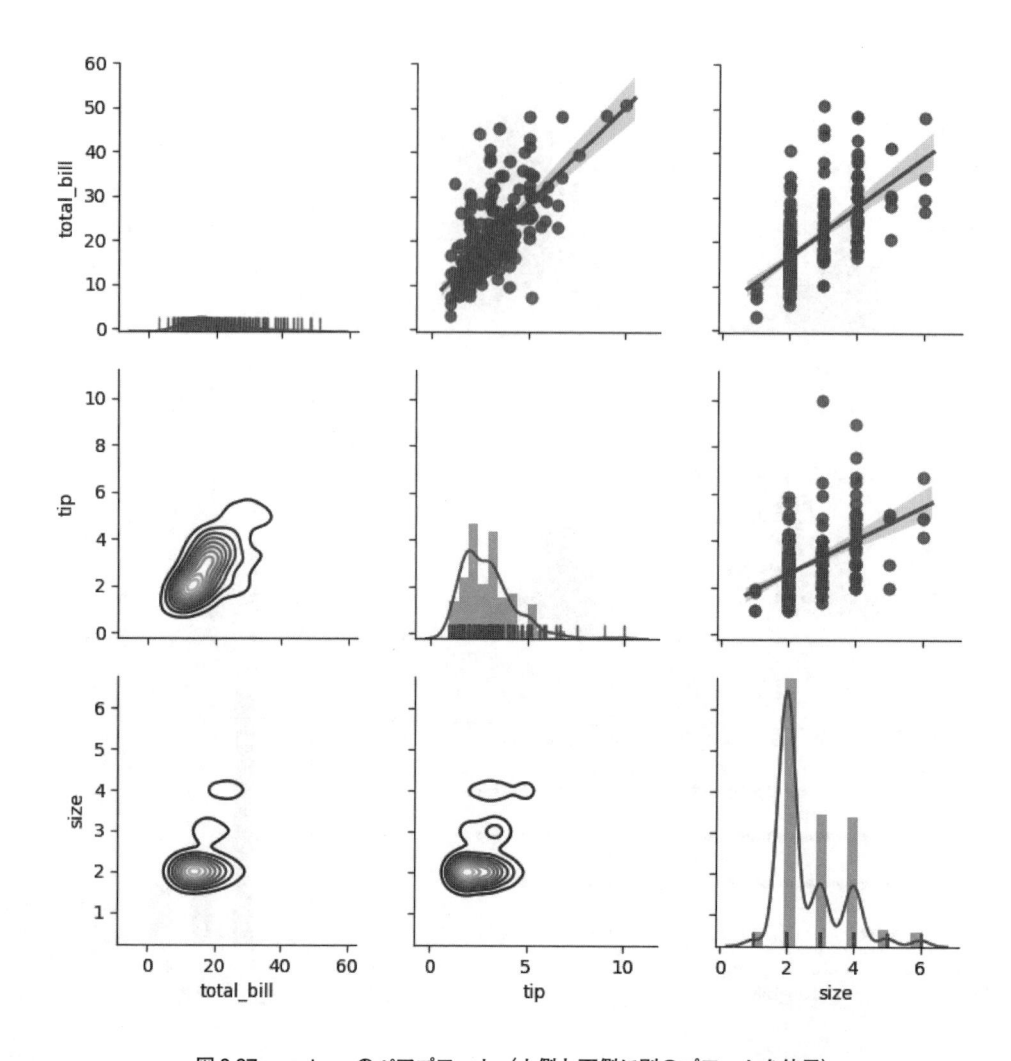

図 3.27　seaborn のペアプロット（上側と下側に別のプロットを使用）

3.4.3　多変量データ

　3.3.3 項でも触れたように、多変量データの可視化には汎用的な方法論が存在しない。より多くの情報を入れて可視化するには、色・サイズ・形の違いでプロットに含まれるデータを区別することだ。

3.4.3.1　色の違い

　violinplot を使うときは、性別 sex によってプロットの色を変えるために hue パラメータを渡すことができる。情報の冗長性を減らすため、図 3.28 に示すように、バイオリンの右側と左側で、それぞれ別の色によって sex を表現する。試しに次のコードで、split パラメータがあるときとな

いときを比較してみよう。

```
violin, ax = plt.subplots()
ax = sns.violinplot(x='time', y='total_bill',
                    hue='sex', data=tips,
                    split=True)
plt.show()
```

>> iii ページにカラーで掲載

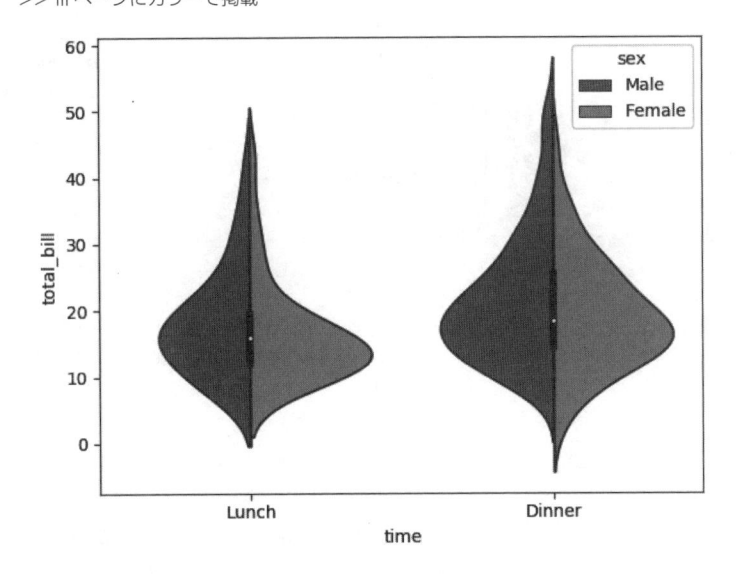

図 3.28 seaborn のバイオリンプロットで hue パラメータを使う

hue パラメータは、他にもさまざまな関数に渡すことができる。図 3.29 に、lmplot で使った例を示す。

```
# ここでは regplot ではなく lmplot を使っていることに注意
scatter = sns.lmplot(x='total_bill', y='tip', data=tips,
                     hue='sex', fit_reg=False)
plt.show()
```

>> iii ページにカラーで掲載

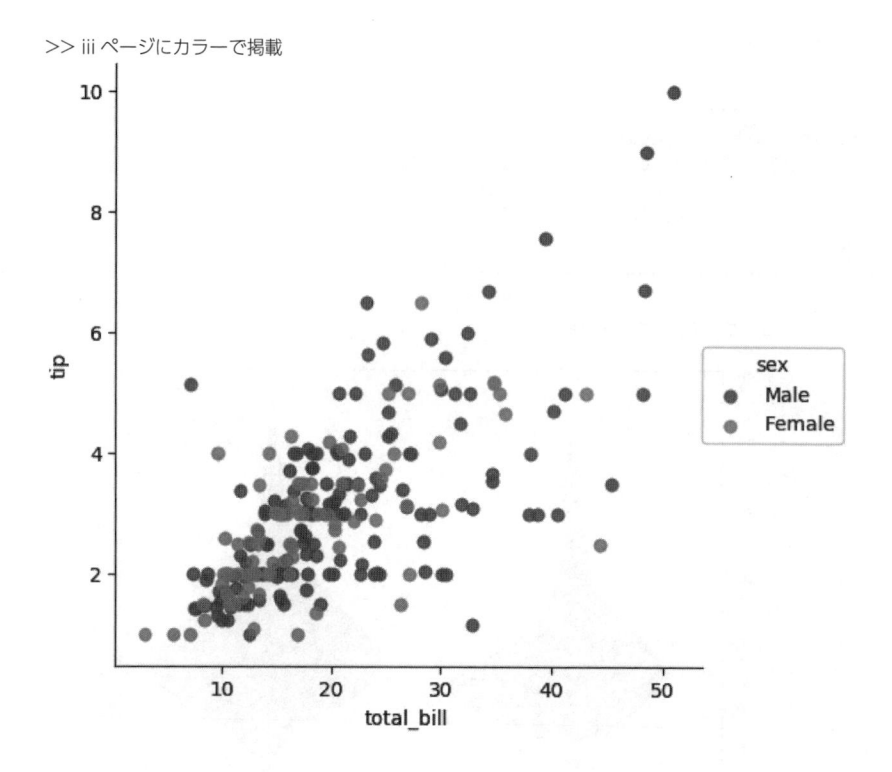

図 3.29　seaborn の lmplot で hue パラメータを使う

　先ほどのペアプロットに対しても、カテゴリ型変数（categorical variable：第 7 章）の 1 つを hue パラメータとして渡すことによって、もう少し意味を読み取りやすく可視化することができる。図 3.30 に、このアプローチによるペアプロットを示す。

```
fig = sns.pairplot(tips, hue='sex')
```

>> iv ページにカラーで掲載

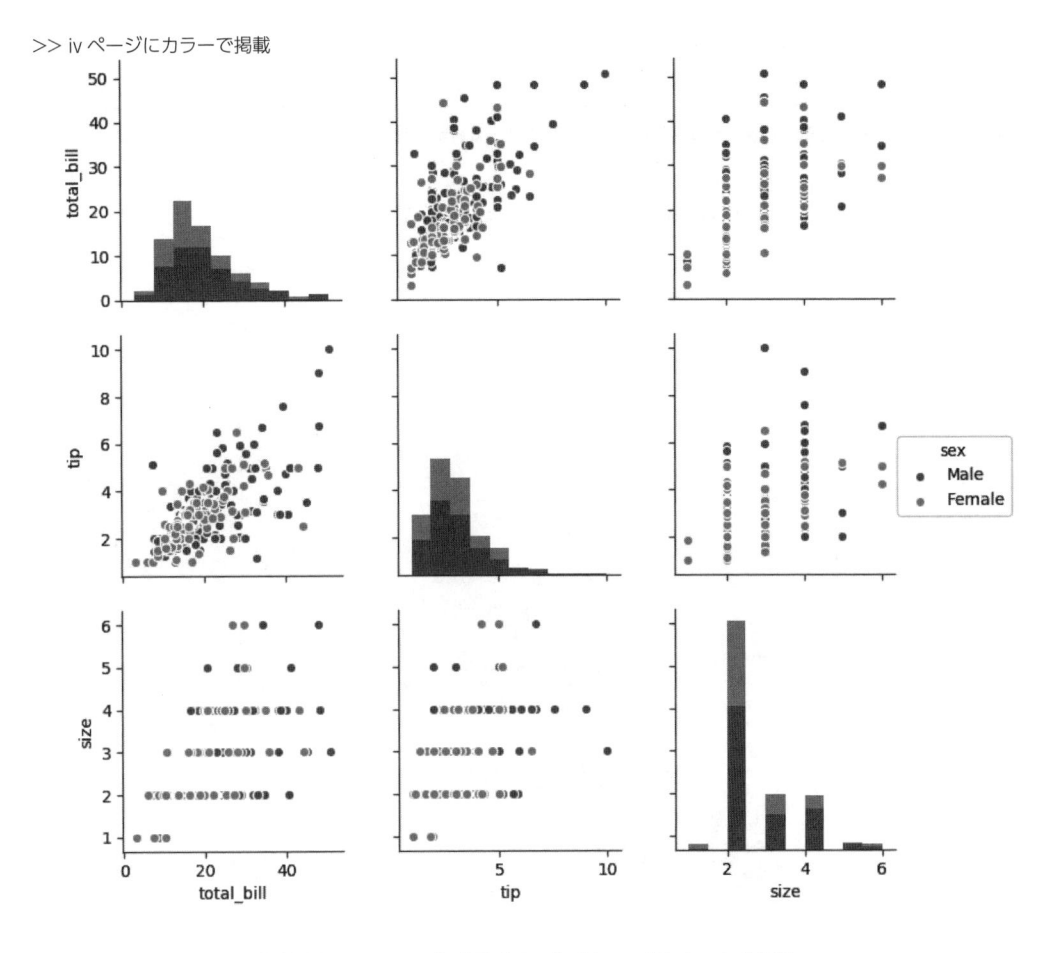

図 3.30　seaborn のペアプロットで hue パラメータを使う

3.4.3.2　サイズと形

　点のサイズの変化によっても、より多くの情報をプロットに加えることが可能だ。ただし、このオプションを使いすぎてはいけない。人間の視覚は面積を比較するのが得意ではないからだ。

　matplotlib の関数呼び出しで seaborn を機能させる方法について、その例から考えてみよう。lmplot のドキュメント[8] を読むと、「このメソッドは scatter、scatter_kws、line_kws と呼ばれているパラメータを受け取る」と書かれている。つまり、lmplot には scatter_kws と line_kws というパラメータがあるのだ。いずれのパラメータも、キーと値のペア (key-value pair) をとる。厳密に言えば、Python の dict（辞書）を受け取るのだ（付録 K）。キーと値のペアを scatter_kws に渡すと、さらにそれが matplotlib 関数の plt.scatter に渡される。3.3.3 項で行ったように、ポイントのサイズ変更のために s パラメータにアクセスするには、このような方法を使うのだ。

※8　　lmplot のドキュメント：http://seaborn.pydata.org/generated/seaborn.lmplot.html

以下がそのコード例であり、図3.31にその実行結果を示す。

```
scatter = sns.lmplot(x='total_bill', y='tip', data=tips,
                     fit_reg=False,
                     hue='sex',
                     scatter_kws={'s': tips['size']*10})
plt.show()
```

>> iv ページにカラーで掲載

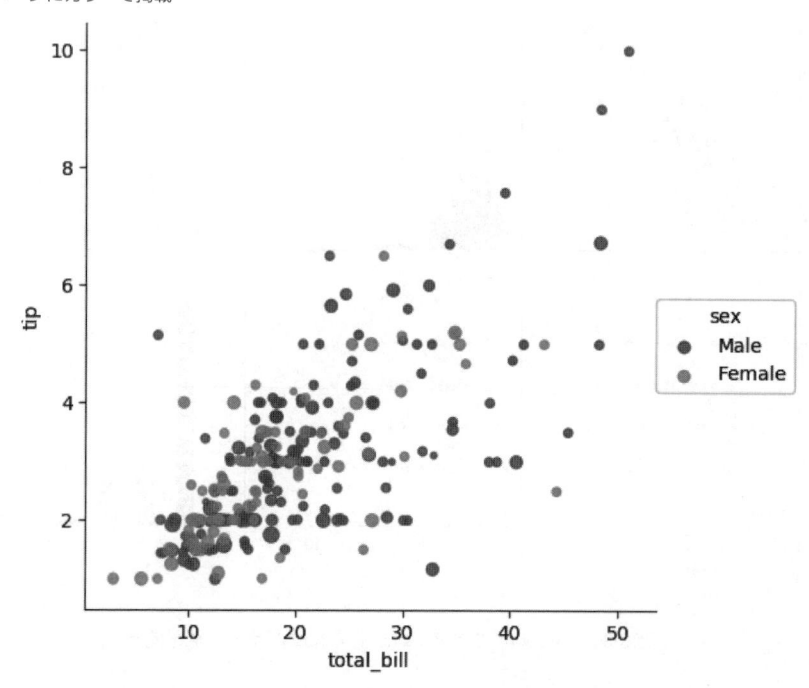

図3.31 seaborn による散布図（scatter_kws でサイズを渡す）

また、多変量を扱う際は、同じ情報を2つのプロット要素で示すと見やすくなる場合が、ときどきある。図3.32では色と形の両方を使って、sex 変数の男女の値を区別している。

```
scatter = sns.lmplot(x='total_bill', y='tip', data=tips,
                     fit_reg=False, hue='sex', markers=['o', 'x'],
                     scatter_kws={'s': tips['size']*10})
plt.show()
```

>> v ページにカラーで掲載

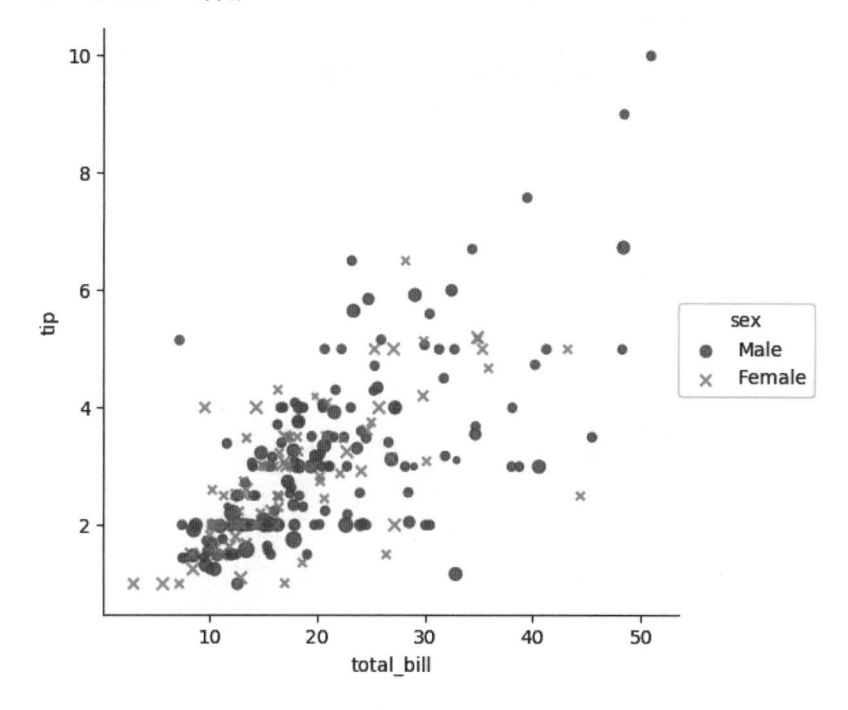

図 3.32　seaborn による散布図（マーカーとサイズを渡す）

3.4.3.3　ファセット（切り口）

　もっと多くの変量を示したいときは、どうすればよいだろう。あるいは、可視化に使いたいプロットを決めたとしても、1 つのカテゴリ型変数に関して複数のプロットが欲しいときは、どうだろうか。ファセット（facet：切り口）機能は、これらのニーズを満たすために設計されている。図 3.5 で示したように、データを個々のサブセット（部分集合）に分けることで、すべてのプロットを 1 個の図の中にレイアウトする必要はなくなる。seaborn のファセットが、プロット先の切り分けの仕事をこなしてくれるのだ。

　ファセットを使うためには、データを、Hadley Wickham[9] が言う「Tidy Data」[10] に変更しなければならない。変更したデータでは、各行がデータの観測値を表現し、各列が 1 個の変数を表すことになる（これは "long data" とも呼ばれる）。

　図 3.5 の「アンスコムのカルテット」と同様なものを seaborn で作成しよう。そのコードの一部は以下のとおりであり、その結果を図 3.33 に示す。

---

[9]　http://hadley.nz/
　　訳注：ハドリー・ウィッカムは、RStudio のチーフサイエンティスト。共著書は『R ではじめるデータサイエンス』、著書は『R パッケージ開発入門』『R 言語徹底解説』など。

[10]　「Tidy Data」http://vita.had.co.nz/papers/tidy-data.pdf
　　訳注：「整然データ」と訳されている。これについては第 4 章、第 6 章に説明がある。

```
anscombe_plot = sns.lmplot(x='x', y='y', data=anscombe,
                           fit_reg=False,
                           col='dataset', col_wrap=2)
plt.show()
```

>> v ページにカラーで掲載

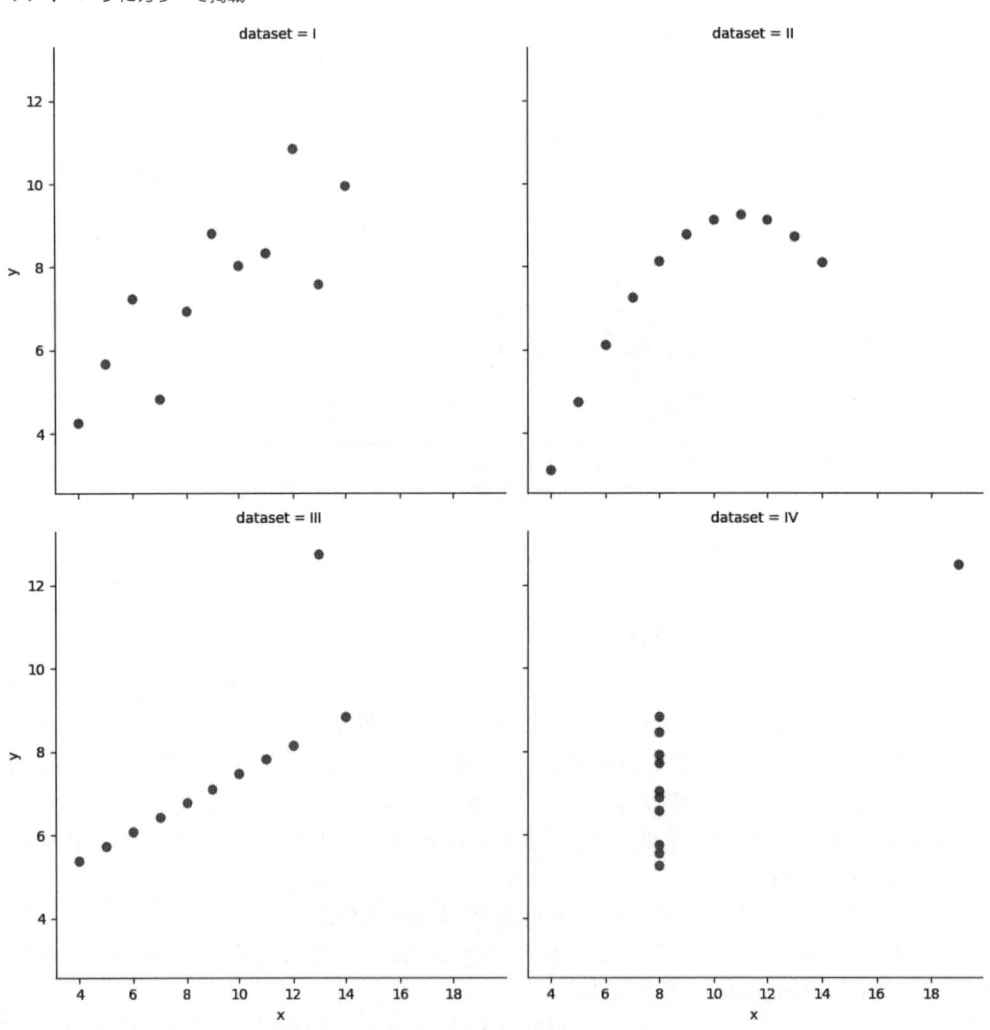

図3.33 seaborn のファセット機能を使って、アンスコムのデータをプロットする

　この可視化を行うのに必要なのは、seaborn の散布図プロット関数に渡すパラメータを、2つ追加することだけだ。col パラメータではファセット表示するデータを定義し('dataset')、col_wrap パラメータでは図に入れる列の折り返し幅（2）を指定する。もし col_wrap パラメータを指定しな

ければ、4つの描画領域がすべて同じ行に並んでプロットされる。

　lmplotとregplotの違いは3.4.2.1で述べた。lmplotのほうが、より上位にある高レベルの関数だ。それとは対照的に、これまでseabornで作ってきたプロットの多くは、プロット領域（axes）レベルの関数だ。そのため、すべてのプロット関数にファセット用のcolやcol_wrapのパラメータがあるわけではない。そうしたパラメータの代わりに、ファセットに分けて表示すべき変数を知っているFacetGridを作る必要がある。その場合、個々のファセットに使うプロッティングのコードを個別に指定する。このように自作したファセットでプロットする例を、図3.34に示す。

```python
# FacetGridを作る
facet = sns.FacetGrid(tips, col='time')
# timeのそれぞれの値について、総額のヒストグラムをプロット
facet.map(sns.distplot, 'total_bill', rug=True)
plt.show()
```

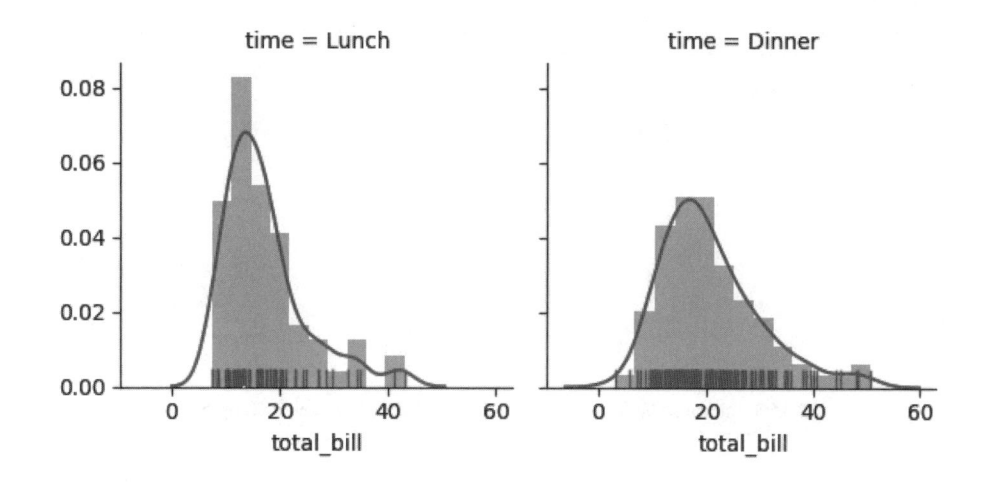

図3.34　seabornの自作ファセットによるプロット

図3.35で示すように、個々のファセットは単変量プロットに限定されない。

```python
facet = sns.FacetGrid(tips, col='day', hue='sex')
facet = facet.map(plt.scatter, 'total_bill', 'tip')
facet = facet.add_legend()
plt.show()
```

>> vi ページにカラーで掲載

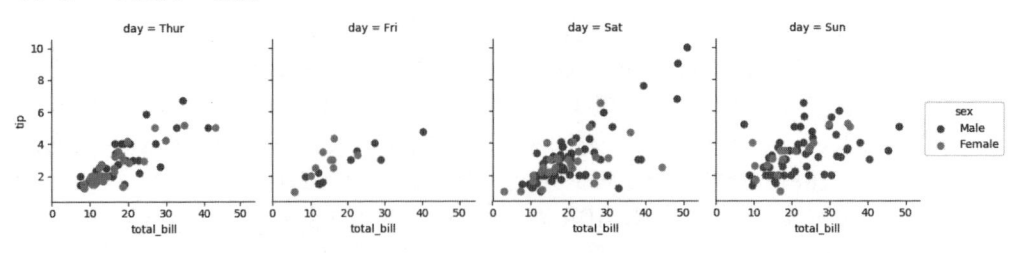

図 3.35　seaborn の自作ファセットによる多変量のプロット（散布図）

さらに seaborn では、これと同じプロットを lmplot を使っても作成できる（図 3.36）。

```
fig = sns.lmplot(x='total_bill', y='tip', data=tips, fit_reg=False,
                 hue='sex', col='day')
plt.show()
```

>> vi ページにカラーで掲載

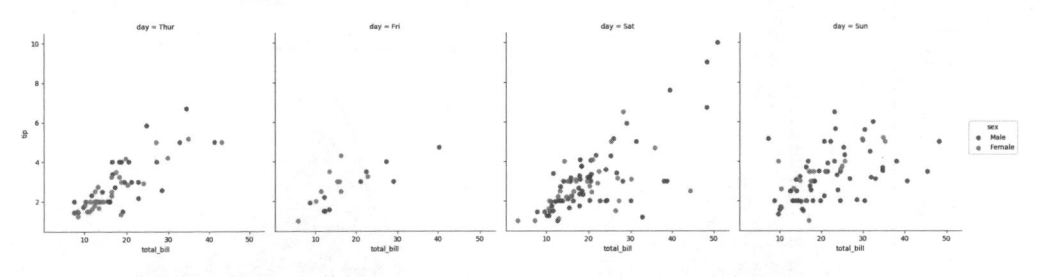

図 3.36　seaborn の自作ファセットによる多変量のプロット（Import）

　ファセットの使い方は、まだほかにもある。ある変数を x 軸でファセットに分け、もう 1 つの変数を y 軸でファセットに分けることもできるのだ。これは row パラメータを渡すことによって達成できる。以下がそのコード例であり、その結果を図 3.37 に示す。

```
facet = sns.FacetGrid(tips, col='time', row='smoker', hue='sex')
facet.map(plt.scatter, 'total_bill', 'tip')
plt.show()
```

>> vii ページにカラーで掲載

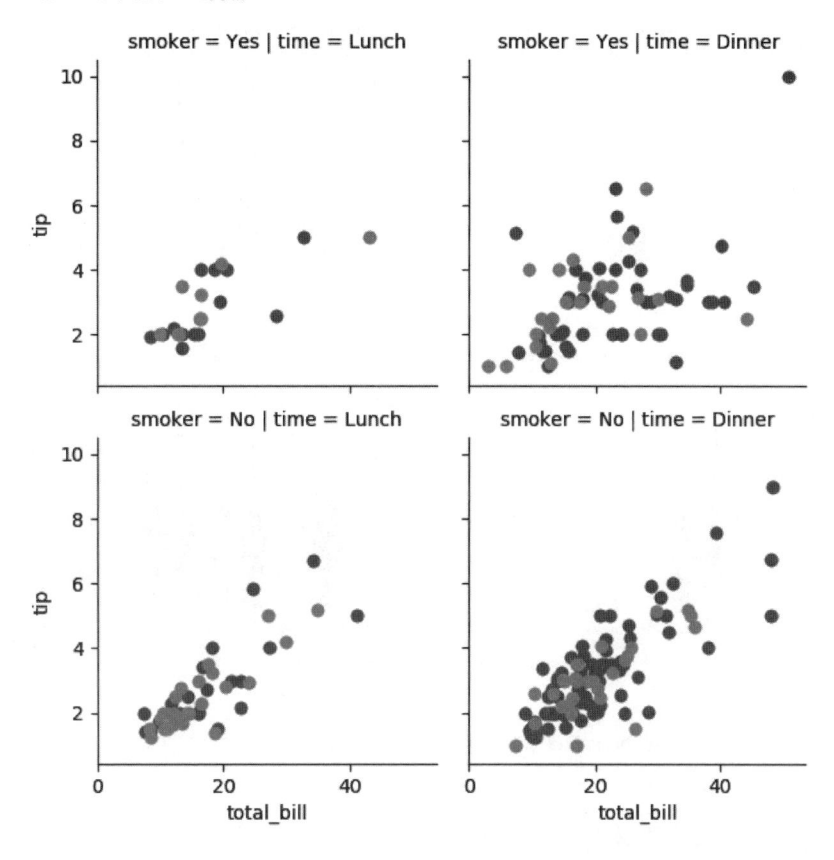

図 3.37 seaborn の自作ファセットによる 2 変量のプロット

hue 要素の重なりを避けたければ（散布図には望ましいものの、バイオリンプロットでは避けたい）、sns.factorplot 関数を使える。その結果を、図 3.38 に示す。

```
facet = sns.factorplot(x='day', y='total_bill', hue='sex', data=tips,
                       row='smoker', col='time', kind='violin')
```

>> vii ページにカラーで掲載

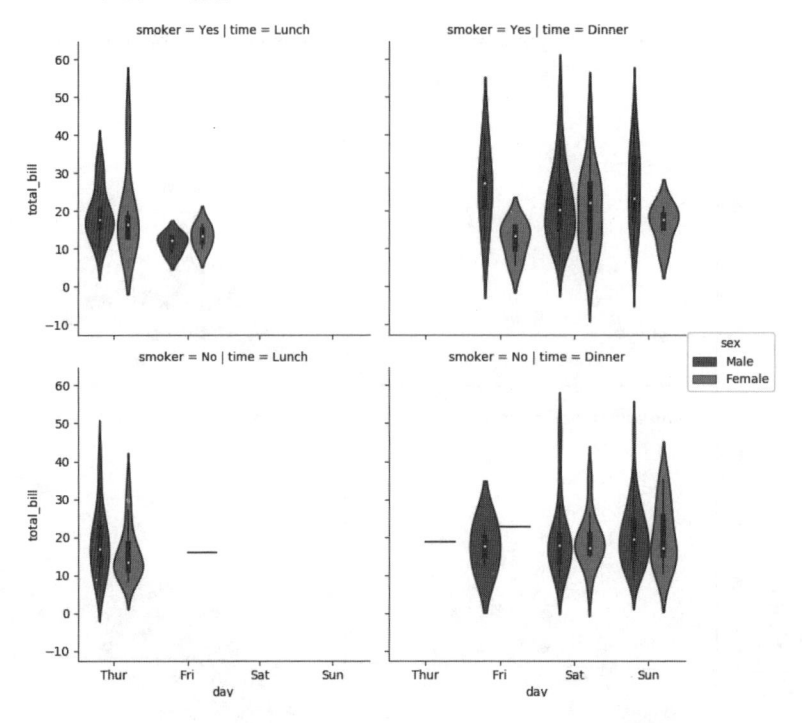

図 3.38　seaborn の自作ファセットによる 2 変量のバイオリンプロット

3.5　pandas のオブジェクト

pandas のオブジェクトにも、独自のプロット関数が備わっている。seaborn の場合と同じく、pandas に組み込まれているプロット関数も、matplotlib をベースとした「既定値が付いたラッパー」にすぎない。

pandas の プ ロ ッ ト 関 数 は、 一 般 に DataFrame.plot.<PLOT_TYPE> ま た は Series.plot.<PLOT_TYPE> という形式に従う。

3.5.1　ヒストグラム

ヒストグラムは、Series.plot.hist 関数（図 3.39）または DataFrame.plot.hist 関数（図 3.40）を使って作成できる。

```
# Series のヒストグラム
fig, ax = plt.subplots()
ax = tips['total_bill'].plot.hist()
plt.show()
```

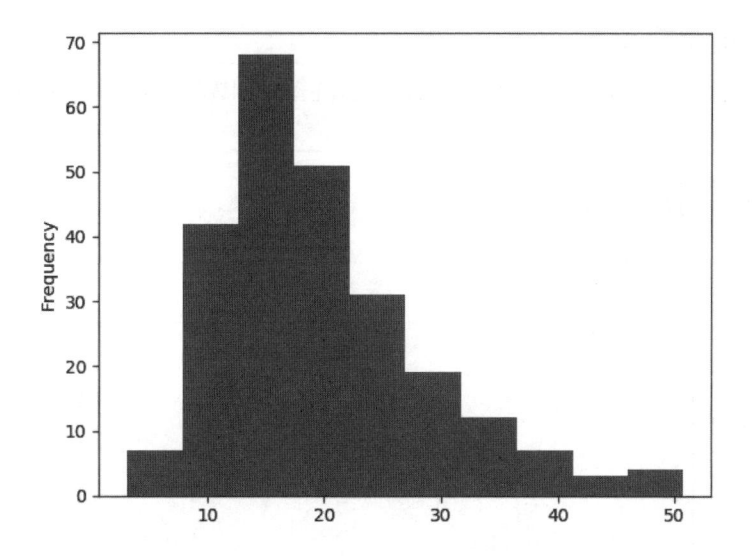

図 3.39 ヒストグラム（pandas の Series）

```
# Dataframe のヒストグラム
# 棒が重複しても透けて見えるように、alpha で透明度を設定
fig, ax = plt.subplots()
ax = tips[['total_bill', 'tip']].plot.hist(alpha=0.5, bins=20, ax=ax)
plt.show()
```

>> viii ページにカラーで掲載

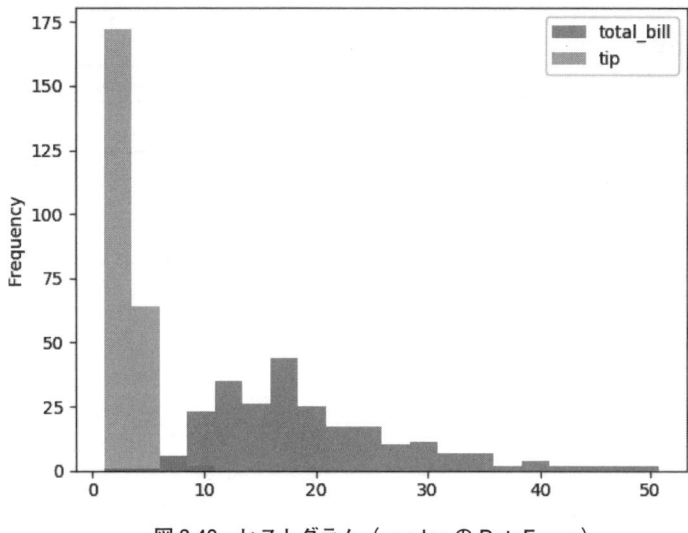

図 3.40 ヒストグラム（pandas の DataFrame）

3.5.2 密度プロット

KDE（カーネル密度推定）プロットは、`DataFrame.plot.kde`関数を使って作成できる（図 3.41）。

```
fig, ax = plt.subplots()
ax = tips['tip'].plot.kde()
plt.show()
```

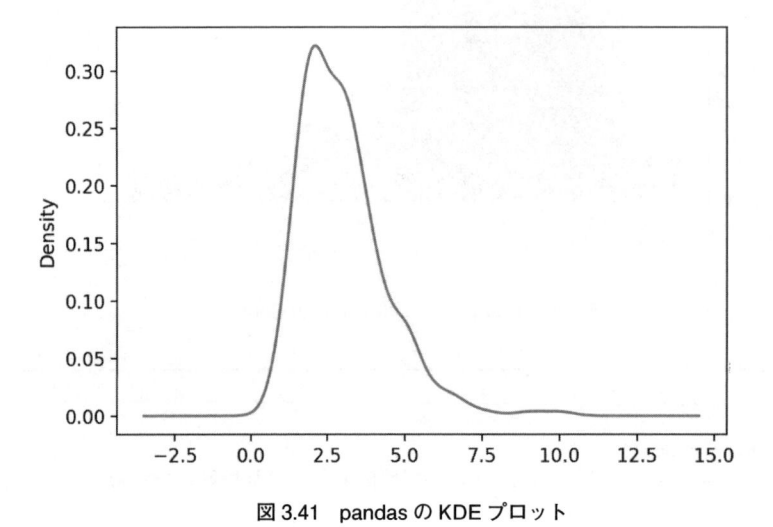

図 3.41 pandas の KDE プロット

3.5.3 散布図

散布図（scatterplot）は、`DataFrame.plot.scatter`関数を使って作成できる（図 3.42）。

```
fig, ax = plt.subplots()
ax = tips.plot.scatter(x='total_bill', y='tip', ax=ax)
plt.show()
```

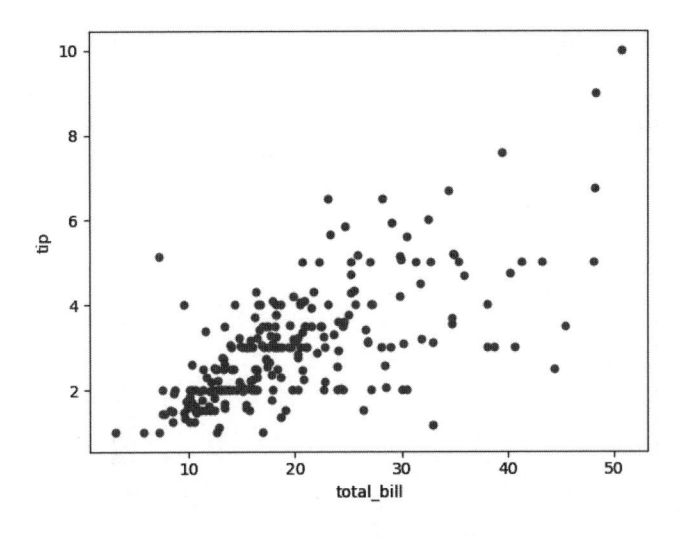

図 3.42　pandas の散布図

3.5.4　hexbin プロット

hexbin（六角形ビニング）プロットは、`Dataframe.plot.hexbin`関数を使って作成できる（図 3.43）。

```
fig, ax = plt.subplots()
ax = tips.plot.hexbin(x='total_bill', y='tip', ax=ax)
plt.show()
```

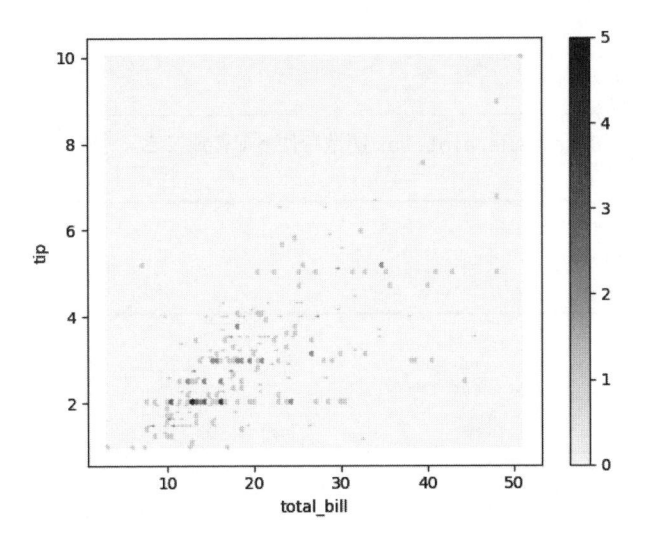

図 3.43　pandas の hexbin プロット

六角形グリッドのサイズは、gridsize パラメータで調整できる（図 3.44）。

```
fig, ax = plt.subplots()
ax = tips.plot.hexbin(x='total_bill', y='tip', gridsize=10, ax=ax)
plt.show()
```

>> viii ページにカラーで掲載

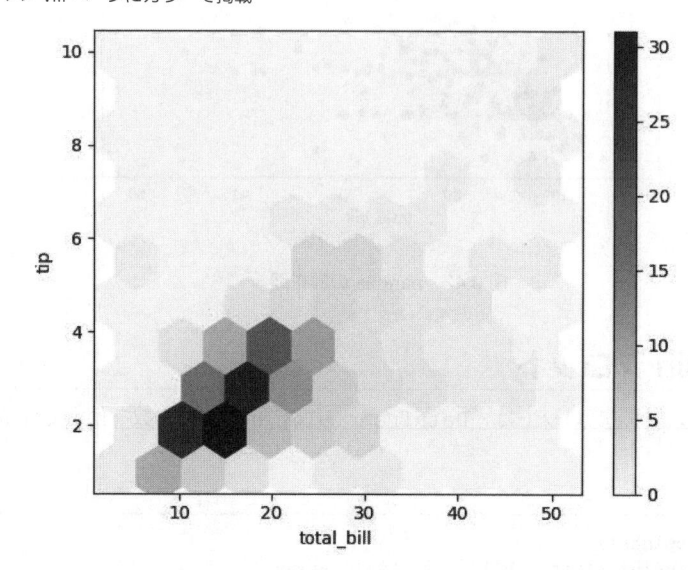

図 3.44　pandas の hexbin プロットでグリッドサイズを変更

3.5.5　箱ひげ図

箱ひげ図（boxplot）は、DataFrame.plot.box 関数を使って作成できる（図 3.45）。

```
fig, ax = plt.subplots()
ax = tips.plot.box(ax=ax)
plt.show()
```

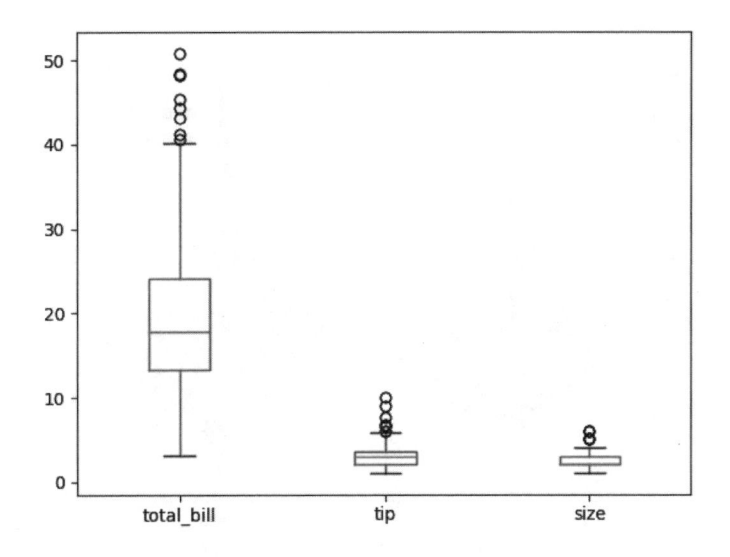

図 3.45　pandas の箱ひげ図

3.6　seaborn のテーマとスタイル

　この章で見てきた seaborn のプロットは、どれもデフォルトのプロットスタイルを使っていた。プロットスタイルは、sns.set_style 関数で変更できる。この関数は通常、コードの先頭で 1 回だけ実行する。その後のプロットは、どれも同じスタイル集合を使うことになる。

　seaborn で提供されるスタイルには、darkgrid、whitegrid、dark、white、ticks がある。図 3.46 に基本のプロットを示し、図 3.47 に whitegrid スタイルのプロットを示す。

```
# 比較のために初期値でプロット
fig, ax = plt.subplots()
ax = sns.violinplot(x='time', y='total_bill',
                    hue='sex', data=tips,
                    split=True)
plt.show()
```

>> ix ページにカラーで掲載

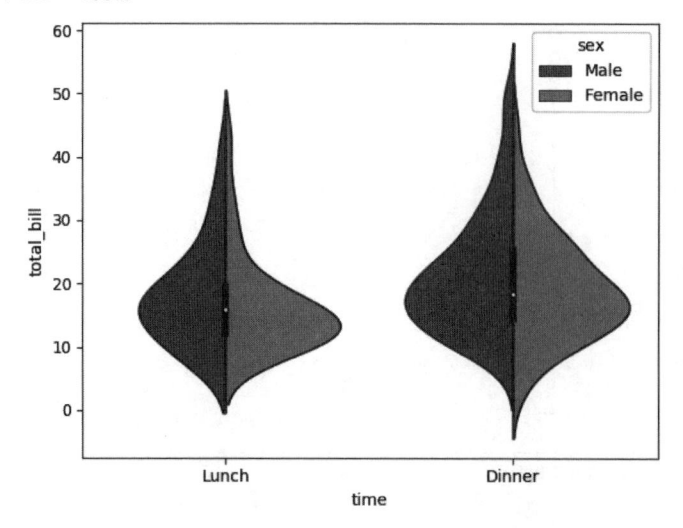

図 3.46 seaborn のスタイル（基本）

```
# スタイルを設定してプロット
sns.set_style('whitegrid')
fig, ax = plt.subplots()
ax = sns.violinplot(x='time', y='total_bill',
                    hue='sex', data=tips,
                    split=True)
plt.show()
```

>> ix ページにカラーで掲載

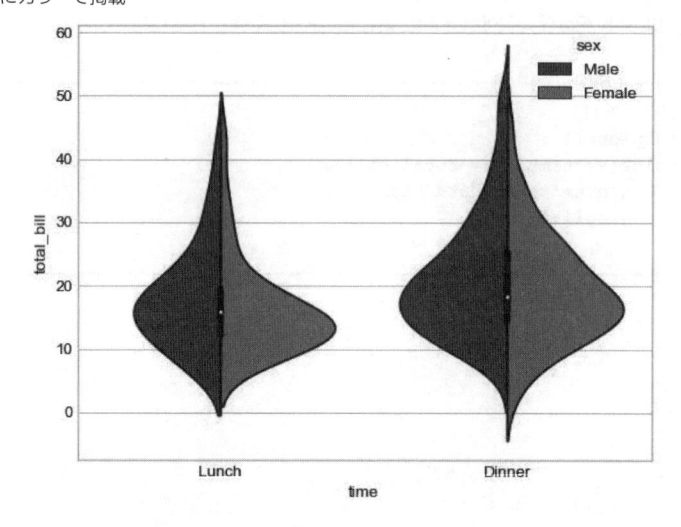

図 3.47 seaborn のスタイル（whitegrid）

次のコードは、すべてのスタイルによるプロットを示す（図3.48）。

```python
fig = plt.figure()
seaborn_styles = ['darkgrid', 'whitegrid', 'dark', 'white', 'ticks']
for idx, style in enumerate(seaborn_styles):
    plot_position = idx + 1
    with sns.axes_style(style):
        ax = fig.add_subplot(2, 3, plot_position)
        violin = sns.violinplot(x='time', y='total_bill',
                                data=tips, ax=ax)
        violin.set_title(style)
fig.tight_layout()
plt.show()
```

>> x ページにカラーで掲載

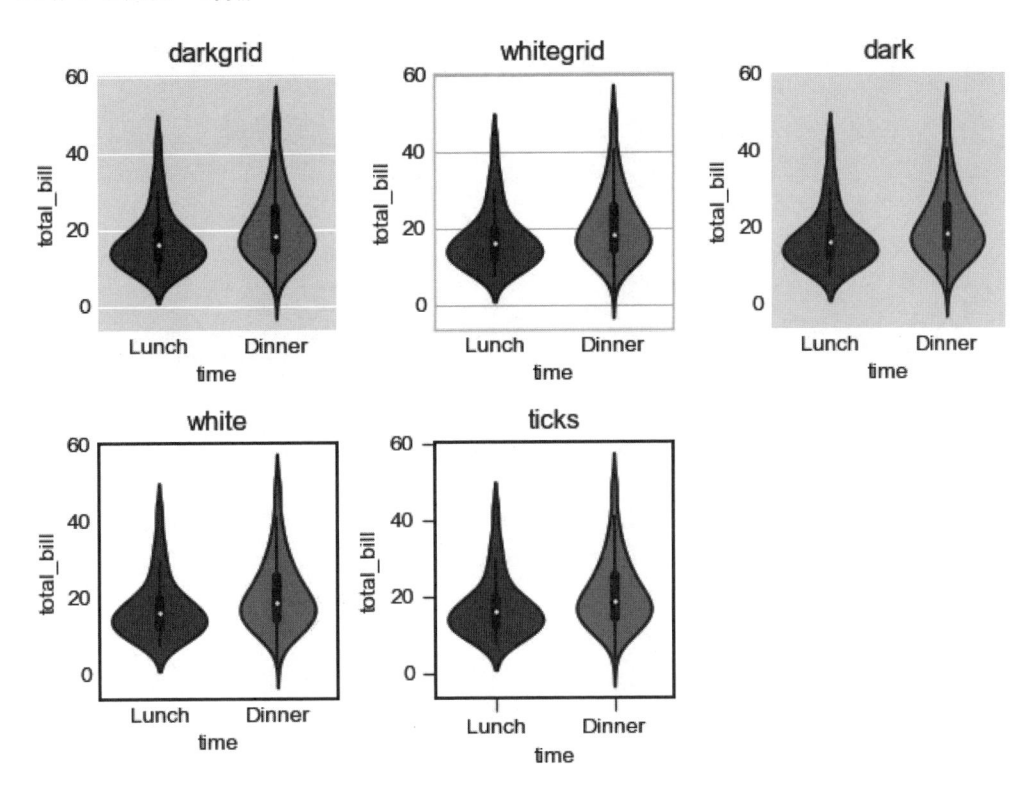

図3.48 すべての seaborn スタイル

3.7　まとめ

　探索的なデータ解析とデータ表現には、データの可視化が不可欠だ。この章では、データを探索して表現するさまざまな方法を提供した。本書を読み続けることで、より複雑な可視化について学ぶことができる。

　インターネットには、可視化とその方法に関するリソースが無数にある。たとえば、色、線の太さ、凡例を置く位置、図に付ける注釈など、プロットを微調整する方法は、seaborn のドキュメント[11]にも、pandas のドキュメント[12]にも、matplotlib のドキュメント[13]にも書かれている。他のリソースとしては、優れたカラーマップを選択するのに助けとなる colorbrewer[14]もある。この章で述べた可視化ライブラリにもさまざまなカラーマップがあり、可視化したい内容を強調するのに役立つ。

---

[11]　seaborn の API リファレンス：http://seaborn.pydata.org/api.html

[12]　pandas での可視化：http://pandas.pydata.org/pandas-docs/stable/visualization.html

[13]　matplotlib の API：http://matplotlib.org/api/index.html

[14]　colorbrewer：http://colorbrewer2.org

Part II
Data
Manipulation

Pandas
for
Everyone

Python
Data
Analysis

▼
▼
▼
▼

第2部
データ操作による
クリーニング

第4章
データを組み立てる

第5章
欠損データへの対応

第6章
"整然データ"を作る

第4章

データを組み立てる

4.1　はじめに

これまでの章で説明した手法を用いれば、データを pandas のオブジェクトとしてロードして基本的な可視化を行うことができるはずだ。この第 2 部では、さまざまなデータクリーニングの処理に話を絞る。まずは、各種のデータセットを組み合わせ、解析用のデータセットを組み立てることから始めよう。

・コンセプトマップ

 1.　予備知識

  a. データのロード

  b. データの絞り込み

  c. 関数とクラスメソッド

・目標

この章では、次の事項を学ぶ：

 1. " 整然データ "

 2. データの連結

 3. データセットのマージ

4.2 "整然データ"

Rコミュニティで最も傑出したメンバーの1人であるHadley Wickham[1]は、「整然たる(tidy)データ」というアイデアについて語っている。事実、彼はこのコンセプトについて、<Journal of Statistical Software>に論文を書いた[2]。"整然データ"は、解析しやすいようにデータセットを構造化するフレームワークであり、主にデータをクリーニングするときの目標となる。"整然データ"とは何かを理解すれば、データの収集も、ずっと容易になるだろう。

"整然データ"とは、いったい何だろうか。Hadley Wickhamの論文は、次の3つの基準を満たすことだと定義している。

- 各行が1回の観測である。
- 各列が1個の変数である。
- 観察単位の型ごとに、1個の表が構成されている。

4.2.1 データセットを組み合わせる

Hadley Wickhamによる"整然データ"の3つの条件のうち、最後のポイントから始めよう。「観察単位の型ごとに、1個の表が構成されている」(Each type of observational unit forms a table)。このようにデータが整然としていれば、さまざまな表を組み合わせて、欲しい情報を抽出することができるのだ。たとえば、表に企業の情報が入っていて、それとは別の表に株価が入っているとしよう。もしハイテク業界の、すべての株価を見たいというのなら、まず企業情報の表から全部のハイテク企業を探し出し、そのデータを株価データと組み合わせることによって、欲しい情報を抽出するためのデータが得られる。情報量を少なくするために、データを冗長性の少ない別々の表に分けている場合もあるだろう(株価のエントリに企業情報を格納する必要はないのだから)。けれども、そういう構成のままでは、データアナリストであるわれわれが関連するデータを自分で組み合わせなければ、欲しい情報を抽出できないのである。

ほかにも、1個のデータセットが複数の部分に分割される場合があるだろう。たとえば時系列のデータは、日付別のファイルに入っているかもしれない。個々のファイルを小さくするために、ファイルが分割されている場合もあるだろう。また、欲しい情報を抽出するために、複数のソースから得たデータを組み合わせる必要があるかもしれない(たとえば緯度・経度と郵便番号)。いずれにしても、それらのデータを組み合わせて、解析用に1個のDataFrameオブジェクトにする必要がある。

4.3 連結

データを組み合わせる手法のうち、概念としてわかりやすいのが連結(concatenation)だ。連結は、

※1　Hadley Wickhamのホームページ：http://hadley.nz

※2　「Tidy Data」：http://vita.had.co.nz/papers/tidy-data.pdf
　　　訳注：西原史暁氏による「【翻訳】整然データ」(http://id.fnshr.info/2017/01/09/trans-tidy-data/)を参照。同氏による「整然データとは何か」(http://id.fnshr.info/2017/01/09/tidy-data-intro/)も、わかりやすい。

データに行または列を追加するものと考えられるだろう。このアプローチが可能なのは、データが複数の部分に分割されている場合、あるいは、結果を既存のデータセットに追加するために計算を行ったときである。

連結を実現するには、pandas の concat 関数を使う。

4.3.1　行の追加

まずは実際に、何が起きるかを見るために、データセットの例を準備しておこう。

```
import pandas as pd

df1 = pd.read_csv('../data/concat_1.csv')
df2 = pd.read_csv('../data/concat_2.csv')
df3 = pd.read_csv('../data/concat_3.csv')

print(df1)
    A   B   C   D
0  a0  b0  c0  d0
1  a1  b1  c1  d1
2  a2  b2  c2  d2
3  a3  b3  c3  d3

print(df2)
    A   B   C   D
0  a4  b4  c4  d4
1  a5  b5  c5  d5
2  a6  b6  c6  d6
3  a7  b7  c7  d7

print(df3)
     A    B    C    D
0   a8   b8   c8   d8
1   a9   b9   c9   d9
2  a10  b10  c10  d10
3  a11  b11  c11  d11
```

これらのデータセットを順に積み上げるには、pandas の concat 関数を使う。すべての DataFrame オブジェクトを 1 個の list に格納して、concat 関数に渡すのだ。

```
row_concat = pd.concat([df1, df2, df3])
print(row_concat)
    A   B   C   D
0  a0  b0  c0  d0
1  a1  b1  c1  d1
2  a2  b2  c2  d2
3  a3  b3  c3  d3
0  a4  b4  c4  d4
1  a5  b5  c5  d5
```

```
2    a6    b6    c6    d6
3    a7    b7    c7    d7
0    a8    b8    c8    d8
1    a9    b9    c9    d9
2    a10   b10   c10   d10
3    a11   b11   c11   d11
```

　ご覧のように、concat は DataFrame オブジェクトを、ただ積み上げるだけだ。行の名前（行イ
ンデックス）を見ると、それらも、元のインデックスを、そのまま積み重ねたままになっている。
けれども、表 2.3 で挙げたさまざまな抽出メソッドを適用すれば、この表は期待したとおりに絞り
込まれる。

```
# 連結した DataFrame オブジェクトから第 4 行を抽出
print(row_concat.iloc[3,])
A     a3
B     b3
C     c3
D     d3
Name: 3, dtype: object
```

質問

DataFrame オブジェクトから新たにデータを抽出する際に loc か ix を使ったら、どうなるか？

　Series オブジェクトを作るプロセスは、2.2.1 項で見た。けれども、新しい Series オブジェク
トを作って DataFrame オブジェクトに追加しようとすると、正しく追加されない。

```
# 新しいデータ行を作成
new_row_series = pd.Series(['n1', 'n2', 'n3', 'n4'])
print(new_row_series)
0    n1
1    n2
2    n3
3    n4
dtype: object

# 新しい行を DataFrame オブジェクトに追加すると ...
print(pd.concat([df1, new_row_series]))
     A    B    C    D    0
0    a0   b0   c0   d0   NaN
1    a1   b1   c1   d1   NaN
2    a2   b2   c2   d2   NaN
3    a3   b3   c3   d3   NaN
0    NaN  NaN  NaN  NaN  n1
1    NaN  NaN  NaN  NaN  n2
2    NaN  NaN  NaN  NaN  n3
```

```
|3  NaN  NaN  NaN  NaN  n4
```

　最初に気がつくのは、NaN という値だろう。これは Python で「欠けている値」を表現する方法だ（「第 5 章 欠損データへの対応」を参照）。新しい値で 1 行を追加するつもりだったが、それは実現されていない。実際、上記のコードは、それらの値を行として追加していないだけでなく、新しい列を作り、しかも全体の並びを乱しているようだ。

　だが、いったい何が起きているのか。よく考察すると、この結果が実は理に適っていることがわかる。まず、追加された新しいインデックスを見ると、それらは DataFrame オブジェクトを連結したときの結果と、非常によく似ている。new_row_series オブジェクトのインデックスが、DataFrame オブジェクトの新しい行番号に相当する。そして、new_row_series が新しい列として追加されているのは、それに対応する列がないからだ。

　この問題を修正するには、まず新しい Series オブジェクトを DataFrame オブジェクトに変換する。その DataFrame オブジェクトには、1 行のデータがあり、それらのデータが属すべき列を、列名（columns）で示している。

```python
                            # 二重の角カッコに注意
new_row_df = pd.DataFrame([['n1', 'n2', 'n3', 'n4']],
                          columns=['A', 'B', 'C', 'D'])
print(new_row_df)
    A   B   C   D
0  n1  n2  n3  n4


print(pd.concat([df1, new_row_df]))
    A   B   C   D
0  a0  b0  c0  d0
1  a1  b1  c1  d1
2  a2  b2  c2  d2
3  a3  b3  c3  d3
0  n1  n2  n3  n4
```

　concat は、複数のオブジェクトを一度に連結できる、汎用の関数だ。もし 1 個のオブジェクトを既存の DataFrame オブジェクトに追加したいだけなら、append 関数で用が足りる。

```python
# DataFrame を append:
print(df1.append(df2))
    A   B   C   D
0  a0  b0  c0  d0
1  a1  b1  c1  d1
2  a2  b2  c2  d2
3  a3  b3  c3  d3
0  a4  b4  c4  d4
1  a5  b5  c5  d5
2  a6  b6  c6  d6
3  a7  b7  c7  d7
```

```
# 1 行だけの DataFrame を append:
print(df1.append(new_row_df))
     A   B   C   D
0   a0  b0  c0  d0
1   a1  b1  c1  d1
2   a2  b2  c2  d2
3   a3  b3  c3  d3
0   n1  n2  n3  n4

# Python の辞書を append:
data_dict = {'A': 'n1',
             'B': 'n2',
             'C': 'n3',
             'D': 'n4'}

print(df1.append(data_dict, ignore_index=True))
     A   B   C   D
0   a0  b0  c0  d0
1   a1  b1  c1  d1
2   a2  b2  c2  d2
3   a3  b3  c3  d3
4   n1  n2  n3  n4
```

4.3.1.1　インデックスの再設定

最後の例で、dict を DataFrame オブジェクトに追加したときの ignore_index パラメータは必須である。結果をよく見ると、行インデックスも 1 ずつインクリメント（加算）されていて、それ以前のインデックス値を繰り返していない。

単純にデータを連結あるいは追加したい場合は、ignore_index パラメータの指定によって、連結後の行インデックスを再設定できる。

```
row_concat_i = pd.concat([df1, df2, df3], ignore_index=True)
print(row_concat_i)
      A    B    C    D
0    a0   b0   c0   d0
1    a1   b1   c1   d1
2    a2   b2   c2   d2
3    a3   b3   c3   d3
4    a4   b4   c4   d4
5    a5   b5   c5   d5
6    a6   b6   c6   d6
7    a7   b7   c7   d7
8    a8   b8   c8   d8
9    a9   b9   c9   d9
10   a10  b10  c10  d10
11   a11  b11  c11  d11
```

4.3.2 列の追加

　列を連結する方法は、行を連結するのとよく似ている。主な違いは、concat関数のaxisパラメータだ。axisのデフォルト値は0で、その場合はデータが行として連結される。けれども、この関数にaxis=1を渡すと、データは列として連結される。

```
col_concat = pd.concat([df1, df2, df3], axis=1)
print(col_concat)
    A   B   C   D   A   B   C   D   A    B    C    D
0  a0  b0  c0  d0  a4  b4  c4  d4  a8   b8   c8   d8
1  a1  b1  c1  d1  a5  b5  c5  d5  a9   b9   c9   d9
2  a2  b2  c2  d2  a6  b6  c6  d6  a10  b10  c10  d10
3  a3  b3  c3  d3  a7  b7  c7  d7  a11  b11  c11  d11
```

　これに対して、列名の指定によるデータ抽出を試みる。その結果は、行として連結したデータを行インデックスによって抽出した結果と、似たものになる。

```
print(col_concat['A'])
    A   A   A
0  a0  a4   a8
1  a1  a5   a9
2  a2  a6  a10
3  a3  a7  a11
```

　DataFrameオブジェクトに1列を追加するだけなら、特にpandasの関数を使わず、直接行うことができる。それには、新しく作りたい列の名前を指定し、それに代入したいベクトルを渡す。

```
col_concat['new_col_list'] = ['n1', 'n2', 'n3', 'n4']
print(col_concat)
    A   B   C   D   A   B   C   D   A    B    C    D new_col_list
0  a0  b0  c0  d0  a4  b4  c4  d4  a8   b8   c8   d8           n1
1  a1  b1  c1  d1  a5  b5  c5  d5  a9   b9   c9   d9           n2
2  a2  b2  c2  d2  a6  b6  c6  d6  a10  b10  c10  d10          n3
3  a3  b3  c3  d3  a7  b7  c7  d7  a11  b11  c11  d11          n4

col_concat['new_col_series'] = pd.Series(['n1', 'n2', 'n3', 'n4'])
print(col_concat)
    A   B   C   D   A  ...    B    C    D new_col_list new_col_series
0  a0  b0  c0  d0  a4  ...   b8   c8   d8           n1             n1
1  a1  b1  c1  d1  a5  ...   b9   c9   d9           n2             n2
2  a2  b2  c2  d2  a6  ...  b10  c10  d10           n3             n3
3  a3  b3  c3  d3  a7  ...  b11  c11  d11           n4             n4

[4 rows x 14 columns]
```

　concat関数を使うアプローチも、それにDataFrameオブジェクトを渡す限りは有効である。だ

が、このアプローチでは、少しだけ余計なコードが入ってしまう。

以下の方法であれば、列のインデックスもリセット可能であり、それで列名の重複を避けられる。

```
print(pd.concat([df1, df2, df3], axis=1, ignore_index=True))
    0   1   2   3   4   5   6   7    8    9   10   11
0  a0  b0  c0  d0  a4  b4  c4  d4   a8   b8   c8   d8
1  a1  b1  c1  d1  a5  b5  c5  d5   a9   b9   c9   d9
2  a2  b2  c2  d2  a6  b6  c6  d6  a10  b10  c10  d10
3  a3  b3  c3  d3  a7  b7  c7  d7  a11  b11  c11  d11
```

4.3.3　インデックスが異なる連結

これまでに見た例は、行または列の単純な連結を行うことを前提としていた。また、新しい行にも同じ列名があるか、新しい列にも同じ行インデックスがあることを前提としていた。

この項では、行と列のインデックスが一致しないときに起きる問題に対処する。

4.3.3.1　列が異なる行を連結する

まずは、これから例を示すために、DataFrame オブジェクトを変更しておこう。

```
df1.columns = ['A', 'B', 'C', 'D']
df2.columns = ['E', 'F', 'G', 'H']
df3.columns = ['A', 'C', 'F', 'H']

print(df1)
    A   B   C   D
0  a0  b0  c0  d0
1  a1  b1  c1  d1
2  a2  b2  c2  d2
3  a3  b3  c3  d3

print(df2)
    E   F   G   H
0  a4  b4  c4  d4
1  a5  b5  c5  d5
2  a6  b6  c6  d6
3  a7  b7  c7  d7

print(df3)
     A    C    F    H
0   a8   b8   c8   d8
1   a9   b9   c9   d9
2  a10  b10  c10  d10
3  a11  b11  c11  d11
```

これらの DataFrame オブジェクトを、4.3.1 項で行った方法で連結しようとしたら、DataFrame

オブジェクトの行が単純に積み上げられるのとは、かなり違う結果になる。列が自動的に整列され、欠けている領域は NaN で満たされるのだ。

```
row_concat = pd.concat([df1, df2, df3])
print(row_concat)
      A    B    C    D    E    F    G    H
0    a0   b0   c0   d0  NaN  NaN  NaN  NaN
1    a1   b1   c1   d1  NaN  NaN  NaN  NaN
2    a2   b2   c2   d2  NaN  NaN  NaN  NaN
3    a3   b3   c3   d3  NaN  NaN  NaN  NaN
0   NaN  NaN  NaN  NaN   a4   b4   c4   d4
1   NaN  NaN  NaN  NaN   a5   b5   c5   d5
2   NaN  NaN  NaN  NaN   a6   b6   c6   d6
3   NaN  NaN  NaN  NaN   a7   b7   c7   d7
0    a8  NaN   b8  NaN  NaN   c8  NaN   d8
1    a9  NaN   b9  NaN  NaN   c9  NaN   d9
2   a10  NaN  b10  NaN  NaN  c10  NaN  d10
3   a11  NaN  b11  NaN  NaN  c11  NaN  d11
```

NaN が入り込むのを防ぐには、両者に共通する列だけを残すために、連結すべきオブジェクトのリストを渡すという方法がある。それには join という名前のパラメータを使えばよい。そのデフォルト値は 'outer' で、これは「すべての列を残す」という意味だ。join='inner' と指定すれば、データセットの間で共通する列だけを残すことができる。

　もし、この 3 つの DataFrame オブジェクトすべてに共通する列だけを残そうとしたら、空の DataFrame オブジェクトができる。共通する列が 1 つもないからだ。

```
print(pd.concat([df1, df2, df3], join='inner'))
Empty DataFrame
Columns: []
Index: [0, 1, 2, 3, 0, 1, 2, 3, 0, 1, 2, 3]
```

　共通する列があるときは、すべての DataFrame オブジェクトに共通する列だけが返される。

```
print(pd.concat([df1,df3], ignore_index=False, join='inner'))
      A    C
0    a0   c0
1    a1   c1
2    a2   c2
3    a3   c3
0    a8   b8
1    a9   b9
2   a10  b10
3   a11  b11
```

4.3.3.2 行が異なる列を連結する

行インデックスの異なるケースを見るために、また DataFrame オブジェクトを作り直そう。やはり 4.3.3.1 と同様に、DataFrame オブジェクトの変更を行う。

```
df1.index = [0, 1, 2, 3]
df2.index = [4, 5, 6, 7]
df3.index = [0, 2, 5, 7]

print(df1)
    A    B    C    D
0   a0   b0   c0   d0
1   a1   b1   c1   d1
2   a2   b2   c2   d2
3   a3   b3   c3   d3

print(df2)
    E    F    G    H
4   a4   b4   c4   d4
5   a5   b5   c5   d5
6   a6   b6   c6   d6
7   a7   b7   c7   d7

print(df3)
     A     C     F     H
0    a8    b8    c8    d8
2    a9    b9    c9    d9
5    a10   b10   c10   d10
7    a11   b11   c11   d11
```

これに対して axis=1 で連結を行っても、axis=0 での連結と同じ結果が返される。つまり、新しい DataFrame オブジェクトが列として連結され、それらに対応する行インデックスとのマッチングが行われる。そしてインデックスの整列から漏れた領域に、欠損値を表す NaN が現れる。

```
col_concat = pd.concat([df1, df2, df3], axis=1)
print(col_concat)
     A     B     C     D     E     F     G     H     A     C     F     H
0    a0    b0    c0    d0    NaN   NaN   NaN   NaN   a8    b8    c8    d8
1    a1    b1    c1    d1    NaN   NaN   NaN   NaN   NaN   NaN   NaN   NaN
2    a2    b2    c2    d2    NaN   NaN   NaN   NaN   a9    b9    c9    d9
3    a3    b3    c3    d3    NaN   NaN   NaN   NaN   NaN   NaN   NaN   NaN
4    NaN   NaN   NaN   NaN   a4    b4    c4    d4    NaN   NaN   NaN   NaN
5    NaN   NaN   NaN   NaN   a5    b5    c5    d5    a10   b10   c10   d10
6    NaN   NaN   NaN   NaN   a6    b6    c6    d6    NaN   NaN   NaN   NaN
7    NaN   NaN   NaN   NaN   a7    b7    c7    d7    a11   b11   c11   d11
```

行による列の連結を行ったときと同様に、join='inner' を使うことで、インデックスが共通する結果だけを残すことができる。

```
print(pd.concat([df1, df3], axis=1, join='inner'))
    A   B   C   D   A   B   F   H
0  a0  b0  c0  d0  a8  b8  c8  d8
2  a2  b2  c2  d2  a9  b9  c9  d9
```

4.4 複数のデータセットをマージする

前節には、データベースの概念に触れる記述が、いくつかあった。join='inner'と、デフォルトのjoin='outer'というパラメータは、データベースでマージ(併合)したい場合の用語に由来している。

値の連結に行または列のインデックスを使いたいだけでなく、2つ以上のDataFrameオブジェクトがあって、それらを共通のデータ値に基づいて組み合わせたいケースも、ときにはあるだろう。それは、データベースの世界で結合(join)と呼ばれている処理だ。

pandasにはpd.joinという関数があって、その内部ではpd.mergeが使われる。joinはインデックスに基づいてDataFrameオブジェクトをマージするが、mergeコマンドはそれよりはるかに明示的で柔軟性が高い。もしあなたが、たとえば行インデックスによるDataFrameオブジェクトのマージを行いたいなら、join関数のドキュメント[3]を読むのがよいだろう。

これから見ていく例では、次の調査(survey)データを使う[4]。

```
person = pd.read_csv('../data/survey_person.csv')
site = pd.read_csv('../data/survey_site.csv')
survey = pd.read_csv('../data/survey_survey.csv')
visited = pd.read_csv('../data/survey_visited.csv')

print(person)
      ident   personal   family
0      dyer    William     Dyer
1        pb      Frank  Pabodie
2      lake   Anderson     Lake
3       roe  Valentina  Roerich
4  danforth      Frank  Danforth

print(site)
    name    lat     long
0   DR-1 -49.85 -128.57
1   DR-3 -47.15 -126.72
2  MSK-4 -48.87 -123.40
```

[3] pandasのDataFrame.join関数:
http://pandas.pydata.org/pandas-docs/stable/generated/pandas.DataFrame.join.html

[4] 訳注:swcarpentryの「Databases and SQL」(https://swcarpentry.github.io/sql-novice-survey/)によれば、これは1930年前後に行われた到達不能極(Pole of inaccessibility)調査データを、大学の倉庫で発見し、スキャンしたもの。ちなみに上記URLにはSQLiteデータベースをダウンロードするためのリンクがあり、「10. Programming with Databases - Python」には、そのデータベースをPythonからアクセスする方法が示されている。

```
print(visited)
   ident   site      dated
0    619   DR-1  1927-02-08
1    622   DR-1  1927-02-10
2    734   DR-3  1939-01-07
3    735   DR-3  1930-01-12
4    751   DR-3  1930-02-26
5    752   DR-3         NaN
6    837  MSK-4  1932-01-14
7    844   DR-1  1932-03-22
```

```
print(survey)
    taken person quant  reading
0     619   dyer   rad     9.82
1     619   dyer   sal     0.13
2     622   dyer   rad     7.80
3     622   dyer   sal     0.09
4     734     pb   rad     8.41
5     734   lake   sal     0.05
6     734     pb  temp   -21.50
7     735     pb   rad     7.22
8     735    NaN   sal     0.06
9     735    NaN  temp   -26.00
10    751     pb   rad     4.35
11    751     pb  temp   -18.50
12    751   lake   sal     0.10
13    752   lake   rad     2.19
14    752   lake   sal     0.09
15    752   lake  temp   -16.00
16    752    roe   sal    41.60
17    837   lake   rad     1.46
18    837   lake   sal     0.21
19    837    roe   sal    22.50
20    844    roe   rad    11.25
```

今のところ、このデータは複数に分かれていて、それぞれが1個の観察単位（observational unit）だ。もし各サイト（site）の調査日付（dated）と、そのサイトの緯度（lat）・経度（long）情報を見たいとしたら、複数のDataFrameオブジェクトを組み合わせてマージする必要があるだろう。それには、pandasのmerge関数を利用できる。mergeは、実際にはDataFrameのメソッドの1つだ。

このメソッドを呼び出すとき、呼び出しが行われる呼び出し元となるDataFrameオブジェクトは、左（'left'）と呼ばれる。そしてmerge関数の第1のパラメータは、右（'right'）のDataFrameオブジェクトだ。その次のパラメータであるhowは、マージの最終結果がどのように見えるかを決める（表4.1に、その詳細を示す）。その次にonパラメータを設定する。これは、マッチさせる列の指定だ。もし左右の列が同じ名前でなければ、代わりにleft_on、right_onというパラメータを使うこともできる。

表 4.1 pandas の how パラメータと、SQL との関係

pandas	SQL	説明
left	left outer	左のキーをすべて残す
right	right outer	右のキーをすべて残す
outer	full outer	左と右のキーをすべて残す
inner	inner	左右両方に存在するキーだけを残す

4.4.1 1 対 1 のマージ

この最も単純なマージは、2 つの DataFrame オブジェクトの間で、ある 1 列を他の 1 列に結合したいとき、しかも結合したい 2 つの列に値の重複がない場合に使える。

この例のために変数 visited の DataFrame オブジェクトを変更して、site 値の重複をなくしておこう。

```
visited_subset = visited.loc[[0, 2, 6], ]
```

これで、visited_subset と site の DataFrame オブジェクト間での 1 対 1（One-to-One）のマージは次のように実行できる。

```
# 'how' のデフォルト値は 'inner' なので
# この場合は指定する必要がない
o2o_merge = site.merge(visited_subset,
                       left_on='name', right_on='site')
print(o2o_merge)
    name    lat    long   ident   site     dated
0   DR-1  -49.85 -128.57    619   DR-1   1927-02-08
1   DR-3  -47.15 -126.72    734   DR-3   1939-01-07
2  MSK-4  -48.87 -123.40    837  MSK-4   1932-01-14
```

ご覧のように、これで新しい DataFrame オブジェクトが、2 つの別々の DataFrame オブジェクトから作成されており、その際、指定された列の中でマッチした内容を持つ行がマージされている。マッチに使われた列は、SQL の用語で言えば「キー」である。

4.4.2 多対 1 のマージ

変数 visited の DataFrame オブジェクトを絞り込むことなく、同様のマージを行いたいとしたら、多対 1（Many-to-One）のマージを実行することになる。この種類のマージでは、片方の DataFrame オブジェクトに、キーの値の繰り返しがある。それによって、1 回の観測を含む側の DataFrame オブジェクトが、マージの結果に複製される。

```
m2o_merge = site.merge(visited, left_on='name', right_on='site')
```

```
print(m2o_merge)
     name     lat     long   ident   site       dated
0    DR-1  -49.85  -128.57     619   DR-1  1927-02-08
1    DR-1  -49.85  -128.57     622   DR-1  1927-02-10
2    DR-1  -49.85  -128.57     844   DR-1  1932-03-22
3    DR-3  -47.15  -126.72     734   DR-3  1939-01-07
4    DR-3  -47.15  -126.72     735   DR-3  1930-01-12
5    DR-3  -47.15  -126.72     751   DR-3  1930-02-26
6    DR-3  -47.15  -126.72     752   DR-3         NaN
7   MSK-4  -48.87  -123.40     837  MSK-4  1932-01-14
```

ご覧のように、site の情報（name と lat と long）を複製したものが、visited のデータとマージされている。

4.4.3　多対多のマージ

最後に、複数の列をマッチさせてマージしたい場合を取り上げよう。そのような場合もときどきある。たとえば person と survey をマージした DataFrame オブジェクト（'ps'）と、visited と survey をマージしたもう 1 つの DataFrame オブジェクト（'vs'）があるとしよう。

```
ps = person.merge(survey, left_on='ident', right_on='person')
vs = visited.merge(survey, left_on='ident', right_on='taken')
print(ps)
     ident   personal    family   taken  person  quant  reading
0     dyer    William      Dyer     619    dyer    rad     9.82
1     dyer    William      Dyer     619    dyer    sal     0.13
2     dyer    William      Dyer     622    dyer    rad     7.80
3     dyer    William      Dyer     622    dyer    sal     0.09
4       pb      Frank   Pabodie     734      pb    rad     8.41
5       pb      Frank   Pabodie     734      pb   temp   -21.50
6       pb      Frank   Pabodie     735      pb    rad     7.22
7       pb      Frank   Pabodie     751      pb    rad     4.35
8       pb      Frank   Pabodie     751      pb   temp   -18.50
9     lake   Anderson      Lake     734    lake    sal     0.05
10    lake   Anderson      Lake     751    lake    sal     0.10
11    lake   Anderson      Lake     752    lake    rad     2.19
12    lake   Anderson      Lake     752    lake    sal     0.09
13    lake   Anderson      Lake     752    lake   temp   -16.00
14    lake   Anderson      Lake     837    lake    rad     1.46
15    lake   Anderson      Lake     837    lake    sal     0.21
16     roe  Valentina   Roerich     752     roe    sal    41.60
17     roe  Valentina   Roerich     837     roe    sal    22.50
18     roe  Valentina   Roerich     844     roe    rad    11.25

print(vs)
    ident   site       dated   taken  person  quant  reading
0     619   DR-1  1927-02-08     619    dyer    rad     9.82
1     619   DR-1  1927-02-08     619    dyer    sal     0.13
2     622   DR-1  1927-02-10     622    dyer    rad     7.80
3     622   DR-1  1927-02-10     622    dyer    sal     0.09
```

```
 4     734   DR-3   1939-01-07   734    pb     rad     8.41
 5     734   DR-3   1939-01-07   734    lake   sal     0.05
 6     734   DR-3   1939-01-07   734    pb     temp  -21.50
 7     735   DR-3   1930-01-12   735    pb     rad     7.22
 8     735   DR-3   1930-01-12   735    NaN    sal     0.06
 9     735   DR-3   1930-01-12   735    NaN    temp  -26.00
10     751   DR-3   1930-02-26   751    pb     rad     4.35
11     751   DR-3   1930-02-26   751    pb     temp  -18.50
12     751   DR-3   1930-02-26   751    lake   sal     0.10
13     752   DR-3          NaN   752    lake   rad     2.19
14     752   DR-3          NaN   752    lake   sal     0.09
15     752   DR-3          NaN   752    lake   temp  -16.00
16     752   DR-3          NaN   752    roe    sal    41.60
17     837   MSK-4  1932-01-14   837    lake   rad     1.46
18     837   MSK-4  1932-01-14   837    lake   sal     0.21
19     837   MSK-4  1932-01-14   837    roe    sal    22.50
20     844   DR-1   1932-03-22   844    roe    rad    11.25
```

多対多のマージを実行するには、マッチさせたい複数の列を Python のリストに入れて渡す。

```
ps_vs = ps.merge(vs,
                 left_on=['ident', 'taken', 'quant', 'reading'],
                 right_on=['person', 'ident', 'quant', 'reading'])
```

まずはデータの最初の行だけを見てみよう。

```
print(ps_vs.loc[0, ])
ident_x          dyer
personal      William
family          Dyer
taken_x          619
person_x         dyer
quant            rad
reading         9.82
ident_y          619
site            DR-1
dated     1927-02-08
taken_y          619
person_y         dyer
Name: 0, dtype: object
```

もし名前の衝突があれば、pandas によって列の名にサフィックスが自動的に追加される。出力の中で、_x というサフィックスは左の DataFrame オブジェクトから来た値を示し、_y というサフィックスは右の DataFrame オブジェクトから来た値を示している。

4.5　まとめ

　データから抽出した情報によっては、データのさまざまな部分や、複数のデータセットを、組み合わせる必要が生じる。ただし、解析を行うのに必要なデータは、保存に最適な形状のデータと、必ずしも形式が一致しないことを覚えておこう。

　最後の例で使った調査データは、4つの部分に分かれていて、それらをマージする必要があった。表をマージしたら、重複する情報が数多く複数の行に現れた。データ保存とデータ入力の観点から言えば、こういった重複は、どれも間違いやデータの不整合を招きやすいものだ。"整然データ"では「観察単位の型ごとに、1個の表が構成されている」とHadley Wickhamが言ったのはそのことである。

4

第5章

欠損データへの対応

5.1　はじめに

　欠損値（missing value）が 1 つもないデータセットが手に入るのは、めったにない。データの欠損（missing data）を表す表現はさまざまである。データベースでは NULL の値となる。ある種のプログラミング言語では NA になる。データの出所によっては、欠損値が空文字列（' '）になる場合もあり、88 とか 99 のような数値になることさえある。pandas は欠損値を NaN として表示する。

・コンセプトマップ

1. 予備知識
    a. ライブラリのインポート
    b. データのスライシングとインデクシング
    c. 関数とメソッドの使い方
    d. 関数パラメータの使い方

・目標

この章では、次の事項を学ぶ：

1. 欠損値とは何か

2. 欠損値が、どのように作られるか

3. 欠損値に別のコードを割り当てて計算を可能にする方法

5.2 NaN とは何か

Pandas の NaN は、numpy から来たものだ。Python で「欠けた値」を表すものとして、NaN、NAN、nan があるが、どれも同じ意味である。

```
# numpy の欠損値だけをインポート
from numpy import NaN, NAN, nan
```

欠損値は他のデータと違って、実際にはどれとも等しくない値である。データが欠落しているのだから、等しいという概念が存在しないのだ。NaN は、0 とも空文字列（''）とも等しくない。

このことは、Python で等価性のテストを行うと、はっきりする。

```
print(NaN == True)
False

print(NaN == False)
False

print(NaN == 0)
False

print(NaN == '')
False
```

そして欠損値は、他の欠損値とも等しくない。

```
print(NaN == NaN)
False

print(NaN == nan)
False

print(NaN == NAN)
False

print(nan == NAN)
False
```

pandas には欠損値であることをテストする組み込みメソッドがある。

```
import pandas as pd

print(pd.isnull(NaN))
 True

print(pd.isnull(nan))
 True

print(pd.isnull(NAN))
 True
```

また、pandas には欠損値ではないことをテストするメソッドもある。

```
print(pd.notnull(NaN))
 False

print(pd.notnull(42))
 True

print(pd.notnull('missing'))
 True
```

5.3　欠損値はどこから来るのか

　欠損値のあるデータセットをロードする場合と、データを整える前処理の段階で欠損値が入る場合がある。

5.3.1　データのロード

　第 4 章で使った調査データでは、visited というデータセットに欠損値が入っていた。そのデータをロードするとき、pandas は値が欠けているデータセルを自動的に検出し、そういうセルに NaN の値を入れた DataFrame オブジェクトを渡してくれる。read_csv 関数には、欠損値の読み込みに関係する 3 つのパラメータがある。na_values と、keep_default_na と、na_filter だ。

　na_values パラメータを使うと、その他の欠損値を指定できる。ファイルをロードするとき、自動的に欠損値として使うコード（符号）を、Python の str またはリスト的なオブジェクトで渡せるのだ。もちろん、デフォルトの欠損値である NA、NaN、nan は、指定しなくても利用できる。だから、このパラメータは、常に使われるわけではない。ある種のヘルスデータでは 99 というコードが欠損値として使われることがある[※1]。この値を使う場合は、na_values=[99] と指定する。

[※1]　訳注：ヘルスデータ（health data）は、ここではヘルスケア一般に関するデータを意味する（この章で使われる Ebola データもその一種）。たとえば、アンケートの回答に2桁の数字を使い、0から10までを有効な回答とするとき、99を欠損値として使う場合がある。

keep_default_na パラメータは 1 個の bool 値で、デフォルトの欠損値リストを使うかどうかを指定できる。このパラメータのデフォルト値は True である。その意味は、na_values パラメータによって指定された追加の欠損値があれば、それらは欠損値リストに追加される、ということだ。けれども、keep_default_na=False と設定すれば、na_values で指定された欠損値だけが使われる。

na_filter パラメータは 1 個の bool 値で、欠損値として値を読み込む処理を行うかどうかを指定する。デフォルトの na_filter=True は、欠損値を NaN として符号化するという意味である。もし na_filter=False と設定すれば、どの値も欠損値として符号化されない。このパラメータは、na_values および keep_default_na で設定したパラメータを無効にする手段と考えてよいが、実際には、欠損値なしでデータをロードすることで性能を向上させたいときに使われることが多い。

```
# データの場所を設定
visited_file = '../data/survey_visited.csv'

# デフォルト値でデータをロード
print(pd.read_csv(visited_file))
   ident   site      dated
0    619   DR-1  1927-02-08
1    622   DR-1  1927-02-10
2    734   DR-3  1939-01-07
3    735   DR-3  1930-01-12
4    751   DR-3  1930-02-26
5    752   DR-3         NaN
6    837  MSK-4  1932-01-14
7    844   DR-1  1932-03-22

# 欠損値のデフォルトなしでデータをロード
print(pd.read_csv(visited_file, keep_default_na=False))
   ident   site      dated
0    619   DR-1  1927-02-08
1    622   DR-1  1927-02-10
2    734   DR-3  1939-01-07
3    735   DR-3  1930-01-12
4    751   DR-3  1930-02-26
5    752   DR-3
6    837  MSK-4  1932-01-14
7    844   DR-1  1932-03-22

# 欠損値を手作業で指定
print(pd.read_csv(visited_file,
                  na_values=[''],
                  keep_default_na=False))

   ident   site      dated
0    619   DR-1  1927-02-08
1    622   DR-1  1927-02-10
2    734   DR-3  1939-01-07
3    735   DR-3  1930-01-12
4    751   DR-3  1930-02-26
```

```
5    752    DR-3           NaN
6    837    MSK-4  1932-01-14
7    844    DR-1   1932-03-22
```

5.3.2　マージされたデータ

　データセットを組み合わせる方法を第 4 章で示したが、その章の一部の例では、出力に欠損値が入っていた。4.4.3 項のマージ後の表を、ここで再現しよう。マージされた出力に欠損値を見ることができる。

```python
visited = pd.read_csv('../data/survey_visited.csv')
survey = pd.read_csv('../data/survey_survey.csv')

print(visited)
   ident   site       dated
0    619   DR-1  1927-02-08
1    622   DR-1  1927-02-10
2    734   DR-3  1939-01-07
3    735   DR-3  1930-01-12
4    751   DR-3  1930-02-26
5    752   DR-3         NaN
6    837  MSK-4  1932-01-14
7    844   DR-1  1932-03-22

print(survey)
    taken person quant  reading
0     619   dyer   rad     9.82
1     619   dyer   sal     0.13
2     622   dyer   rad     7.80
3     622   dyer   sal     0.09
4     734     pb   rad     8.41
5     734   lake   sal     0.05
6     734     pb  temp   -21.50
7     735     pb   rad     7.22
8     735    NaN   sal     0.06
9     735    NaN  temp   -26.00
10    751     pb   rad     4.35
11    751     pb  temp   -18.50
12    751   lake   sal     0.10
13    752   lake   rad     2.19
14    752   lake   sal     0.09
15    752   lake  temp   -16.00
16    752    roe   sal    41.60
17    837   lake   rad     1.46
18    837   lake   sal     0.21
19    837    roe   sal    22.50
20    844    roe   rad    11.25

vs = visited.merge(survey, left_on='ident', right_on='taken')
print(vs)
```

```
       ident  site       dated  taken person  quant  reading
0        619  DR-1  1927-02-08    619   dyer    rad     9.82
1        619  DR-1  1927-02-08    619   dyer    sal     0.13
2        622  DR-1  1927-02-10    622   dyer    rad     7.80
3        622  DR-1  1927-02-10    622   dyer    sal     0.09
4        734  DR-3  1939-01-07    734     pb    rad     8.41
5        734  DR-3  1939-01-07    734   lake    sal     0.05
6        734  DR-3  1939-01-07    734     pb   temp   -21.50
7        735  DR-3  1930-01-12    735     pb    rad     7.22
8        735  DR-3  1930-01-12    735    NaN    sal     0.06
9        735  DR-3  1930-01-12    735    NaN   temp   -26.00
10       751  DR-3  1930-02-26    751     pb    rad     4.35
11       751  DR-3  1930-02-26    751     pb   temp   -18.50
12       751  DR-3  1930-02-26    751   lake    sal     0.10
13       752  DR-3         NaN    752   lake    rad     2.19
14       752  DR-3         NaN    752   lake    sal     0.09
15       752  DR-3         NaN    752   lake   temp   -16.00
16       752  DR-3         NaN    752    roe    sal    41.60
17       837  MSK-4 1932-01-14    837   lake    rad     1.46
18       837  MSK-4 1932-01-14    837   lake    sal     0.21
19       837  MSK-4 1932-01-14    837    roe    sal    22.50
20       844  DR-1  1932-03-22    844    roe    rad    11.25
```

5.3.3　ユーザー入力

　ユーザーが欠損値を作ることもある。たとえば値のベクトルを作るとき、そういう値が計算によって得られる場合も、手作業で入力される場合もある。2.2 節の例をもとに、実際に欠損値を含むデータを作ってみよう。NaN は、Series と DataFrame の両方のオブジェクトで有効な値である。

```
# Series オブジェクトに欠損値がある
num_legs = pd.Series({'goat': 4, 'amoeba': nan})
print(num_legs)
amoeba    NaN
goat      4.0
dtype: float64

# DataFrame オブジェクトに欠損値がある
scientists = pd.DataFrame({
    'Name': ['Rosaline Franklin', 'William Gosset'],
    'Occupation': ['Chemist', 'Statistician'],
    'Born': ['1920-07-25', '1876-06-13'],
    'Died': ['1958-04-16', '1937-10-16'],
    'missing': [NaN, nan]})
print(scientists)
         Born        Died               Name    Occupation  missing
0  1920-07-25  1958-04-16  Rosaline Franklin       Chemist      NaN
1  1876-06-13  1937-10-16     William Gosset  Statistician      NaN
```

　また、欠損値の列を DataFrame オブジェクトに直接代入することも可能だ。

```
# 新しいDataFrame オブジェクトを作る
scientists = pd.DataFrame({
    'Name': ['Rosaline Franklin', 'William Gosset'],
    'Occupation': ['Chemist', 'Statistician'],
    'Born': ['1920-07-25', '1876-06-13'],
    'Died': ['1958-04-16', '1937-10-16']})

# 欠損値の列を代入する
scientists['missing'] = nan

print(scientists)
        Born        Died               Name    Occupation  missing
0  1920-07-25  1958-04-16  Rosaline Franklin      Chemist      NaN
1  1876-06-13  1937-10-16     William Gosset  Statistician      NaN
```

5.3.4 インデックスの振り直し

　データに欠損値が入る原因はもう 1 つあり、それは DataFrame オブジェクトのインデックスを振り直す処理 (re-indexing) である。これは DataFrame オブジェクトに新しいインデックスを追加したいが、元の値は残しておきたい、というときに便利だ。一般的な用途の 1 つは、インデックスが時系列の間隔を表現しているときに、より多くの日時を追加したい場合である。

　1.5 節で Gapminder データのプロットを示したが、もし 2000 年から 2010 年までを見たいとしたら、同じグループ化操作を行い、データを抽出してから、インデックスを振り直すことができる。

```
gapminder = pd.read_csv('../data/gapminder.tsv', sep='\t')

life_exp = gapminder.groupby(['year'])['lifeExp'].mean()
print(life_exp)
year
1952    49.057620
1957    51.507401
1962    53.609249
1967    55.678290
1972    57.647386
1977    59.570157
1982    61.533197
1987    63.212613
1992    64.160338
1997    65.014676
2002    65.694923
2007    67.007423
Name: lifeExp, dtype: float64
```

　1.3 項で行ったようにデータをスライスすれば、インデックスを振り直せる。

```
# 上のコードに続いて 'loc' を実行
print(life_exp.loc[range(2000, 2010), ])
year
2000          NaN
2001          NaN
2002    65.694923
2003          NaN
2004          NaN
2005          NaN
2006          NaN
2007    67.007423
2008          NaN
2009          NaN
Name: lifeExp, dtype: float64
```

あるいは、データから抽出した部分集合に対して、reindex メソッドを使うこともできる。

```
# 部分集合を抽出
y2000 = life_exp[life_exp.index > 2000]
print(y2000)
year
2002    65.694923
2007    67.007423
Name: lifeExp, dtype: float64

# reindex
print(y2000.reindex(range(2000, 2010)))
year
2000          NaN
2001          NaN
2002    65.694923
2003          NaN
2004          NaN
2005          NaN
2006          NaN
2007    67.007423
2008          NaN
2009          NaN
Name: lifeExp, dtype: float64
```

5.4 欠損データの扱い

欠損データ（欠損値を含むデータ）を作る方法が判明したので、次はデータを扱うとき、欠損データにどう対処できるかを見てみよう。

5.4.1　欠損データを数える

どのくらい欠損値があるかを見るには、まず count で数えるという方法がある。

```
ebola = pd.read_csv('../data/country_timeseries.csv')

# 欠損していない値の総数を求める
print(ebola.count())
Date                  122
Day                   122
Cases_Guinea           93
Cases_Liberia          83
Cases_SierraLeone      87
Cases_Nigeria          38
Cases_Senegal          25
Cases_UnitedStates     18
Cases_Spain            16
Cases_Mali             12
Deaths_Guinea          92
Deaths_Liberia         81
Deaths_SierraLeone     87
Deaths_Nigeria         38
Deaths_Senegal         22
Deaths_UnitedStates    18
Deaths_Spain           16
Deaths_Mali            12
dtype: int64
```

行の総数から、欠損のない行数を引くという方法もある。

```
num_rows = ebola.shape[0]
num_missing = num_rows - ebola.count()
print(num_missing)
Date                   0
Day                    0
Cases_Guinea          29
Cases_Liberia         39
Cases_SierraLeone     35
Cases_Nigeria         84
Cases_Senegal         97
Cases_UnitedStates   104
Cases_Spain          106
Cases_Mali           110
Deaths_Guinea         30
Deaths_Liberia        41
Deaths_SierraLeone    35
Deaths_Nigeria        84
Deaths_Senegal       100
Deaths_UnitedStates  104
Deaths_Spain         106
Deaths_Mali          110
```

```
dtype: int64
```

データに入っている欠損値の総数を知りたいときや、ある特定の列に存在する欠損値を数えたいときは、numpy の count_nonzero 関数と、isnull メソッドを組み合わせて使う方法がある。

```
import numpy as np

print(np.count_nonzero(ebola.isnull()))
1214

print(np.count_nonzero(ebola['Cases_Guinea'].isnull()))
29
```

欠損データを数えるもう 1 つの方法は、Series オブジェクトの value_counts メソッドを使うことである。これによって、値の頻度表が得られるが、dropna パラメータに False を指定すれば、欠損値の数が得られる。

```
# Cases_Guinea の列から値の出現回数を求める（最初の 5 つだけ）
print(ebola.Cases_Guinea.value_counts(dropna=False).head())
NaN      29
 86.0     3
 495.0    2
 112.0    2
 390.0    2
Name: Cases_Guinea, dtype: int64
```

5.4.2 欠損データのクリーニング

欠損データに対処する方法はさまざまで、数多く存在する。たとえば欠損値を他の値で置き換えることもできるし、既存のデータを使って欠落を埋めることも、データセットから削除することもできる。

5.4.2.1 符号化 / 置換

欠損値を他の値に符号化（recode）するには、fillna メソッドを使用できる。例として、欠損値のコードを 0 にしたい場合の処理を示す。

```
print(ebola.fillna(0).iloc[0:10, 0:5])
        Date  Day  Cases_Guinea  Cases_Liberia  Cases_SierraLeone
0   1/5/2015  289        2776.0            0.0            10030.0
1   1/4/2015  288        2775.0            0.0             9780.0
2   1/3/2015  287        2769.0         8166.0             9722.0
3   1/2/2015  286           0.0         8157.0                0.0
```

```
|4  12/31/2014  284        2730.0          8115.0                  9633.0
|5  12/28/2014  281        2706.0          8018.0                  9446.0
|6  12/27/2014  280        2695.0             0.0                  9409.0
|7  12/24/2014  277        2630.0          7977.0                  9203.0
|8  12/21/2014  273        2597.0             0.0                  9004.0
|9  12/20/2014  272        2571.0          7862.0                  8939.0
```

　fillnaを使うと、欠損値を特定の値へと再符号化できる。ドキュメントを見ると、他の多くのpandas関数と同じく、fillnaには inplace パラメータがある。これは、元のデータが自動的に更新されるという意味なので、そうすれば変更を加えた新しいコピーを作る必要がない。このパラメータは、データが大きくなって、コードのメモリ効率を高くしたい場合に使いたくなるだろう。

5.4.2.2　前方の値で置換する（Fill Forward）

　組み込みメソッドを使って、前方または後方の値を用いて欠損値を置換できる。データを前向き（forward）に置換するときは、次の欠損値をその前の既知の値で置き換える。こうすると、欠損値は最後に実証 / 記録された値で置換される。

```
print(ebola.fillna(method='ffill').iloc[0:10, 0:5])
        Date  Day  Cases_Guinea  Cases_Liberia  Cases_SierraLeone
0     1/5/2015  289      2776.0            NaN            10030.0
1     1/4/2015  288      2775.0            NaN             9780.0
2     1/3/2015  287      2769.0         8166.0             9722.0
3     1/2/2015  286      2769.0         8157.0             9722.0
4   12/31/2014  284      2730.0         8115.0             9633.0
5   12/28/2014  281      2706.0         8018.0             9446.0
6   12/27/2014  280      2695.0         8018.0             9409.0
7   12/24/2014  277      2630.0         7977.0             9203.0
8   12/21/2014  273      2597.0         7977.0             9004.0
9   12/20/2014  272      2571.0         7862.0             8939.0
```

　もし列の最初に欠損値があれば、そのデータは欠損したままになる。置換に使える「その前の値」がないからだ。

5.4.2.3　後方の値で置換する（Fill Backward）

　pandas では後方の値を用いて置換することもできる。データを後ろ向き（backward）に置換するときは、そのあとの「新しい」値を使って欠損データを置き換える。こうすると欠損値は、その後の値で置換される。

　もし列が欠損値で終わっていたら、そのデータは欠損したままになる。置換に使える「その後の値」がないからだ。

```
print(ebola.fillna(method='bfill').iloc[:, 0:5].tail())
         Date  Day  Cases_Guinea  Cases_Liberia  Cases_SierraLeone
117  3/27/2014    5        103.0            8.0                6.0
```

```
118   3/26/2014   4        86.0        NaN              NaN
119   3/25/2014   3        86.0        NaN              NaN
120   3/24/2014   2        86.0        NaN              NaN
121   3/22/2014   0        49.0        NaN              NaN
```

5.4.2.4　補間する

　補間（interpolation）でも、既存の値を利用して欠損値を補う。欠損値を補間する方法は数多く存在するが、pandas の interpolate は、欠損値を線形（linear）に補間するのがデフォルトだ。つまり、欠損値が等間隔に並んでいるものとする。

```
print(ebola.interpolate().iloc[0:10, 0:5])
         Date  Day  Cases_Guinea  Cases_Liberia  Cases_SierraLeone
0    1/5/2015  289        2776.0            NaN            10030.0
1    1/4/2015  288        2775.0            NaN             9780.0
2    1/3/2015  287        2769.0         8166.0             9722.0
3    1/2/2015  286        2749.5         8157.0             9677.5
4   12/31/2014 284        2730.0         8115.0             9633.0
5   12/28/2014 281        2706.0         8018.0             9446.0
6   12/27/2014 280        2695.0         7997.5             9409.0
7   12/24/2014 277        2630.0         7977.0             9203.0
8   12/21/2014 273        2597.0         7919.5             9004.0
9   12/20/2014 272        2571.0         7862.0             8939.0
```

　interpolate メソッドには method パラメータがあり、これによって補間の方法を線形以外のものに変更できる[2]。

5.4.2.5　欠損値の削除

　最後に紹介する欠損値の処理方法は、欠損のある観測データや変数を削除（drop）するというものである。どれほどのデータが欠けているかにもよるが、完全なケース（行または列にまったく欠損値が存在しないもの）のデータだけを残したら、データセットが役に立たなくなってしまう場合もある。たとえばデータの欠損がランダムに発生していない場合、欠損データを削除することで、偏りのあるデータセットが残るかもしれない。あるいは、完全なケースのデータだけを残すと、解析を実行するのに必要なデータ量が不足するかもしれない。

　欠損データを削除するには dropna メソッドを使える。このメソッドにパラメータを指定することで、データをどのように落とすかを制御できる。たとえば、how パラメータでは、データのどれか 'any' または全部 'all' が欠けているとき、行（あるいは列）を落とすように指定できる。また、「しきい値」を決める thresh パラメータでは、NaN ではない値がどの程度の個数あれば行または列を落とさないかを指定できる。

---

[2]　Series.interpolateのドキュメント：https://pandas.pydata.org/pandas-docs/stable/generated/pandas.Series.interpolate.html

```
print(ebola.shape)
(122, 18)
```

この Ebola データセットで、もし完全なケースだけを残したら、わずか 1 行のデータしか残らない。

```
ebola_dropna = ebola.dropna()
print(ebola_dropna.shape)
(1, 18)

print(ebola_dropna)
          Date  Day  Cases_Guinea  Cases_Liberia  Cases_SierraLeone  \
19  11/18/2014  241        2047.0         7082.0             6190.0

    Cases_Nigeria  Cases_Senegal  Cases_UnitedStates  Cases_Spain  \
19           20.0            1.0                 4.0          1.0

    Cases_Mali  Deaths_Guinea  Deaths_Liberia  Deaths_SierraLeone  \
19         6.0         1214.0          2963.0              1267.0

    Deaths_Nigeria  Deaths_Senegal  Deaths_UnitedStates  \
19             8.0             0.0                  1.0

    Deaths_Spain  Deaths_Mali
19           0.0          6.0
```

5.4.3 欠損データとの計算

複数の領域における出現回数（頻度）を見たいとしよう。領域を加算することで、頻度を含む新しい例を作ることができる。

```
ebola['Cases_multiple'] = ebola['Cases_Guinea'] + \
                          ebola['Cases_Liberia'] + \
                          ebola['Cases_SierraLeone']
```

加算された値から、最初の 10 行を見よう。

```
ebola_subset = ebola.loc[:, ['Cases_Guinea', 'Cases_Liberia',
                             'Cases_SierraLeone', 'Cases_multiple']]
print(ebola_subset.head(n=10))
   Cases_Guinea  Cases_Liberia  Cases_SierraLeone  Cases_multiple
0        2776.0            NaN            10030.0             NaN
1        2775.0            NaN             9780.0             NaN
2        2769.0         8166.0             9722.0         20657.0
```

3	NaN	8157.0	NaN	NaN
4	2730.0	8115.0	9633.0	20478.0
5	2706.0	8018.0	9446.0	20170.0
6	2695.0	NaN	9409.0	NaN
7	2630.0	7977.0	9203.0	19810.0
8	2597.0	NaN	9004.0	NaN
9	2571.0	7862.0	8939.0	19372.0

　これを見ると、Cases_multiple の値が計算されたのは、Cases_Guinea と Cases_Liberia と Cases_SierraLeone の、どの領域にも欠損値がなかった場合だけである。欠損値との計算からは、欠損値が返されるのが典型的である。ただし、関数呼び出しにおいて、その計算で欠損値を無視するように設定する方法があれば、その限りではない。

　欠損値を無視することが可能な組み込みメソッドとして、たとえば mean と sum がある。このような関数は skipna パラメータを提供するのが一般的であり、これによって欠損値をスキップして値の計算を続けることができる。

```
# sum では欠損値のスキップがデフォルトで True
print(ebola.Cases_Guinea.sum(skipna = True))
|84729.0

print(ebola.Cases_Guinea.sum(skipna = False))
|nan
```

5.5　まとめ

　欠損値のないデータセットには、めったにお目にかからない。欠損値の扱い方を知っておくことは重要だ。たとえ完全なデータセットを扱っているときでも、データを整理するために行う前処理（data munging）によって、欠損値が入ることがある。この章では、データ解析のプロセスで使われるメソッドのうち、データの妥当性に関わる基本的なメソッドをいくつか調べた。データを見て、欠損値を表にまとめることにより、「決断を下し結論を出すのに十分な品質のデータ」なのかを評価するプロセスを開始できる。

第6章

"整然データ"を作る

6.1　はじめに

　第4章で述べたように、Rコミュニティの傑出したメンバーであるHadley Wickham[1]は「整然たる(tidy)データ」という概念を論文で紹介した[2]。この"整然データ"は、解析しやすい形にデータセットを構造化するフレームワークであり、データのクリーニングで目指すべき目標の1つと考えられる。"整然データ"を理解すれば、データの収集、可視化、解析がずっと容易になる。

　"整然データ"とは何か。Hadley Wickhamの論文は、次の基準を満たすことだと定義している。

- 各行が1回の観測である。
- 各列が1個の変数である。
- 観察単位の型ごとに、1個の表が構成されている。

　この章では、Wickhamの論文で定義された"整然データ"を作る、さまざまな方法を見ていく。

※1　Hadley Wickham：http://hadley.nz/

※2　Tidy data paper：http://vita.had.co.nz/papers/tidy-data.pdf
　　　訳注：邦訳については、第4章を参照。

- ・コンセプトマップ
    1. 予備知識
        a. 関数とメソッドの呼び出し
        b. データの絞り込み
        c. ループ
        d. リスト内包表記（付録 N）

- ・目標

この章では、データの形状を変える変形（reshaping）について、次の事項を学ぶ。

1. 列を行に変える `unpivot/melt/gather`

2. 行を列に変える `pivot/cast/spread`

3. データを正規化するため、`DataFrame` オブジェクトを複数の表に分割する

4. 複数のパートからデータを集める

6.2　複数列に（変数ではなく）値が入っているとき

　データの各列が 1 個の変数ではなくて、値が複数の列に入っていることがある。これは通常、データの収集や表示に都合の良いフォーマットだ。

6.2.1　1 列に集める

　まず、変数ではなく値を含む複数の列を、どう処理すべきかについて示そう。そのために、Pew Research Center（ピュー研究所）による「合衆国における収入と宗教のデータ」を使う。

```
import pandas as pd
pew = pd.read_csv('../data/pew.csv')
```

　このデータセットを見ると、「どの列も 1 個の変数」ではないことがわかる。収入に関する値が、複数の列に分かれているのだ。こういうフォーマットは、データを表にするには適しているが、データ解析を行うには、宗教と収入と度数（出現回数）の変数を持つように、変形する必要がある。

```
# はじめの 6 列だけを示す
print(pew.iloc[:, 0:6])
                 religion  <$10k  $10-20k  $20-30k  $30-40k  $40-50k
0                Agnostic     27       34       60       81       76
1                 Atheist     12       27       37       52       35
2                Buddhist     27       21       30       34       33
3                Catholic    418      617      732      670      638
4      Don't know/refused     15       14       15       11       10
```

```
5          Evangelical Prot    575     869    1064     982     881
6                     Hindu      1       9       7       9      11
7    Historically Black Prot    228     244     236     238     197
8         Jehovah's Witness     20      27      24      24      21
9                    Jewish     19      19      25      25      30
10            Mainline Prot    289     495     619     655     651
11                   Mormon     29      40      48      51      56
12                   Muslim      6       7       9      10       9
13                 Orthodox     13      17      23      32      32
14          Other Christian      9       7      11      13      13
15             Other Faiths     20      33      40      46      49
16    Other World Religions      5       2       3       4       2
17             Unaffiliated    217     299     374     365     341
```

このようなデータビューは、「横持ち」(wide)データとも呼ばれる。これを整然とした「縦持ち」(long)データフォーマットに変換するには、DataFrame オブジェクトをアンピボット (unpivot)するか、融解 (melt) するか、集める (gather) 必要がある (どの言葉を使うかは、統計用プログラミング言語によって異なる)。pandas では「融解」を意味する melt という名の関数を使って、DataFrame オブジェクトを整然としたフォーマットに変形できる。melt は、次のようなパラメータをとる。

- id_vars は 1 個のコンテナ (リストか、タプルか、ndarray) であり、そのまま残す変数を示す。

- value_vars は、融解 / アンピボットしたい列を識別する。デフォルトでは、id_vars パラメータで指定されなかった列を、すべて融解する。

- var_name は、融解した value_vars に使う、新しい列の名 (変数名) の文字列。デフォルトは variable。

- value_name は、var_name の値を示すもので、新しい列の名を表現する文字列である。デフォルトは value。

```
# 'region' 列を除くすべての列を融解するので
# value_vars を指定する必要はない
pew_long = pd.melt(pew, id_vars='religion')

print(pew_long.head())
          religion variable  value
0         Agnostic    <$10k     27
1          Atheist    <$10k     12
2         Buddhist    <$10k     27
3         Catholic    <$10k    418
4  Don't know/refused  <$10k    15

print(pew_long.tail())
            religion            variable  value
175          Orthodox  Don't know/refused     73
176   Other Christian  Don't know/refused     18
```

```
177          Other Faiths  Don't know/refused     71
178  Other World Religions  Don't know/refused      8
179          Unaffiliated  Don't know/refused    597
```

デフォルトを変更して、アンピボット / 融解した列に名前を付けてみよう。

```
pew_long = pd.melt(pew,
                   id_vars='religion',
                   var_name='income',
                   value_name='count')
print(pew_long.head())
            religion income  count
0          Agnostic  <$10k     27
1           Atheist  <$10k     12
2          Buddhist  <$10k     27
3          Catholic  <$10k    418
4  Don't know/refused  <$10k     15

print(pew_long.tail())
                 religion              income  count
175              Orthodox  Don't know/refused     73
176        Other Christian  Don't know/refused     18
177           Other Faiths  Don't know/refused     71
178  Other World Religions  Don't know/refused      8
179           Unaffiliated  Don't know/refused    597
```

6.2.2　複数の列を残す

　あらゆるデータセットで、ただ 1 列に集める形で残りの列を融解できるとは限らない。その例として、ビルボードチャートのデータセットを見てみよう。

```
billboard = pd.read_csv('../data/billboard.csv')

# 行および列の先頭部分を見る
print(billboard.iloc[0:5, 0:16])
   year      artist                 track  time date.entered  \
0  2000        2 Pac  Baby Don't Cry (Keep...  4:22   2000-02-26
1  2000       2Ge+her  The Hardest Part Of ...  3:15   2000-09-02
2  2000  3 Doors Down            Kryptonite  3:53   2000-04-08
3  2000  3 Doors Down                 Loser  4:24   2000-10-21
4  2000       504 Boyz         Wobble Wobble  3:35   2000-04-15

   wk1   wk2   wk3   wk4   wk5   wk6   wk7   wk8   wk9  wk10  wk11
0   87  82.0  72.0  77.0  87.0  94.0  99.0   NaN   NaN   NaN   NaN
1   91  87.0  92.0   NaN   NaN   NaN   NaN   NaN   NaN   NaN   NaN
2   81  70.0  68.0  67.0  66.0  57.0  54.0  53.0  51.0  51.0  51.0
3   76  76.0  72.0  69.0  67.0  65.0  55.0  59.0  62.0  61.0  61.0
4   57  34.0  25.0  17.0  17.0  31.0  36.0  49.0  53.0  57.0  64.0
```

　ここでは、各週（week）が独自の列を持っている。このデータ形式も、やはり間違っているわけではない。この形式ならばデータ入力も簡単だろうし、データが表形式になっていると、どういう意味なのかを、ずっとすばやく理解できる。けれども、データを融解する必要が生じるときも、あるだろう。たとえば毎週の順位をファセット[3]にしたプロットを作りたいとき、ファセットに用いる変数を DataFrame オブジェクトの 1 列にする必要があるだろう。

```
billboard_long = pd.melt(
    billboard,
    id_vars=['year', 'artist', 'track', 'time', 'date.entered'],
    var_name='week',
    value_name='rating')

print(billboard_long.head())
   year      artist                track   time  date.entered \
0  2000       2 Pac  Baby Don't Cry (Keep...  4:22  2000-02-26
1  2000      2Ge+her  The Hardest Part Of ...  3:15  2000-09-02
2  2000  3 Doors Down          Kryptonite  3:53  2000-04-08
3  2000  3 Doors Down               Loser  4:24  2000-10-21
4  2000     504 Boyz        Wobble Wobble  3:35  2000-04-15

  week  rating
0  wk1    87.0
1  wk1    91.0
2  wk1    81.0
3  wk1    76.0
4  wk1    57.0

print(billboard_long.tail())
        year          artist                    track   time  \
24087  2000     Yankee Grey      Another Nine Minutes  3:10
24088  2000  Yearwood, Trisha          Real Live Woman  3:55
24089  2000  Ying Yang Twins  Whistle While You Tw...  4:19
24090  2000   Zombie Nation           Kernkraft 400  3:30
24091  2000  matchbox twenty                    Bent  4:12

      date.entered  week  rating
24087   2000-04-29  wk76     NaN
24088   2000-04-01  wk76     NaN
24089   2000-03-18  wk76     NaN
24090   2000-09-02  wk76     NaN
24091   2000-04-29  wk76     NaN
```

---

[3]　監訳注：ファセットについては、3.4.3.3「ファセット（切り口）」を参照。

6.3 複数の変数を含む列がある場合

時には、データセットの列が、複数の変数を表現している場合もある。この形式は、たとえば健康に関するデータを扱うときによく見かけるものだ。この状況を示す例として、Ebola データセットを見よう。

```
ebola = pd.read_csv('../data/country_timeseries.csv')
print(ebola.columns)
Index(['Date', 'Day', 'Cases_Guinea', 'Cases_Liberia',
       'Cases_SierraLeone', 'Cases_Nigeria', 'Cases_Senegal',
       'Cases_UnitedStates', 'Cases_Spain', 'Cases_Mali',
       'Deaths_Guinea', 'Deaths_Liberia', 'Deaths_SierraLeone',
       'Deaths_Nigeria', 'Deaths_Senegal', 'Deaths_UnitedStates',
       'Deaths_Spain', 'Deaths_Mali'],
     dtype='object')

# 選んだ列を出力
print(ebola.iloc[:5, [0, 1, 2, 3, 10, 11]])
        Date  Day  Cases_Guinea  Cases_Liberia  Deaths_Guinea  \
0    1/5/2015  289        2776.0            NaN         1786.0
1    1/4/2015  288        2775.0            NaN         1781.0
2    1/3/2015  287        2769.0         8166.0         1767.0
3    1/2/2015  286           NaN         8157.0            NaN
4  12/31/2014  284        2730.0         8115.0         1739.0

   Deaths_Liberia
0             NaN
1             NaN
2          3496.0
3          3496.0
4          3471.0
```

列名の Cases_Guinea と Deaths_Guinea は、それぞれ実際には 2 つの変数を含んでいる。つまり、個別の状態である 'Cases'（患者の数）と 'Deaths'（死者の数）、そして国名の Guinea だ。また、このデータの並びも、横持ち（wide）フォーマットなので、融解（アンピボット）する必要がある。

```
ebola_long = pd.melt(ebola, id_vars=['Date', 'Day'])
print(ebola_long.head())
        Date  Day      variable   value
0    1/5/2015  289  Cases_Guinea  2776.0
1    1/4/2015  288  Cases_Guinea  2775.0
2    1/3/2015  287  Cases_Guinea  2769.0
3    1/2/2015  286  Cases_Guinea     NaN
4  12/31/2014  284  Cases_Guinea  2730.0

print(ebola_long.tail())
          Date  Day     variable  value
1947  3/27/2014    5  Deaths_Mali    NaN
1948  3/26/2014    4  Deaths_Mali    NaN
```

```
1949   3/25/2014    3   Deaths_Mali    NaN
1950   3/24/2014    2   Deaths_Mali    NaN
1951   3/22/2014    0   Deaths_Mali    NaN
```

6.3.1 列を分割して追加する単純な方法

アイデアとしては、問題の列を名前のアンダースコア（_）の前と後に分けられそうだ。第 1 の部分が新しい「状態」の列になり、第 2 の部分が新しい「国」の列になる。それには Python の文字列を解析して分割する機能が必要だ（詳しくは第 8 章）。Python の文字列はオブジェクトとして扱われる。pandas に Series と DataFrame のオブジェクトがあるのと同様である。第 2 章では、Series オブジェクトに mean のようなメソッドがあり、DataFrame オブジェクトに to_csv のようなメソッドがあることを説明した。文字列にもメソッドがあって、この場合は split メソッドを使う。このメソッドは文字列を受け取り、与えられたデリミタ（区切り文字）によって、その文字列を分割する。デフォルトでは、split メソッドが空白文字によって文字列を分割するが、この場合はアンダースコア（_）を指定する。文字列のメソッドにアクセスするには、アクセサの str を使う必要がある（文字列について詳しくは第 8 章を参照）。これによって Python の文字列メソッドにアクセスすれば、列全体にわたっての作業が可能になる。

```python
# 変数の列を取得し、文字列メソッドにアクセスすることで、
# デリミタによる列の分割を行う
variable_split = ebola_long.variable.str.split('_')

print(variable_split[:5])
0    [Cases, Guinea]
1    [Cases, Guinea]
2    [Cases, Guinea]
3    [Cases, Guinea]
4    [Cases, Guinea]
Name: variable, dtype: object

print(variable_split[-5:])
1947    [Deaths, Mali]
1948    [Deaths, Mali]
1949    [Deaths, Mali]
1950    [Deaths, Mali]
1951    [Deaths, Mali]
Name: variable, dtype: object
```

アンダースコアによって分割した値は、1 個のリストに入れて返される。これがリストであることは、split メソッドの仕様に従っているので当然なのだが[4]、結果が角カッコで囲まれていることがヒントになる。

---

[4]　str.split の日本語版ドキュメント：
https://docs.python.org/ja/3.6/library/stdtypes.html#str.split

```
# コンテナ全体
print(type(variable_split))
<class 'pandas.core.series.Series'>

# コンテナにある最初の要素
print(type(variable_split[0]))
<class 'list'>
```

　列がさまざまな部分に分かれたら、次のステップは、それぞれを新しい1列に割り当てることだ。まずは、インデックス0の要素を「状態」(status)の列へ、インデックス1の要素を「国」(country)の列へと、すべて抽出する必要がある。そのためには、やはり文字列のメソッドにアクセスする。具体的には、以下のように get メソッドを使って、両者それぞれに必要なインデックスを集める。

```
status_values = variable_split.str.get(0)
country_values = variable_split.str.get(1)

print(status_values[:5])
0    Cases
1    Cases
2    Cases
3    Cases
4    Cases
Name: variable, dtype: object


print(status_values[-5:])
1947    Deaths
1948    Deaths
1949    Deaths
1950    Deaths
1951    Deaths
Name: variable, dtype: object


print(country_values[:5])
0    Guinea
1    Guinea
2    Guinea
3    Guinea
4    Guinea
Name: variable, dtype: object


print(country_values[-5:])
1947    Mali
1948    Mali
1949    Mali
1950    Mali
1951    Mali
Name: variable, dtype: object
```

　これで必要な2つのベクトルが得られたから、それらを DataFrame オブジェクトに追加できる。

```
ebola_long['status'] = status_values
ebola_long['country'] = country_values

print(ebola_long.head())
        Date  Day      variable   value status country
0   1/5/2015  289  Cases_Guinea  2776.0  Cases  Guinea
1   1/4/2015  288  Cases_Guinea  2775.0  Cases  Guinea
2   1/3/2015  287  Cases_Guinea  2769.0  Cases  Guinea
3   1/2/2015  286  Cases_Guinea     NaN  Cases  Guinea
4  12/31/2014  284  Cases_Guinea  2730.0  Cases  Guinea
```

6.3.2　分割と結合を一度に行う（単純な方法）

この項では、返されるベクトルが元のデータと同じ順序だという事実を使って、新しいデータを元のデータに連結（concatenate：第 4 章）できることを示す。

```
variable_split = ebola_long.variable.str.split('_', expand=True)
variable_split.columns = ['status', 'country']
ebola_parsed = pd.concat([ebola_long, variable_split], axis=1)

print(ebola_parsed.head())
        Date  Day      variable   value status country status country
0   1/5/2015  289  Cases_Guinea  2776.0  Cases  Guinea  Cases  Guinea
1   1/4/2015  288  Cases_Guinea  2775.0  Cases  Guinea  Cases  Guinea
2   1/3/2015  287  Cases_Guinea  2769.0  Cases  Guinea  Cases  Guinea
3   1/2/2015  286  Cases_Guinea     NaN  Cases  Guinea  Cases  Guinea
4  12/31/2014  284  Cases_Guinea  2730.0  Cases  Guinea  Cases  Guinea

print(ebola_parsed.tail())
         Date  Day     variable  value  status country  status country
1947  3/27/2014    5  Deaths_Mali    NaN  Deaths    Mali  Deaths    Mali
1948  3/26/2014    4  Deaths_Mali    NaN  Deaths    Mali  Deaths    Mali
1949  3/25/2014    3  Deaths_Mali    NaN  Deaths    Mali  Deaths    Mali
1950  3/24/2014    2  Deaths_Mali    NaN  Deaths    Mali  Deaths    Mali
1951  3/22/2014    0  Deaths_Mali    NaN  Deaths    Mali  Deaths    Mali
```

6.3.3　分割と結合を一度に行う（より複雑な方法）

この項でも、元のデータと同じ順序でベクトルが返されるという事実を利用する。新しいベクトルは元のデータと連結することが可能だ（第 4 章を参照）。

また、split の結果が 2 つの要素のリストとして返されるという事実を利用して、同じ結果を 1 回のステップで実現する。そのリストでは、それぞれの要素が新しい列になる。さらに、分割されたリストの要素は、組み込みの zip 関数によって結合できる。zip は、イテレータの集合（たとえばリストやタプル）を受け取って、それらの入力イテレータから新しいコンテナを作る。作成され

る新しいコンテナは、入力コンテナと同じインデックスを持つ。たとえば値が、次の2つのリストに入っているとしよう。

```
constants = ['pi', 'e']
values = ['3.14', '2.718']
```

これらの値を zip で結合することができる。

```
# zip オブジェクトの内容を表示するには、
# zip 関数に対して list を呼び出す必要がある。
# Python 3 では、zip はイテレータを返す
print(list(zip(constants, values)))
[('pi', '3.14'), ('e', '2.718')]
```

これで、2つの要素が、それぞれ対応する定数値とのペアになった。それぞれのコンテナは、まるでジッパーの両側のように対応する。zip 関数で複数のコンテナを結合すると、それらのインデックスをマッチさせたイテレータが返される。

zip が何をするのかを明確にする、もう1つの方法は、zip 関数に渡されたそれぞれのコンテナを、上下に積み上げて（4.3.1 項で見た行単位の連結を思い出そう）、一種の DataFrame オブジェクトを作ることだ。このとき zip 関数は、値を列ごとのタプルとして返す。

列の値を分割するには、前と同じ ebola_long.variable.str.split(' ') を使えばよい。ただし、その結果は、すでにコンテナ（1個の Series オブジェクト）に入っている。コンテナそのもの（Series オブジェクト）ではなく、コンテナの内容（状態と国の、それぞれのリスト）を得るためには、そのコンテナをアンパック（開梱）する必要がある。

Python では、コンテナをアンパックするのに、アスタリスク演算子(*)を使う[5]。アンパックされたコンテナの内容に対して zip 関数を使うと、その効果は、状態の値と国の値を以前に作ったときと同じになる。それから複数代入（付録 Q）を使って、それらのベクトルを複数の列へと、一度に代入できる。

```
ebola_long['status'], ebola_long['country'] = \
    zip(*ebola_long.variable.str.split('_'))

print(ebola_long.head())
        Date  Day     variable   value status country
0   1/5/2015  289  Cases_Guinea  2776.0  Cases  Guinea
1   1/4/2015  288  Cases_Guinea  2775.0  Cases  Guinea
2   1/3/2015  287  Cases_Guinea  2769.0  Cases  Guinea
3   1/2/2015  286  Cases_Guinea     NaN  Cases  Guinea
4  12/31/2014  284  Cases_Guinea  2730.0  Cases  Guinea
```

※5　「引数リストのアンパック」（日本語版ドキュメント）：
　　　https://docs.python.org/ja/3/tutorial/controlflow.html#unpacking-argument-lists

6.4 行と列の両方に変数があるとき

　変数が行と列の両方に入るような形で（つまり、この章で述べてきた形式を組み合わせたように）データが並んでいるときもある。このようなデータを整然とさせるために必要なメソッドは、すでに大部分が紹介済みだ。そこで、1 列のデータに 1 個の変数ではなく 2 つの変数が含まれているときに、どうするかを説明しよう。この場合は、それらの変数を複数の列へと展開する必要があるだろう。

```
weather = pd.read_csv('../data/weather.csv')
print(weather.iloc[:5, :11])
        id  year  month  element   d1    d2    d3   d4    d5   d6   d7
0  MX17004  2010      1    tmax  NaN   NaN   NaN  NaN   NaN  NaN  NaN
1  MX17004  2010      1    tmin  NaN   NaN   NaN  NaN   NaN  NaN  NaN
2  MX17004  2010      2    tmax  NaN  27.3  24.1  NaN   NaN  NaN  NaN
3  MX17004  2010      2    tmin  NaN  14.4  14.4  NaN   NaN  NaN  NaN
4  MX17004  2010      3    tmax  NaN   NaN   NaN  NaN  32.1  NaN  NaN
```

　この気象データには、月（month）ごとに、毎日（d1, d2, ..., d31）記録された気温について、最大値と最小値（element 列にある tmin および tmax の値）が入っている。その element 列には、新しい複数の列へと展開 / 振り分けを行うべき値が含まれていて、しかも毎日の変数は、それぞれ 1 行の day の値へと融解させる必要がある。この場合も、現在のデータフォーマットが悪いというのではない。解析に適した形になっていないだけで、この種の形式もデータを報告する際には便利かもしれないのだ。では、まず毎日の値を融解 / アンピボットしよう。

```
weather_melt = pd.melt(weather,
                       id_vars=['id', 'year', 'month', 'element'],
                       var_name='day',
                       value_name='temp')
print(weather_melt.head())
        id  year  month  element  day  temp
0  MX17004  2010      1    tmax   d1   NaN
1  MX17004  2010      1    tmin   d1   NaN
2  MX17004  2010      2    tmax   d1   NaN
3  MX17004  2010      2    tmin   d1   NaN
4  MX17004  2010      3    tmax   d1   NaN

print(weather_melt.tail())
          id  year  month  element  day  temp
677  MX17004  2010     10    tmin   d31  NaN
678  MX17004  2010     11    tmax   d31  NaN
679  MX17004  2010     11    tmin   d31  NaN
680  MX17004  2010     12    tmax   d31  NaN
681  MX17004  2010     12    tmin   d31  NaN
```

　次に、element 列に入っている値をピボット（pivot）する必要がある。このプロセスは、他の統

計的言語では casting（振り分け）あるいは spreading（展開）とも呼ばれている。pivot_table と melt の主な違いの 1 つは、melt が pandas の関数であるのに対して、pivot_table は DataFrame オブジェクトに対して呼び出すメソッドだという点だ。

```
weather_tidy = weather_melt.pivot_table(
    index=['id', 'year', 'month', 'day'],
    columns='element',
    values='temp')
```

ピボットした表を見ると、element 列にあった 2 種類の値が、別々の列になっている。この表は現在の状態のままでもよいが、さらに列の階層を平坦化することもできる[6]。

```
weather_tidy_flat = weather_tidy.reset_index()
print(weather_tidy_flat.head())
element        id  year  month  day  tmax  tmin
0         MX17004  2010      1   d1   NaN   NaN
1         MX17004  2010      1  d10   NaN   NaN
2         MX17004  2010      1  d11   NaN   NaN
3         MX17004  2010      1  d12   NaN   NaN
4         MX17004  2010      1  d13   NaN   NaN
```

さらに、中間的な DataFrame オブジェクトを使わずにこれらのメソッドを適用することも可能だ。

```
weather_tidy = weather_melt.\
    pivot_table(
        index=['id', 'year', 'month', 'day'],
        columns='element',
        values='temp').\
    reset_index()

print(weather_tidy.head())
element        id  year  month  day  tmax  tmin
0         MX17004  2010      1   d1   NaN   NaN
1         MX17004  2010      1  d10   NaN   NaN
2         MX17004  2010      1  d11   NaN   NaN
3         MX17004  2010      1  d12   NaN   NaN
4         MX17004  2010      1  d13   NaN   NaN
```

[6]　訳注：出力の'day'がd1からd10に飛んでいるのは、なぜだろうと思ったが、その理由は、head()ではなく全部を出力することで判明した（監訳注：'day'はオブジェクトであり、特に指定しない場合、文字列のソートは辞書式順序に従うため、d1の次にd10となる）。

6.5　1個の表に観察単位が複数あるとき（正規化）

　複数の観察単位が1個の表にあるかどうかを知る、最も単純な方法の1つは、行に注目し、行から行へと繰り返されているセルまたは値がないか、調べることだ。これは、（米国）政府の教育管理データ（government education administration data）でよく見られるもので、それぞれの学生の入学によって記録／報告される学生の統計データである。

　以下では、6.2.2項でクリーニングしたビルボードのデータを、もう一度見てみよう。

```
print(billboard_long.head())
   year       artist                  track  time date.entered  \
0  2000        2 Pac  Baby Don't Cry (Keep...  4:22   2000-02-26
1  2000       2Ge+her  The Hardest Part Of ...  3:15   2000-09-02
2  2000  3 Doors Down             Kryptonite  3:53   2000-04-08
3  2000  3 Doors Down                  Loser  4:24   2000-10-21
4  2000      504 Boyz          Wobble Wobble  3:35   2000-04-15

  week  rating
0  wk1    87.0
1  wk1    91.0
2  wk1    81.0
3  wk1    76.0
4  wk1    57.0
```

　データを、特定のトラック（曲）に絞り込んでみる。

```
print(billboard_long[billboard_long.track == 'Loser'].head())
      year       artist  track  time date.entered week rating
3     2000  3 Doors Down  Loser  4:24   2000-10-21  wk1   76.0
320   2000  3 Doors Down  Loser  4:24   2000-10-21  wk2   76.0
637   2000  3 Doors Down  Loser  4:24   2000-10-21  wk3   72.0
954   2000  3 Doors Down  Loser  4:24   2000-10-21  wk4   69.0
1271  2000  3 Doors Down  Loser  4:24   2000-10-21  wk5   67.0
```

　この表には、実際にはトラック情報と、毎週のランキングという2種類のデータが格納されていることがわかる。トラック情報は、別の表に入れたほうがよさそうだ。そうすれば、year、artist、track、time の列に格納される情報が、データセットの中で繰り返し現れなくなる。この考えは、データを手作業で入力するなら、特に重要だ。データ入力で同じ値を何度も繰り返し打ち込むとしたら、データの不一致が生じるリスクが高まる。

　この場合の対処は、year、artist、track、time を新しい DataFrame オブジェクトに入れた上で、ユニークな値の集合に対して、それぞれユニークな ID を割り当てることだ。そして、曲と日付と週番号とランキングを表現する第2の DataFrame オブジェクトにおいて、そのユニークな ID を使う。このプロセス全体は、第4章で見た「データを連結しマージする手続き」を逆にしたものと考えてよいだろう。

```
billboard_songs = billboard_long[['year', 'artist', 'track', 'time']]
print(billboard_songs.shape)
(24092, 4)
```

このDataFrameオブジェクトのエントリには重複があるので、まず重複する行を削除する必要がある。

```
billboard_songs = billboard_songs.drop_duplicates()
print(billboard_songs.shape)
(317, 4)
```

その後で、データの各行にユニークな値を割り当てる。

```
billboard_songs['id'] = range(len(billboard_songs))
print(billboard_songs.head(n=10))
   year         artist                   track  time  id
0  2000          2 Pac  Baby Don't Cry (Keep...  4:22   0
1  2000        2Ge+her  The Hardest Part Of ...  3:15   1
2  2000   3 Doors Down                Kryptonite  3:53   2
3  2000   3 Doors Down                     Loser  4:24   3
4  2000        504 Boyz            Wobble Wobble  3:35   4
5  2000           98^0  Give Me Just One Nig...  3:24   5
6  2000        A*Teens            Dancing Queen  3:44   6
7  2000        Aaliyah             I Don't Wanna  4:15   7
8  2000        Aaliyah                 Try Again  4:03   8
9  2000  Adams, Yolanda           Open My Heart  5:30   9
```

これで曲に関する別のDataFrameオブジェクトができたので、新たに作成したid列によって、その曲を毎週のランキングとマッチさせることが可能である。

```
# 曲のDataFrameオブジェクトを元のデータセットにマージ
billboard_ratings = billboard_long.merge(
    billboard_songs, on=['year', 'artist', 'track', 'time'])
print(billboard_ratings.shape)
(24092, 8)

print(billboard_ratings.head())
   year artist                   track  time date.entered week  rating  id
0  2000  2 Pac  Baby Don't Cry (Keep...  4:22   2000-02-26  wk1    87.0   0
1  2000  2 Pac  Baby Don't Cry (Keep...  4:22   2000-02-26  wk2    82.0   0
2  2000  2 Pac  Baby Don't Cry (Keep...  4:22   2000-02-26  wk3    72.0   0
3  2000  2 Pac  Baby Don't Cry (Keep...  4:22   2000-02-26  wk4    77.0   0
4  2000  2 Pac  Baby Don't Cry (Keep...  4:22   2000-02-26  wk5    87.0   0
```

最後に、ランキングのDataFrameオブジェクトに必要な列だけを抽出する。

```
billboard_ratings = \
    billboard_ratings[['id', 'date.entered', 'week', 'rating']]
print(billboard_ratings.head())
   id date.entered week  rating
0   0   2000-02-26  wk1    87.0
1   0   2000-02-26  wk2    82.0
2   0   2000-02-26  wk3    72.0
3   0   2000-02-26  wk4    77.0
4   0   2000-02-26  wk5    87.0
```

6.6　同じ観察単位が複数の表にまたがっているとき

　データを整然と並べる最後のポイントは、同じ種類のデータが複数のデータセットにまたがっている状況に関するものだ。この問題には、第4章でデータの連結とマージを論じたときにも触れた。データが複数のファイルに分割される理由としては、ファイルの大きさがある。データを複数のパートに分ければ、個々のパートは小さくなるだろう。これは、データをインターネットやemailで共有する必要があるときに便利かもしれない。多くのサービスは、オープンあるいはシェアできるファイルのサイズに制限があるからだ。データセットを複数のパートに分ける、もう1つの理由として、データ収集のプロセスも原因となるだろう。たとえば、株式情報を含むデータセットは毎日別々に作られるかもしれない。

　マージと連結は、すでに論じたので、この節では複数のデータソースをすばやくロードして組み立てるテクニックに焦点を絞る。

　これらのプロセスを例示するには、New York City の Taxi と Uber の統合データ[7] を使うのがよいだろう。このデータセット全体には、New York City からのタクシーと Uber の運行(trip)データが13億件以上もあって、140以上のファイルで組織されているが、ここでは例を示すために、そのうち5つのファイルだけを扱う。同じデータが複数のパートに分かれているとき、それらは構造を持つ命名パターンに従うのが典型的だ。

　まずは、データをダウンロードしよう。次に示すコードブロックの詳細は、あまり気にする必要がない。raw_data_urls.txt というファイルには、URL のリストが含まれていて、それぞれのURL は、タクシーデータの一部をダウンロードするためのリンクである。まずはファイルをオープンして読み込み、その各行(個々のデータの URL)をループ処理する。ファイルは非常に大きいので、ダウンロードするのは最初の5つのデータセットだけだ。データの保存先へのパスを作るために、ある種の文字列操作(第8章)を行う。データのダウンロードには、urllib ライブラリを用いる。

```
import os
import urllib
```

---

[7]　訳注：原文は"The Unified New York City Taxi and Uber Data"。ファイル名にある"fhv"は"for-hire vehicle"の略。Uberは配車アプリ名。なお、データが大量なのでダウンロードに10分ほどかかった。

```
# データをダウンロードするためのコード
# ファイルリストの先頭から、
# 5 つのデータセットだけをダウンロードする
with open('../data/raw_data_urls.txt', 'r') as data_urls:
    for line, url in enumerate(data_urls):
        if line == 5:
            break
        fn = url.split('/')[-1].strip()
        fp = os.path.join('..', 'data', fn)
        print(url)
        print(fp)
        urllib.request.urlretrieve(url, fp)
```

この例では、タクシーの運行を表す生データのファイル名が、どれも fhv_tripdata_YYYY_XX.csv というパターンに従っている。ここで YYYY は年を表し（たとえば 2015）、XX はパート番号を表す。Python の glob ライブラリにある単純なパターンマッチング関数を使って、ある特定のパターンにマッチする、すべてのファイル名のリストを取得できる。

```
import glob
# 指定したフォルダから csv ファイルのリストを取得
nyc_taxi_data = glob.glob('../data/fhv_*')
print(nyc_taxi_data)
['../data/fhv_tripdata_2015-01.csv',
 '../data/fhv_tripdata_2015-02.csv',
 '../data/fhv_tripdata_2015-03.csv',
 '../data/fhv_tripdata_2015-04.csv',
 '../data/fhv_tripdata_2015-05.csv']
```

これでロードしたいファイル名のリストが手に入ったので、それらのファイルを、それぞれ 1 個の DataFrame オブジェクトにロードできる。これまで行ってきたように、個々のファイルを別々にロードすることも可能だ。

```
taxi1 = pd.read_csv(nyc_taxi_data[0])
taxi2 = pd.read_csv(nyc_taxi_data[1])
taxi3 = pd.read_csv(nyc_taxi_data[2])
taxi4 = pd.read_csv(nyc_taxi_data[3])
taxi5 = pd.read_csv(nyc_taxi_data[4])
```

データを見ると、それらのデータがきれいに積み重なる（つまり、連結できる）ことがわかる。

```
print(taxi1.head(n=2))
print(taxi2.head(n=2))
print(taxi3.head(n=2))
print(taxi4.head(n=2))
print(taxi5.head(n=2))
  Dispatching_base_num        Pickup_date   locationID
```

```
0              B00001  2015-04-01 04:30:00          NaN
1              B00001  2015-04-01 06:00:00          NaN
  Dispatching_base_num        Pickup_date  locationID
0              B00001  2015-05-01 04:30:00          NaN
1              B00001  2015-05-01 05:00:00          NaN
  Dispatching_base_num        Pickup_date  locationID
0              B00029  2015-03-01 00:02:00        213.0
1              B00029  2015-03-01 00:03:00         51.0
  Dispatching_base_num        Pickup_date  locationID
0              B00013  2015-01-01 00:30:00          NaN
1              B00013  2015-01-01 01:22:00          NaN
  Dispatching_base_num        Pickup_date  locationID
0              B00013  2015-02-01 00:00:00          NaN
1              B00013  2015-02-01 00:01:00          NaN
```

第４章で行ったように、これらのデータを連結できるはずだ。

```python
# それぞれの DataFrame オブジェクトの形状
print(taxi1.shape)
print(taxi2.shape)
print(taxi3.shape)
print(taxi4.shape)
print(taxi5.shape)
 (2746033, 3)
 (3126401, 3)
 (3281427, 3)
 (3917789, 3)
 (4296067, 3)

# DataFrame オブジェクトを連結する
taxi = pd.concat([taxi1, taxi2, taxi3, taxi4, taxi5])

# 連結したタクシーデータの形状
print(taxi.shape)
 (17367717,  3)
```

けれども、このように手作業で個々の DataFrame オブジェクトを保存するのでは、データが多数のパートに分割されていると面倒だ。それに代わるアプローチとして、ループやリスト内包表記（comprehension：付録 N）を使えば、そのプロセスを自動化できる。

6.6.1　ループを使って複数のファイルをロードする

　複数のファイルをロードする比較的易しい方法は、まず空のリストを作り、ループを使って CSV ファイルを反復処理する。さらに、それらの CSV ファイルを pandas の DataFrame オブジェクトにロードしてから、そのオブジェクトをリストに追加する、という手順である。最終的に DataFrame オブジェクトのリストという形式にする理由は、concat 関数が DataFrame オブジェ

クトのリストを受け取って連結するようにしたいからだ[8]。

```python
# 追加するために、最初は空のリストを作る
list_taxi_df = []

# 個々の CSV ファイルを反復処理
for csv_filename in nyc_taxi_data:
    # デバッグ用にファイル名をプリントできる
    # print(csv_filename)

    # CSV ファイルを 1 個の DataFrame オブジェクトにロード
    df = pd.read_csv(csv_filename)

    # DataFrame オブジェクトをリストに追加する
    list_taxi_df.append(df)

# DataFrame オブジェクトのリストの長さ
print(len(list_taxi_df))
```
```
5
```
```python
# 最初の要素の型
print(type(list_taxi_df[0]))
```
```
<class 'pandas.core.frame.DataFrame'>
```
```python
# 最初の DataFrame オブジェクトの先頭を見る
print(list_taxi_df[0].head())
```
```
  Dispatching_base_num         Pickup_date  locationID
0               B00013  2015-01-01 00:30:00         NaN
1               B00013  2015-01-01 01:22:00         NaN
2               B00013  2015-01-01 01:23:00         NaN
3               B00013  2015-01-01 01:44:00         NaN
4               B00013  2015-01-01 02:00:00         NaN
```

これで DataFrame オブジェクトのリストが得られたので、それらのリストを連結しよう。

```python
taxi_loop_concat = pd.concat(list_taxi_df)
print(taxi_loop_concat.shape)
```
```
(17367717, 3)
```
```python
# 手作業でロードして連結したのと同じ結果か？
print(taxi.equals(taxi_loop_concat))
```
```
True
```

---

[8]　監訳注：1つのファイルを読み込むたびに、concat関数でDataFrameオブジェクトを連結する処理も考えられる。しかし、この処理は都度メモリを確保しデータを移す必要が生じるため、非効率である。

6.6.2 リスト内包処理を使って複数のファイルをロードする

Python には、ループ処理した結果をリストに追加できる、リストの「内包処理」(comprehension) というイディオムがある。上に挙げたループは（ここでコメントなしに、もう一度示すが）、リストの内包処理（付録 N) を使って書くことができる。

```
# ループのコード（コメントなし）
list_taxi_df = []
for csv_filename in nyc_taxi_data:
    df = pd.read_csv(csv_filename)
    list_taxi_df.append(df)

# リストの内包処理を使った同じコード
list_taxi_df_comp = [pd.read_csv(data) for data in nyc_taxi_data]
```

このリストの内包処理から得られるのは、上記のループ処理と同じリストである。

```
print(type(list_taxi_df_comp))
<class 'list'>
```

最後に結果を連結するのも、先ほどと同じ手順だ。

```
taxi_loop_concat_comp = pd.concat(list_taxi_df_comp)

# 連結された DataFrame オブジェクトは、どちらも同じか？
print(taxi_loop_concat_comp.equals(taxi_loop_concat))
True
```

6.7 まとめ

この章では、データの解析と可視化と収集に適したフォーマットへと、データの形を変える方法を調べた。Hadley Wickham が "Tidy Data" という論文に書いたコンセプトに従って、データを変形するためのさまざまな関数とメソッドを見た。これは重要な技術である。データが特定の形に整形されていないと（整然であろうと、なかろうと）、利用できない関数があるからだ。データを整形する方法についての知識は、データサイエンティストにとっても、データアナリストにとっても、重要である。

Part III
Data
Munging

Pandas
for
Everyone

Python
Data
Analysis

▼
▼
▼
▼

第3部
データの準備
―変換/整形/結合など

第7章

データ型の概要と変換

7.1　はじめに

　変数（たとえば列）に対して、何ができ、何ができないかは、そのデータ型（data type）によって決まる。たとえば数値型のデータを足し合わせれば、結果は値の和になるが、文字列を足し合わせれば、それらの文字列が連結される（pandas の文字列は、object と呼ばれる）。

　この章では、pandas で遭遇することのある各種のデータ型について概要を示し、あるデータ型から別の型へと変換する手段を紹介しよう。

・目標

この章では、次の事項を学ぶ。

1. DataFrame オブジェクトにある列のデータ型の判定
2. 各種のデータ型の相互変換
3. カテゴリ型データの使い方

なお、日付と時間の扱いは、第 11 章で学ぶ。

7.2 データ型

この章では、seaborn に組み込まれている tips データセットを使う。

```
import pandas as pd
import seaborn as sns

tips = sns.load_dataset("tips")
```

DataFrame オブジェクトの各列に格納されているデータ型のリストを見るには、1.2 節で述べたように、dtypes 属性を使う。

```
print(tips.dtypes)
total_bill     float64
tip            float64
sex           category
smoker        category
day           category
time          category
size             int64
dtype: object
```

pandas で列に格納できるさまざまなデータ型のリストは、第 1 章の表 1.1 に示した。tips データセットには、int64、float64、category という 3 種類のデータ型が含まれている。int64 は小数点のない数値、float64 は小数点のある数値を、それぞれ表現する型だ。これらの数値データ型の最後にある数は、その数値型に格納される情報のビット数を示している。

category というデータ型は、カテゴリ型変数（categorical variable）を表す。任意の文字列を格納する汎用の object データ型との違いについては、この章で後ほど確認することにしたい。ここでは、tips データセットは完全に準備が整ったクリーニング済みのデータセットなので、カテゴリを表す文字列を格納する変数が保存されていることに注意しよう。

7.3 型変換

列に格納されているデータの型によって、その列のデータに対して実行できる関数や計算の種類が決まる。したがって、データの型変換を行う方法を知っておくことは重要だ。

この節では、あるデータ型から別のデータ型へと変換する方法に焦点を絞る。ただし、データを最初に取得したときに、すべてのデータ型変換を一気に行う必要はない。データ解析としてはある処理を 1 回だけ行えばよいが、型変換は必要になったときに行うことができる。その例は、2.5.2 項で、日付の値を年数に変換したときに見た。

7.3.1 文字列オブジェクトへの変換

われわれの `tips` データセットでは、変数の `sex`、`smoker`、`day`、`time` が、`category` として格納されている。一般に、変数が数値でなければ、文字列 `object` 型のほうがずっと扱いが容易である。

ある種のデータセットには `id` 列があって、その列には `id` が番号（数）として格納されるが、それに対して計算を行っても（たとえば平均値を求めても）意味がない。ユニークな識別子としての `id` 番号は、このように符号化されるのが典型的だが、それらの番号を文字列 `object` 型に変換したくなるときもあるだろう。

値を文字列に変換するには、その列の `astype` メソッドを用いる。`astype` が受け取る `dtype` パラメータが、その列の新しいデータ型になる。ここでは変数 `sex` を、文字列オブジェクト、すなわち `str` に変換しよう。

```
tips['sex_str'] = tips['sex'].astype(str)
```

Python の組み込み型の機能として、`str`、`float`、`int`、`complex`、`bool` がある。そのほか `numpy` ライブラリの `dtype` をどれでも指定することができる。

このときに `dtypes` を見ると、`sex_str` の `dtype` が `object` になっていることがわかる。

```
print(tips.dtypes)
total_bill      float64
tip             float64
sex             category
smoker          category
day             category
time            category
size              int64
sex_str          object
dtype:  object
```

7.3.2 数値への変換

`astype` メソッド[1] は、DataFrame オブジェクトの任意の列を別の `dtype` に変換するのに使える汎用の関数だ。

どの列も pandas の Series オブジェクトであることを思い出そう。そのため、`astype` のドキュメントは、`pandas.Series.astype` と分類されている。ここでの例は、DataFrame オブジェクトの列を型変換する方法を示すものだが、Series オブジェクトを扱うときも、同じ `astype` メソッドを使って、その Series を変換できる。

`astype` メソッドで、任意の組み込み型または numpy 型を指定すると、列の `dtype` を変換することができる。たとえば、もし `total_bill` の列を、まず文字列 `object` に変換し、それから元の

---

[1]　Series.astype のドキュメント：http://pandas.pydata.org/pandas-docs/stable/generated/pandas.Series.astype.html

float64 に戻すには、astype に対して str と float をそれぞれ渡せばよい。

```
# total_bill を文字列に変換
tips['total_bill'] = tips['total_bill'].astype(str)
print(tips.dtypes)
total_bill       object
tip             float64
sex            category
smoker         category
day            category
time           category
size              int64
sex_str          object
dtype: object

# 再び float 型に変換
tips['total_bill'] = tips['total_bill'].astype(float)
print(tips.dtypes)
total_bill      float64
tip             float64
sex            category
smoker         category
day            category
time           category
size              int64
sex_str          object
dtype: object
```

7.3.2.1　to_numeric

　変数を数値（たとえば int や float）に変換する場合は、pandas の to_numeric 関数を使うことも可能であり、そのほうが数ではない値の扱いが優れている。

　DataFrame オブジェクトの各列の値は、どれも dtype が同じでなければならない。ところが数値の列で、一部に文字列の値が含まれているときがある。たとえば pandas で欠損値を表すのは NaN だが、数値の列では、その代わりに 'missing' あるいは 'null' という文字列が、同じ目的のために使われるかもしれない。その場合、列全体が数値型ではなく文字列 object 型になってしまうだろう。

　それでは、変数 tips の DataFrame オブジェクトの部分集合を抽出し、total_bill の列に 'missing' という値を入れて、to_numeric 関数の働きを示そう。

```
# tips データの抽出
tips_sub_miss = tips.head(10)

# 'missing' という値を、いくつか代入する
tips_sub_miss.loc[[1, 3, 5, 7], 'total_bill'] = 'missing'

print(tips_sub_miss)
```

```
   total_bill   tip     sex smoker  day    time  size sex_str
0       16.99  1.01  Female     No  Sun  Dinner     2  Female
1     missing  1.66    Male     No  Sun  Dinner     3    Male
2       21.01  3.50    Male     No  Sun  Dinner     3    Male
3     missing  3.31    Male     No  Sun  Dinner     2    Male
4       24.59  3.61  Female     No  Sun  Dinner     4  Female
5     missing  4.71    Male     No  Sun  Dinner     4    Male
6        8.77  2.00    Male     No  Sun  Dinner     2    Male
7     missing  3.12    Male     No  Sun  Dinner     4    Male
8       15.04  1.96    Male     No  Sun  Dinner     2    Male
9       14.78  3.23    Male     No  Sun  Dinner     2    Male
```

dtypes を見ると、total_bill の列が文字列 object 型になっている。

```
print(tips_sub_miss.dtypes)
total_bill       object
tip             float64
sex            category
smoker         category
day            category
time           category
size              int64
sex_str          object
dtype: object
```

もしここで再び astype メソッドを使って、列を float に戻そうとしたら、エラーになるだろう。pandas には、'missing' を float に変換する方法が、わからないのだ。

```
# これはエラーになる
tips_sub_miss['total_bill'].astype(float)
Traceback (most recent call last):
  File "<ipython-input-1-98a540fd2fa7>", line 2, in <module>
    tips_sub_miss['total_bill'].astype(float)
ValueError: could not convert string to float: 'missing'
```

代わりに pandas ライブラリの to_numeric 関数を使っても、同様のエラーになる。

```
# これもエラーになる
pd.to_numeric(tips_sub_miss['total_bill'])
Traceback (most recent call last):
  File "pandas/_libs/src/inference.pyx", line 1021, in
pandas._libs.lib.maybe_convert_numeric (pandas/_libs/lib.c:56156)
ValueError: Unable to parse string "missing"
```

そして、上記の例外を処理している間に、また別の例外が発生する。

```
Traceback (most recent call last):
  File "<ipython-input-1-fcfd2f6d55ed>", line 2, in <module>
    pd.to_numeric(tips_sub_miss['total_bill'])
ValueError: Unable to parse string "missing" at position 1
```

to_numeric には、errors というパラメータがある。このパラメータによって、この関数が数値に変換できない値に遭遇したときの挙動を制御できる。デフォルト値は 'raise'（起こす）である。つまり、もし数値に変換できない値に遭遇したら、この関数はエラーを「起こす」。

ドキュメント[2] によれば、errors に指定できる値は、次の3種類である。

1. デフォルトの 'raise' は、数値への変換が不可能な場合、エラーを起こす。
2. 'coerce' は、数値への変換が不可能な場合、NaN を返す。
3. 'ignore' は、列を数値に変換することなく（つまり何もしないで）、入力のベクトルをそのまま返す。

もし errors に 'ignore' の値を渡せば、列は何も変わらないが、エラーメッセージは出力されなくなる（それが望ましい挙動とは限らないけれど）。

```
tips_sub_miss['total_bill'] = pd.to_numeric(
    tips_sub_miss['total_bill'], errors='ignore')
print(tips_sub_miss)
   total_bill   tip     sex smoker  day    time  size  sex_str
0       16.99  1.01  Female     No  Sun  Dinner     2   Female
1     missing  1.66    Male     No  Sun  Dinner     3     Male
2       21.01  3.50    Male     No  Sun  Dinner     3     Male
3     missing  3.31    Male     No  Sun  Dinner     2     Male
4       24.59  3.61  Female     No  Sun  Dinner     4   Female
5     missing  4.71    Male     No  Sun  Dinner     4     Male
6        8.77  2.00    Male     No  Sun  Dinner     2     Male
7     missing  3.12    Male     No  Sun  Dinner     4     Male
8       15.04  1.96    Male     No  Sun  Dinner     2     Male
9       14.78  3.23    Male     No  Sun  Dinner     2     Male

print(tips_sub_miss.dtypes)
total_bill      object
tip            float64
sex           category
smoker        category
day           category
```

---

[2]　数値型に変換するto_numericのドキュメント：https://pandas.pydata.org/pandas-docs/stable/generated/pandas.to_numeric.html

```
time            category
size               int64
sex_str           object
dtype: object
```

errors に 'coerce' の値を指定したら、'missing' という文字列の代わりに NaN が得られる。

```
tips_sub_miss['total_bill'] = pd.to_numeric(
    tips_sub_miss['total_bill'], errors='coerce')
print(tips_sub_miss)
   total_bill   tip     sex smoker  day    time  size sex_str
0       16.99  1.01  Female     No  Sun  Dinner     2  Female
1         NaN  1.66    Male     No  Sun  Dinner     3    Male
2       21.01  3.50    Male     No  Sun  Dinner     3    Male
3         NaN  3.31    Male     No  Sun  Dinner     2    Male
4       24.59  3.61  Female     No  Sun  Dinner     4  Female
5         NaN  4.71    Male     No  Sun  Dinner     4    Male
6        8.77  2.00    Male     No  Sun  Dinner     2    Male
7         NaN  3.12    Male     No  Sun  Dinner     4    Male
8       15.04  1.96    Male     No  Sun  Dinner     2    Male
9       14.78  3.23    Male     No  Sun  Dinner     2    Male

print(tips_sub_miss.dtypes)
total_bill      float64
tip             float64
sex            category
smoker         category
day            category
time           category
size              int64
sex_str          object
dtype: object
```

このような方法は、ある列が数値を含むはずなのに、何らかの理由でデータが数以外の値を含んでいるときに便利なトリックだ。

7.3.2.2　to_numeric のダウンキャスト

to_numeric 関数には、もう 1 つ downcast という名前のパラメータがある。この関数が列（あるいはベクトル）を数値ベクトルに変換できる場合、このパラメータによって可能な限り小さな数値型に変更（ダウンキャスト）することができる。デフォルト値は None で、この場合は変更されないが、代わりに使える値には 'integer'、'signed'、'unsigned'、'float' がある。

downcast パラメータを指定した場合の dtypes を比較してみよう。

```
tips_sub_miss['total_bill'] = pd.to_numeric(
    tips_sub_miss['total_bill'],
    errors='coerce',
    downcast='float')
```

```
print(tips_sub_miss)
   total_bill   tip     sex smoker  day    time  size sex_str
0       16.99  1.01  Female     No  Sun  Dinner     2  Female
1         NaN  1.66    Male     No  Sun  Dinner     3    Male
2       21.01  3.50    Male     No  Sun  Dinner     3    Male
3         NaN  3.31    Male     No  Sun  Dinner     2    Male
4       24.59  3.61  Female     No  Sun  Dinner     4  Female
5         NaN  4.71    Male     No  Sun  Dinner     4    Male
6        8.77  2.00    Male     No  Sun  Dinner     2    Male
7         NaN  3.12    Male     No  Sun  Dinner     4    Male
8       15.04  1.96    Male     No  Sun  Dinner     2    Male
9       14.78  3.23    Male     No  Sun  Dinner     2    Male
/home/dchen/anaconda3/envs/book36/bin/pweave:4:
SettingWithCopyWarning:
A value is trying to be set on a copy of a slice from a DataFrame.
Try using .loc[row_indexer,col_indexer] = value instead


See the caveats in the documentation: http://pandas.pydata.org/
pandas-docs/stable/indexing.html#indexing-view-versus-copy
```

```
print(tips_sub_miss.dtypes)
total_bill       float32
tip              float64
sex             category
smoker          category
day             category
time            category
size               int64
sex_str           object
dtype:   object
```

これを見ると、`total_bill`列の`dtype`は、もう`float64`ではない。`downcast`で`float32`型に変換されたので、メモリ空間の消費量が少なくなっている。

7.4　カテゴリ型データ

データの値は、必ずしも数値型とは限らない。pandasには、カテゴリ的なデータを符号化できる、`category`という`dtype`がある[3]。このカテゴリ型データのユースケースを、いくつか示しておこう。

1. この形式でデータを保存すると、（特にデータセットが文字列値の繰り返しを数多く含むよ

---

[3]　カテゴリ型データ：http://pandas.pydata.org/pandas-docs/stable/categorical.html
訳注：`category`というデータ型は、統計学で言う「名義尺度」あるいは「カテゴリ変数」に対応する。本書の例では男女の性別、喫煙の有無、曜日などのデータに使われている。

うなケースで)メモリ [4] と実行速度 [5] の効率が良くなる。

2. カテゴリ型データは、値の列に順序が存在するとき(たとえばリッカートのスケール [6])にも利用できる。

3. 一部の Python ライブラリは(たとえば統計モデルの適合を行うとき)、カテゴリ型データの扱い方を知っている [7]。

7.4.1　カテゴリ型への変換

列をカテゴリ型に変換するには、astype メソッドに category を渡せばよい。

```
# sex 列を、まず文字列 object に変換する
tips['sex'] = tips['sex'].astype('str')
print(tips.info())
<class 'pandas.core.frame.DataFrame'>
RangeIndex: 244 entries, 0 to 243
Data columns (total 8 columns):
total_bill    244 non-null float64
tip           244 non-null float64
sex           244 non-null object
smoker        244 non-null category
day           244 non-null category
time          244 non-null category
size          244 non-null int64
sex_str       244 non-null object
dtypes: category(3), float64(2), int64(1), object(2)
memory usage: 10.7+ KB
None

# sex 列を、カテゴリ型のデータに戻す
tips['sex'] = tips['sex'].astype('category')
print(tips.info())
<class 'pandas.core.frame.DataFrame'>
RangeIndex: 244 entries, 0 to 243
Data columns (total 8 columns):
total_bill    244 non-null float64
tip           244 non-null float64
sex           244 non-null category
smoker        244 non-null category
day           244 non-null category
time          244 non-null category
size          244 non-null int64
```

---

[4]　カテゴリ型のメモリ効率：https://pandas.pydata.org/pandas-docs/stable/categorical.html#categorical-memory

[5]　訳注：原著で紹介しているブログエントリは、翻訳時点で存在しなかったが、Wes McKinney 著『Python による
データ分析入門』第2版の12.1にも、性能に関する記述がある。なお、実装方法については訳注 [7] も参照。

[6]　訳注：Likert scale(リッカート尺度とも呼ばれる)。アンケートなどで使われ、回答可能な選択肢を通常は5段階とし、「1:強く支持する」、「2:支持する」、「3:どちらともいえない」「4:反対する」、「5:強く反対する」などと定める。

[7]　訳注：pandas 0.23.3のドキュメント (https://pandas.pydata.org/pandas-docs/stable/categorical.html) によれば、現在のcategoricalは、低レベルのNumPy配列ではなく、Pythonオブジェクトによって実装されている。

```
sex_str        244 non-null object
dtypes: category(4), float64(2), int64(1), object(1)
memory usage: 9.1+ KB
None
```

7.4.2 カテゴリ型データを操作する

pandas の API リファレンス[8] には、カテゴリ型の Series オブジェクトに対して実行できる操作の一覧がある。その一覧を表 7.1 にまとめた。

表 7.1 カテゴリ型の API

属性またはメソッド	説明
Series.cat.categories	このカテゴリ型のカテゴリを返す
Series.cat.ordered	カテゴリに順序があるかどうかを返す
Series.cat.codes	カテゴリの整数コードを返す
Series.cat.rename_categories()	カテゴリの名前を変更する
Series.cat.reorder_categories()	カテゴリの順序を変更する
Series.cat.add_categories()	新しいカテゴリを追加する
Series.cat.remove_categories()	カテゴリを削除する
Series.cat.remove_unused_categories()	使われていないカテゴリを削除する
Series.cat.set_categories())	新たにカテゴリを設定する
Series.cat.as_ordered()	カテゴリを順序付きにする
Series.cat.as_unordered()	カテゴリを順序なしにする

7.5　まとめ

この章では、あるデータ型から別のデータ型へと変換する方法を示した。列に対して、どの演算が実行できて、どの演算が実行できないかは、dtypes によって決まる。この章は比較的短いものだが、データを扱うときにも、pandas の他のメソッドを使うときにも、型変換は重要なスキルである。

---

[8]　API リファレンスの "Categorical"：
https://pandas.pydata.org/pandas-docs/stable/api.html#api-categorical

第8章

▼
▼
▼

テキスト文字列の操作

8.1　はじめに

　この世のデータは、たいがいテキストと文字列の表現で格納できる。最終的には数値データになりそうな値も、最初はテキストの形式で手に入るかもしれない。テキストデータのハンドリングは重要だ。この章の話題は、pandas に限定されない。ここでは文字列の扱い方を、どちらかといえば pandas なしの Python で調べるが、これに続く章では、さらに pandas のトピックを扱い、それから文字列に戻って、すべてを pandas で結び付ける方法を見ていくことになる。ちなみに、この章で例として使う文字列の一部は、映画『Monty Python and the Holy Grail』から取っている[1]。

・目標

この章では、次の事項を学ぶ。

1. 文字列の抽出
2. 文字列のメソッド
3. 文字列の整形
4. 正規表現

---

[1]　訳注：1975年に公開された傑作で、監督はTerry GilliamとTerry Jones。DVDやBlu-rayで入手できる。ここで引用されているシーンには、アーサー王（King Arthur）、王と対決して斬られる黒騎士（Black Night）、城の衛兵（Guard）、ココナッツの殻を打ち合わせることで表現される架空の馬（horse）などが登場する。

8.2 文字列

Python の文字列（string）は、一連の文字（キャラクタ）にすぎない。文字列を作るには、シングルクォート（'）またはダブルクォート（"）のペアで囲めばよい。例を示そう。

```
word = 'grail'
sent = 'a scratch'
```

これによって、2つの文字列、grail と a scratch が作られ、それぞれ word と sent という変数に代入される。

8.2.1 文字列の抽出とスライス

文字列は、文字のコンテナだと考えることができる。Python の他のコンテナ（list や Series）と同じように、文字列からも、部分集合を抽出できる。

表8.1 と表8.2 に、文字列と、それに割り当てられるインデックスの例を示す。インデックスを使って値をスライスする例を後で示すが、これらの表はその例を理解するのに役立つはずだ。

表8.1　文字列 "grail" のインデックス位置

インデックス	0	1	2	3	4
文字列	g	r	a	i	l
負のインデックス	-5	-4	-3	-2	-1

表8.2　文字列 "a scratch" のインデックス位置

インデックス	0	1	2	3	4	5	6	7	8
文字列	a		s	c	r	a	t	c	h
負のインデックス	-9	-8	-7	-6	-5	-4	-3	-2	-1

8.2.1.1 1個の文字を取得する

文字列の最初の1文字を取り出すには、角カッコ（[ ]）の記法を使うことができる。この記法は、1.3 節でデータをスライスしたときと同じ方法だ。

```
print(word[0])
g

print(sent[0])
a
```

8.2.1.2　複数の文字をスライスする

スライスの記法を使って、文字列から指定の範囲を取り出すこともできる。

```
# 最初の 3 文字を取り出す
# index 3 は、4 番目の文字であることに注意
print(word[0:3])
 gra
```

Python でスライスを使うときは、コロンの左側は含むが、右側は含まないことを思い出そう。言い換えると、最初に指定するインデックスの値はスライスに含まれるが、2 番目に指定するインデックスの値は含まれない。

たとえば [0:3] と書くのは、インデックス 0 から、インデックス 3 に至るまで（ただし、3 を含まない）という意味だ。別の言い方をすれば、[0:3] によってスライスに入るのは、インデックスが 0 の文字から、インデックスが 2 の文字までである。

8.2.1.3　負のインデックス

表で示したように、Python では負のインデックスを渡すと、コンテナの末尾からカウントが始まる。

```
# 最後の文字を取得
print(sent[-1])
 h
```

負のインデックスは、インデックス位置の指定にも使えるので、値のスライスに利用できる。

```
# 'a' を取得
print(sent[-9:-8])
 a
```

正の数と負の数を組み合わせてもよい。

```
# 'a' を取得
print(sent[0:-8])
 a
```

ただし、負のインデックスによるスライスでは、最後の文字を取得することができない。

```
# scratch
print(sent[2:-1])
 scratc
```

```
# scratch
print(sent[-7:-1])
scratc
```

8.2.2 文字列の最後の文字を取得する

　文字列から（あるいは、どのコンテナでも）最後の要素だけを取り出すには、負のインデックス、-1を使えばよい。けれども、スライスを使って、最後の文字もスライスに入れようとすると、問題になる。たとえばsent変数から"scratch"というワードをスライスで取り出そうとしたとき、返された結果は1文字足りなかった。

　Pythonでは「右側は含まれない」決まりなので、最後のインデックスよりも1つ大きなインデックス位置を指定する必要がある。そのためには、文字列の長さを示すlenを取得し、その値をスライスに渡す。

```
# 最後の文字のインデックスは、
# len が返す数より 1 だけ小さい
s_len = len(sent)
print(s_len)
9

print(sent[2:s_len])
scratch
```

8.2.2.1 先頭から、または末尾までスライスする

　文字列（またはコンテナ）の先頭から、ある地点までの値をスライスするのは、非常に一般的な処理だ。最初の要素は常に0なので、たとえば最初の3個の要素を取り出すには、いつでもword[0:3]のように書くことができるし、最後の3個を取り出すには、word[-3:length(word)]のように書ける。

　もう1つのショートカットは、:の左側または右側のデータを書かないという方法だ。もし:の左側が空であれば、スライスは先頭から始まって、右側のインデックスまで（ただし、それを含まない）の範囲になる。もし:の右側が空であれば、スライスは左側のインデックスから始まって、文字列の末尾までとなる。たとえば次の2つのスライスは等価だ。

```
print(word[0:3])
gra

print(word[ :3])
gra
```

同じように、次の 2 つのスライスは等価である。

```
print(sent[2:len(sent)])
|scratch

print(sent[2: ])
|scratch
```

文字列全体を指定するには、左右どちらも空にするという方法も使える。

```
print(sent[:])
|a scratch
```

8.2.2.2　スライスの増分

　最後に、スライスでは増分（increments）あるいはステップを指定できる。そのためには、第 2 のコロン（:）を使い、第 3 の数を指定する。この第 3 の数をインデックスの増分として、値を飛び飛びに取り出すことができる。

　たとえば 1 つおきに文字を取り出すには、2 を増分として渡す（インデックスを 2 ずつインクリメントする）。

```
print(sent[::2])
|asrth
```

　これには、どんな整数でも渡すことができる。2 つおきに文字を（あるいはコンテナの値を）取り出すには、3 を増分として渡せばよい[2]。

```
print(sent[::3])
|act
```

8.3　文字列メソッド

　Python でデータを処理するときは、他にも多くのメソッドが使われる。すべての文字列メソッ

---

[2]　監訳注：参考までに、増分を -1 と指定すると以下の結果となり、文字列を逆の順番で出力する。

```
print(sent[::-1])
|hctarcs a
```

ドのリストは、ドキュメントの「String Methods」のページ※3 にある。表 8.3 と表 8.4 に、Python
で一般に使われる文字列メソッド（一部）の要約を示す。

表 8.3　Python の文字列メソッド

メソッド	説明
capitalize	最初の文字だけを大文字にする
count	部分文字列の出現回数を返す
startswith	文字列が指定の接頭辞（prefix）で始まるなら True を返す
endswith	文字列が指定の接尾辞（suffix）で終わるなら True を返す
find	部分文字列と最初にマッチしたインデックス（マッチがなければ -1）を返す
index	find と同じだが、マッチしなければ ValueError を送出する
isalpha	すべての文字がアルファベットなら True を返す
isdecimal	すべての文字が数字なら True を返す（isdigit、isnumeric などもある。ドキュメントを参照）
isalnum	どの文字もアルファベットか数字なら True を返す
lower	アルファベットを全部小文字にしたコピーを返す
upper	アルファベットを全部大文字にしたコピーを返す
replace	ある文字列を置換したものを返す
strip	文字列の先頭と末尾から空白を除去したコピーを返す（lstrip と rstrip も参照）
split	デリミタ（区切り文字）で区切った値のリストを返す
partition	split(maxsplit=1) と同じだが、タプルとしてデリミタを含む値を返す
center	指定の長さでセンタリングした文字列を返す
zfill	指定の長さまで '0' で左詰めした文字列を返す

表 8.4　Python 文字列メソッドの用例

コード	結果
"black Knight".capitalize()	'Black knight'
"It's just a flesh wound!".count('u')	2
"Halt! Who goes there?".startswith('Halt')	True
"coconut".endswith('nut')	True
"It's just a flesh wound!".find('u')	6
"It's just a flesh wound!".index('scratch')	ValueError
"old woman".isalpha()	False（空白あり）
"37".isdecimal()	True
"I'm 37".isalnum()	False（省略記号と空白あり）
"Black Knight".lower()	'black knight'
"Black Knight".upper()	'BLACK KNIGHT'
"flesh wound!".replace('flesh wound', 'scratch')	'scratch!'
" I'm not dead. ".strip()	"I'm not dead."
"NI! NI! NI! NI!".split(sep=' ')	['NI!', 'NI!', 'NI!', 'NI!']
"3,4".partition(',')	('3', ',', '4')
"nine".center(10)	' nine '
"9".zfill(5)	'00009'

※3　「文字列メソッド」（日本語版ドキュメント）：https://docs.python.org/ja/3.6/library/stdtypes.html#string-methods

8.4 その他の文字列メソッド

表8.3で示した他にも文字列メソッドがあって、それらも便利なのだが、一覧の表形式ではまとめづらいため、以下では各メソッドについて説明する。

8.4.1 join

joinメソッドは、コンテナ（たとえばlist）を1つ受け取って、そのリストの個々の要素を含む新しい文字列を返す。たとえば、度（degrees）と分（minutes）と秒（seconds）によるDMS記法の座標を、組み合わせて文字列にしたいとしよう。

```
d1 = '40° '
m1 = "46'"
s1 = '52.837"'
u1 = 'N'

d2 = '73° '
m2 = "58'"
s2 = '26.302"'
u2 = 'W'
```

すべての値をスペース（' '）で連結するには、スペースのjoinメソッドを使う。

```
coords = ' '.join([d1, m1, s1, u1, d2, m2, s2, u2])
print(coords)
40° 46' 52.837" N 73° 58' 26.302" W
```

このメソッドは、独自のデリミタ（たとえばタブやカンマ）を区切り文字とする文字列のリストが欲しいときにも便利だ。そして、また必要になったらスペースで分割するようにsplitメソッドを使えば、coordsの各部を取得できる。

8.4.2 splitlines

splitlinesメソッドは、splitメソッドと似ている。これは長さが数行に及ぶ文字列に対して使うのが一般的であり、「複数行で構成される文字列」からは、その各行を要素とするリストが返される。

```
multi_str = """Guard: What? Ridden on a horse?
King Arthur: Yes!
Guard: You're using coconuts!
King Arthur: What?
Guard: You've got ... coconut[s] and you're bangin' 'em together.
"""
```

```
print(multi_str)
Guard: What? Ridden on a horse?
King Arthur: Yes!
Guard: You're using coconuts!
King Arthur: What?
Guard: You've got ... coconut[s] and you're bangin' 'em together.
```

splitlines を使うと、リストに入ったそれぞれの行を、別々の要素として取得できる。

```
multi_str_split = multi_str.splitlines()
print(multi_str_split)
['Guard: What? Ridden on a horse?', 'King Arthur: Yes!', "Guard:
You're using coconuts!", 'King Arthur: What?', "Guard: You've got ...
coconut[s] and you're bangin' 'em together."]
```

最後に、Guard（衛兵）のセリフだけが欲しいとしよう。これは（アーサー王と）1対1の対話なので、衛兵には1行おきにセリフがある。

```
guard = multi_str_split[::2]
print(guard)
['Guard: What? Ridden on a horse?', "Guard: You're using coconuts!",
"Guard: You've got ... coconut[s] and you're bangin' 'em together."]
```

衛兵のセリフだけを取り出す方法は、いくつもある。その1つは、文字列に replace メソッドを使って、'Guard: ' という文字列を空の文字列（''）で置き換える。それから splitlines を使えばよい。

```
guard = multi_str.replace("Guard: ", "").splitlines()[::2]
print(guard)
['What? Ridden on a horse?', "You're using coconuts!", "You've got ...
coconut[s] and you're bangin' 'em together."]
```

8.5　文字列のフォーマッティング

　文字列のフォーマッティング（書式化）では、汎用的なテンプレート（書式）を文字列で指定し、そのパターンに変数を挿入することができる。これによって、float の値を小数点以下2桁で表示したり、数値をパーセントで表示したりするなど、文字列によるさまざまな表現も実現できる。

　文字列の書式化は、何かをコンソールに表示したいときにも役立つ。単に値を出力するだけでなく、その値についてのヒントを提供するような文字列を出力できるのだ。

　文字列の書式化には数多くのユースケースがあり、Python にはそれらを処理する方法が2つあ

る。

8.5.1 フォーマットの形式

文字列フォーマットの、より新しい形式が、「文字列書式化」のドキュメント[※4]に書かれていて、サンプル[※5]も大量に提供されている。

8.5.2 文字列の書式化

文字列を書式化するには、特殊なプレースホルダー（位置決め）文字を含む文字列を書き、その文字列に対して `format` メソッドを使って、値をプレースホルダーに挿入する。

```
var = 'flesh wound'
s = "It's just a {}!"

print(s.format(var))
It's just a flesh wound!

print(s.format('scratch'))
It's just a scratch!
```

プレースホルダーから変数を何度も参照することができる。

```
# 変数をインデックスで 2 回参照する
s = """Black Knight: 'Tis but a {0}.
King Arthur: A {0}? Your arm's off!
"""

print(s.format('scratch'))
Black Knight: 'Tis but a scratch.
King Arthur: A scratch? Your arm's off!
```

また、複数のプレースホルダーに、それぞれ 1 つの変数を指定することもできる。

```
s = 'Hayden Planetarium Coordinates: lat, lon'
print(s.format(lat='40.7815° N', lon='73.9733° W'))
Hayden Planetarium Coordinates: 40.7815° N, 73.9733° W
```

※4 「カスタムの文字列書式化」（日本語版ドキュメント）：
https://docs.python.org/ja/3.6/library/string.html#string-formatting
※5 「書式指定例」（日本語版ドキュメント）：
https://docs.python.org/ja/3.6/library/string.html#format-examples

8.5.3　数値の書式化

数も以下のように書式化できる。

```
print('Some digits of pi: {}'.format(3.14159265359))
Some digits of pi: 3.14159265359
```

数の書式化により、1000 の位ごとにカンマで区切ることも可能である。

```
print("In 2005, Lu Chao of China recited {:,} digits of pi".\
    format(67890))
In 2005, Lu Chao of China recited 67,890 digits of pi
```

数を計算に使い、小数点以下を特定の桁までに切り捨てられる。次の例は比率を計算し[6]、それをパーセントに整形する。

```
# {0:.4} と {0:.4%} の 0 は、この書式のインデックス 0 を示し、
# .4 は、小数点以下の桁数、4 を示す
# 書式で % を使うと、小数がパーセントに書式化される

print("I remember {0:.4} or {0:.4%} of what Lu Chao recited".\
    format(7/67890))

I remember 0.0001031 or 0.0103% of what Lu Chao recited
```

最後に、文字列の書式化を使って、数に対してゼロによるパディングを行うこともできる。これは zfill メソッドが文字列に対して行うパディングと同様だ。データ処理では、このメソッドは ID 番号を扱うのに便利かもしれない。つまり ID 番号を数として読むが、文字列として表示する必要のある場合だ。

```
# 最初の 0 は、この書式のインデックス 0 を示し、
# 第 2 の 0 は、パディングに使う文字を示す。
# 次にある 5 は、合計の文字数であり、
# d は、10 進数を使うという意味。
# 文字列が 5 桁になるように 0 を使ってパディングする
print("My ID number is {0:05d}".format(42))
My ID number is 00042
```

---

[6]　監訳注：ここで計算された比率は小数点以下7桁まで表示されている。これは3桁まで0であり、4桁から7桁までの4桁分が有効数字となっているためである。それに対して、たとえば12345/100000=0.12345を指定した場合は0.1235と表示される。

8.5.4 C の printf スタイルによる書式化

Python では、もう 1 つの文字列書式化として、% 演算子を使う方法がある。これによって、C 言語の printf スタイルのフォーマットを使える。ドキュメント[7] によれば、8.5.3 項で述べた str.format メソッドのほうが好ましい。とはいえ、このスタイルで書式化するコーディング例も、見かけることがあるだろう。

この方法については、あまり詳しく説明しないが、C の printf スタイルによるフォーマットにより、前項で示した例のいくつかを再現してみよう。

```python
# %d は 10 進の整数を表す
s = 'I only know %d digits of pi' % 7
print(s)
I only know 7 digits of pi

# s は文字列を表す
# 文字列パターンでは、角カッコ [] ではなく
# 丸カッコ ( ) を使うことに注意
# 渡す変数は Python の dict なので、波カッコ { } を使う
print('Some digits of %(cont)s: %(value).2f' % \
      {'cont': 'e', 'value': 2.718})

Some digits of e: 2.72
```

8.5.5 フォーマット済み文字列リテラル（Python 3.6 から）

フォーマット済み文字列リテラル（Formatted Literal Strings）、いわゆる「f 文字列」は、Python の新機能の 1 つだ（PEP 498）。その構文は、8.5.2 項で使ったものと、よく似ている。主な違いは、こちらの文字列が必ず f で始まる、という点だ。この構文は、Python に対して、「フォーマット済み文字列リテラル」であることを知らせる。そうすれば、波カッコ（{ }）によるプレースホルダーの中で、変数を直接（format を呼び出さずに）使うことができる。

```python
var = 'flesh wound'
s = f"It's just a var!"
print(s)
It's just a flesh wound!

lat='40.7815° N'
lon='73.9733° W'
s = f'Hayden Planetarium Coordinates: lat, lon'
print(s)
Hayden Planetarium Coordinates: 40.7815° N, 73.9733° W
```

※7 「printf 形式の文字列書式化」（日本語版ドキュメント）：
https://docs.python.org/ja/3.6/library/stdtypes.html#old-string-formatting

　この「f文字列」を使うことの主な利点は、そのほうが読みやすく、より高速になって性能が向上する可能性があることだ。

8.6　正規表現

　パターン検索において Python の基本的な文字列メソッドでは不十分なときは、正規表現（regular expression）を使えば、ありとあらゆる手段によって問題に対処できる。凄まじく強力な、この正規表現（略して RegEx）という手法を使えば、あの手この手で文字列の検索とマッチングを行うことができる。ただし、複雑な正規表現は書き終えた後で見てみると、何を行うパターンなのか理解しにくくなるという欠点がある。つまり、構文が難解なのだ。

　とはいえ、多くのデータ処理では（たとえば電話番号のマッチングや、住所の有効性を確認する場合なら）、あなたがマッチさせようとしているパターンの種類を Google で検索し、すでに書かれている正規表現を、手元のコードにペーストするだけで済むかもしれない（ただし、どこから拾ってきたパターンなのかを、必ず文書化しておこう）。

　先に進む前に、「regular expressions 101」（https://regex101.com/）を読んでおくとよいかもしれない。これは正規表現のリファレンスとしても、テスト用の文字列を使ってパターンをテストする用途としても、優れたサイトだ。ここには Python モードさえ存在するから、このサイトからコピーしたパターンを、手元の Python コードに直接ペーストすることが可能だ。

　Python では正規表現に re モジュール[8] を使う。このモジュールには、偉大な「正規表現 HOWTO」[9] があり、これもリソースとして使えるドキュメントになっている。

　表 8.5 と 8.6 に、この節で使う正規表現の構文と特殊文字の一部を示す。

表 8.5　基本的な正規表現の構文

構文	説明
.	どの 1 文字にもマッチする
^	文字列の先頭からマッチする
$	文字列の末尾からマッチする
*	直前の文字の 0 回以上の最大の繰り返しとマッチする
+	直前の文字の 1 回以上の繰り返しとマッチする
?	直前の文字の 0 回または 1 回の繰り返しとマッチする
m	直前の文字の m 回の繰り返しとマッチする
{m,n}	直前の文字の m 回から n 回までの最大の繰り返しとマッチする
¥	特殊文字をエスケープする
[]	文字集合（たとえば [a-z] は、a から z までの文字）のどれかとマッチする
|	「または」の意味。A|B は、A または B とマッチする
()	丸カッコで囲まれたパターンと正確にマッチする

※8　「re — 正規表現操作」（日本語版ドキュメント）：https://docs.python.org/ja/3.6/library/re.html

※9　「正規表現 HOWTO」（日本語版ドキュメント）：https://docs.python.org/ja/3.6/howto/regex.html

表 8.6　正規表現の特殊文字

シーケンス	説明
¥d	1 桁の数字とマッチする([0-9] と等価)
¥D	数字ではない文字とマッチする(\d の逆)
¥s	空白文字とマッチする
¥S	空白ではない文字とマッチする(\s の逆)
¥w	ワード文字(英数文字とアンダースコア)にマッチする
¥W	ワード文字以外の文字とマッチする(\w の逆)

　正規表現を使うには、その正規表現パターンを含む文字列を書き、そのパターンとマッチさせる文字列を提供する。ニーズに応じて、re にあるさまざまな関数を利用できる。その中でも一般的な関数の処理内容を表 8.7 に示す。

表 8.7　一般的な正規表現の関数

関数	説明
search	文字列で最初にパターンとマッチする場所を見つける
match	文字列の先頭からマッチを試みる
fullmatch	文字列全体とのマッチを試みる
split	パターンによって文字列を分割し、文字列のリストで返す
findall	重ならないすべてのマッチを見つけて、文字列のリストで返す
finditer	findall と似ているが、Python のイテレータを返す
sub	パターンにマッチしたものに対して、指定した文字列を置き換えたものを返す

8.6.1　パターンとのマッチ

　これから re モジュールを使って、文字列とマッチさせる正規表現のパターンを書いていく。まずは 10 桁の数字(米国の電話番号)とマッチするパターンを書こう。

```
import re

tele_num = '1234567890'
```

　10 個の連続する数字とマッチさせる方法は、数多く存在する。match 関数を使えば、パターンが文字列とマッチするかを判定できる。多くの re 関数が返すのは、1 個の match オブジェクトだ。

```
m = re.match(pattern='\d\d\d\d\d\d\d\d\d\d', string=tele_num)
print(type(m))
 <class '_sre.SRE_Match'>

print(m)
 <_sre.SRE_Match object; span=(0, 10), match='1234567890'>
```

　出力された match オブジェクトを見ると、（もしマッチが存在していたら）文字列でマッチが発生した場所をインデックスで示す span と、マッチした文字列そのものを示す match があることがわかる。

　多くの場合、あるパターンを文字列とマッチさせるときは、マッチするものがあったかどうかを知らせる真偽値だけが欲しいだろう。True か False の値が欲しいときは、組み込みの bool 関数を実行すれば、match オブジェクトのブール値を取得できる。

```
print(bool(m))
True
```

if 文の一部に正規表現の match を使うのなら、bool でキャストする必要はない。

```
# マッチしていたら "match" とプリント
if m:
    print('match')
else:
    print('no match')
match
```

　match オブジェクトから、インデックス位置や実際にマッチした文字列など、「値の一部」を取り出したいときは、match オブジェクトのメソッドを使える。

```
# マッチした文字列の最初のインデックスを取得
print(m.start())
0

# マッチした文字列の最後のインデックスを取得
print(m.end())
10

# マッチした文字列の最初と最後のインデックスを取得
print(m.span())
(0, 10)

# パターンとマッチした文字列
print(m.group())
1234567890
```

　電話番号は、単に連続する 10 桁の数字というよりも、少し複雑な表記になっていることがある。よくある表記の 1 つは、こういうものだ。

```
tele_num_spaces = '123 456 7890'
```

もし先ほどのパターンを、この例に使ったら、どうなるだろうか。

```
# 単純にパターンを使い回す
m = re.match(pattern='\d10', string=tele_num_spaces)
print(m)
 None
```

match オブジェクトが None を返したので、パターンがマッチしなかったことがわかる。先ほどの if 文を実行すれば、'no match' と出力される。

```
if m:
    print('match')
else:
    print('no match')

 no match
```

　そこで、今回はパターンを変更しよう。今度の形式の文字列には、3 桁の数字、1 個のスペース、また 3 桁の数字、1 個のスペース、最後に 4 桁の数字がある。元の例も含めた汎用的形式を考えれば、スペースは 0 回または 1 回現れるものとしてマッチすればよい。その新しい正規表現パターンを、次のコードで示す。

```
# 正規表現パターンは、別の変数にすることがある。
# なぜなら、パターンは長くなりがちで、そうなると
# マッチを行う関数コールが読みにくくなるからだ
p = '\d3\s?\d3\s?\d4'
m = re.match(pattern=p, string=tele_num_spaces)
print(m)
 <_sre.SRE_Match object; span=(0, 12), match='123 456 7890'>
```

　エリアコード（最初の 3 桁）をカッコで囲み、それ以下の 7 桁の番号をダッシュで区切る書き方もある。

```
tele_num_space_paren_dash = '(123) 456-7890'
p = '\(?\d3\)?\s?\d3\s?-?\d4'
m = re.match(pattern=p, string=tele_num_space_paren_dash)
print(m)
 <_sre.SRE_Match object; span=(0, 14), match='(123) 456-7890'>
```

　最後に、こういった番号の前にカントリーコードがあるかもしれない。

```
cnty_tele_num_space_paren_dash = '+1 (123) 456-7890'
```

```
p = '\+?1\s?\(?\d3\)?\s?\d3\s?-?\d4'
m = re.match(pattern=p, string=cnty_tele_num_space_paren_dash)
print(m)
<_sre.SRE_Match object; span=(0, 17), match='+1 (123) 456-7890'>
```

　これらの例が示すように、正規表現は強力だが、扱いにくくなりがちだ。電話番号のように単純なものが相手でも、このように記号と数字が連なる威圧的な列になってしまう。とはいえ、時には正規表現が、何かを達成する唯一の手段となる。

8.6.2　パターンを見つける

　文字列からパターンとのマッチをすべて見つけるには、findall 関数を使える。10 進数にマッチするパターンを使って、文字列からすべての 10 進数を見つけよう。

```
p = '\d+'
# 隣接する 2 つの文字列は、Python によって連結される
s = "13 Jodie Whittaker, war John Hurt, 12 Peter Capaldi, "\
    "11 Matt Smith, 10 David Tennant, 9 Christopher Eccleston"
m = re.findall(pattern=p, string=s)
print(m)
['13', '12', '11', '10', '9']
```

8.6.3　パターンを置換する

　8.4.2 項で見た str.replace の例では、衛兵（Guard）のセリフだけを全部集めるために、台本に対して直接、文字列の置換を行った。けれども、正規表現を使えば、そのパターンを汎用化して、衛兵であろうとアーサー王であろうと、セリフだけを集めることができる。

```
multi_str = """Guard: What? Ridden on a horse?
King Arthur: Yes!
Guard: You're using coconuts!
King Arthur: What?
Guard: You've got ... coconut[s] and you're bangin' 'em together.
"""

p = '\w+\s?\w+:\s?'

s = re.sub(pattern=p, string=multi_str, repl='')
print(s)
What? Ridden on a horse?
Yes!
You're using coconuts!
What?
You've got ... coconut[s] and you're bangin' 'em together.
```

そして、どちらか一方のセリフだけを取り出すには、増分付きの文字列スライスを使えばよい。

```
guard = s.splitlines()[ ::2]
kinga = s.splitlines()[1::2]  # 最初の要素をスキップ
print(guard)
['What? Ridden on a horse?', "You're using coconuts!", "You've got ...
coconut[s] and you're bangin' 'em together."]

print(kinga)
['Yes!', 'What?']
```

　このように、単純なパターンマッチの正規表現は、文字列メソッドと自由に組み合わせて利用していこう。

8.6.4　パターンをコンパイルする

　データを扱うときは、多くの操作を列ごとに、あるいは行ごとに行うことになる。Python の re モジュールでは、パターンを再利用できるようにコンパイルすることができる。これによって（データセットが大きければ）、性能上の利点も生じる。この節で見てきた例と同じことを、コンパイルしたパターンによって行う方法を見てみよう。

　この場合に使う構文は、これまでとほとんど同じだ。やはり正規表現のパターンを書くのだが、今回はパターンを変数に直接保存するのではなく、代わりに、パターンの文字列を compile 関数に渡し、その結果を保存する。そうすれば、コンパイルしたパターンを、また他の re 関数で使うことができる。さらに、すでにパターンをコンパイル済みなので、そのメソッドの中でパターンのパラメータを指定する必要がない。

　次に、match の例を示す。

```
p = re.compile('\d10')
s = '1234567890'
# コンパイル済みパターンの match メソッドを
# 呼び出す（re.match 関数を使うのではない）
m = p.match(s)
print(m)
<_sre.SRE_Match object; span=(0, 10), match='1234567890'>
```

findall 関数を使った例は次のとおりである。

```
p = re.compile('\d+')
s = "13 Jodie Whittaker, war John Hurt, 12 Peter Capaldi, "\
    "11 Matt Smith, 10 David Tennant, 9 Christopher Eccleston"
m = p.findall(s)
print(m)
['13', '12', '11', '10', '9']
```

以下は、sub 関数による置換の例である。

```
p = re.compile('\w+\s?\w+:\s?')
s = "Guard: You're using coconuts!"
m = p.sub(string=s, repl='')
print(m)
You're using coconuts!
```

8.7 regex ライブラリ

re ライブラリは、Python の正規表現ライブラリとして非常に人気が高い。これは Python に組み込まれた、この言語のデフォルトの正規表現エンジンなのだ。けれども「正規表現の達人」ならば、regex ライブラリのほうがずっと高度で、より包括的な機能セットを持つので、好ましく思うかもしれない。re ライブラリとの後方互換性があるので、8.6 節に挙げたすべてのコードは、regex ライブラリでも正しく動作するはずだ。このライブラリのドキュメントは、PyPI のページ[10] を見ていただきたい。

```
import regex
# regex ライブラリを使って、re の例を再現
p = regex.compile('\d+')
s = "13 Jodie Whittaker, war John Hurt, 12 Peter Capaldi, "\
    "11 Matt Smith, 10 David Tennant, 9 Christopher Eccleston"
m = p.findall(s)
print(m)
['13', '12', '11', '10', '9']
```

より詳しい用例と説明が、RexEgg (www.rexegg.com) に掲載されている[11]：

- Using Regular Expression with Python (http://www.rexegg.com/regex-python.html)
- The Greatest Regex Trick Ever (http://www.rexegg.com/regex-best-trick.html)

8.8 まとめ

世の中はテキストで保存されたデータに満ちている。テキスト文字列を操作する方法を理解することは、データサイエンティストにとって基礎的なスキルだ。Python には、文字列とテキストの操作が容易に行える文字列メソッドとライブラリが大量に存在する。この章では、データを扱うときに応用できるような、基礎的なメソッドと文字列操作を紹介した。

※10 regex プロジェクト：https://pypi.python.org/pypi/regex/

※11 訳注：『正規表現クックブック』（オライリー・ジャパン、2010年）には、Pythonでの書き方を含むレシピがあり、「日本語テキストへのマッチ」など、Unicodeに関する記述もある。

第9章

applyによる関数の適用

9.1　はじめに

　applyについて学ぶのは、データクリーニングというプロセスの根本に関わることだ。その学習には、プログラミングの主要な概念（主に、関数の書き方）が含まれる。applyは関数を受け取り、DataFrameオブジェクトの行または列に対して「同時に」（simultaneously）その関数を「適用」（apply）する（つまり、実行する）。プログラミングの経験がある読者には、この「適用」という概念は、お馴染みのものだろう。これは、行または列を処理するのにforループを書いて関数を呼び出すのに似ているが、applyは、その処理を同時に行う。一般に、DataFrameオブジェクトに関数を適用するには、これが好ましい方法である。なぜなら通常は、Pythonでforループを書くよりも、ずっと高速になるからだ。

・目標

　この章では、次の事項を学ぶ。

1. 関数
2. データの列または行に関数を適用する

9.2 関数

関数（function）は、`apply` 文を書くときに中心となる要素だ。関数については、もっと多くの情報を付録 O で紹介しているが、ここで簡単に紹介しよう。

関数は、Python のコードをグループ化して再利用する方法だ。コードをコピー＆ペーストして、そのコードの一部を変更した経験がないだろうか。そういう状況では、コピーしたコードを関数として書くことが、おそらく可能だろう。関数を作るには、それを「定義」（define）する必要がある。関数定義の基本的なスケルトン（骨組み）は、次のようなものだ。

```
def my_function():
    # 4 個のスペースでインデントして
    # 関数のコードを書く
```

pandas はデータ解析に使うのだから、もっと「役に立つ」関数を書いてみよう。たとえば、与えられた値を 2 乗（square）する関数や、2 つの数を受け取って平均値（average）を計算する関数だ。

```
def my_sq(x):
    """ 与えられた値を 2 乗する
    """
    return x ** 2

def avg_2(x, y):
    """2 つの数の平均値を計算する
    """
    return (x + y) / 2
```

3 個続きの引用符に囲まれたテキストは、`docstring` と呼ばれており、関数についての「ヘルプ」（help）ドキュメントを参照すると、このテキストが現れるようになる。あなたが関数のコードを書くときも、このような `docstring` を使うことで、ドキュメントを自分で記述することができる。

本書で、これまでずっと関数を使ってきたが、自分で書いた関数を使いたければ、ライブラリからロードした関数と同じように、呼び出すことができる。

```
print(my_sq(4))
|16

print(avg_2(10, 20))
|15.0
```

9.3 apply の基本

これで関数の書き方がわかったが、pandas ではどのように関数を使えばよいのだろう。DataFrame オブジェクトを扱うときは、データの行または列に対して関数を使いたい場合が多い。練習用に、2 列の DataFrame を作ろう。

```
import pandas as pd

df = pd.DataFrame({'a': [10, 20, 30],
                   'b': [20, 30, 40]})
print(df)
    a   b
0  10  20
1  20  30
2  30  40
```

われわれの関数は、1 個の Series オブジェクトに（つまり、個々の列または行に）適用できるものにしたい。まずは学習のため、'a' 列を 2 乗するのに、先ほど書いた関数を使ってみよう。

次のような単純な書き方でも、列を直接 2 乗することができる。

```
print(df['a'] ** 2)
0    100
1    400
2    900
Name: a, dtype: int64
```

だからといって、もちろん自作の関数を使うことの妨げにはならない。

9.3.1 Series に適用する

上の例で、もし 1 列または 1 行にデータを絞り込めば、取得されるオブジェクトの type は、pandas の Series になる。

```
# 最初の列をとる
print(type(df['a']))
<class 'pandas.core.series.Series'>

# 最初の行をとる
print(type(df.iloc[0]))
<class 'pandas.core.series.Series'>
```

　Series オブジェクトには、apply というメソッドがある[1]。apply メソッドを使うときは、Series オブジェクトの各要素に適用したい関数をそのメソッドに渡す。

　たとえば列 a の、それぞれの値を 2 乗したければ、次のように書ける。

```
# 自作の関数を列 a に適用
sq = df['a'].apply(my_sq)
print(sq)
0    100
1    400
2    900
Name: a, dtype: int64
```

　関数を apply メソッドに渡すときは、関数の丸カッコ () が不要だということに注意しよう。この例をもとにして、次は 2 つのパラメータを受け取る関数を書こう。第 1 のパラメータは値で、第 2 のパラメータは、その値を累乗する指数（exponent）である（my_sq 関数では、値を累乗する指数として、2 という固定値を使っていた）。

```
def my_exp(x, e):
    return x ** e
```

　この関数を使うには、次のように 2 個のパラメータを渡す必要がある。

```
cb = my_exp(2, 3)
print(cb)
8
```

　ところが、この関数を Series オブジェクトに適用するには、apply メソッドを通じて第 2 のパラメータを渡す手段が必要だ。それには、第 2 パラメータを**キーワード引数**（keyword argument）として apply に渡せばよい。

```
ex = df['a'].apply(my_exp, e=2)
print(ex)
0    100
1    400
2    900
Name: a, dtype: int64

ex = df['a'].apply(my_exp, e=3)
print(ex)
0    1000
```

---

[1]　Series.apply のドキュメント：
https://pandas.pydata.org/pandas-docs/stable/generated/pandas.Series.apply.html

```
1    8000
2   27000
Name: a, dtype: int64
```

9.3.2　DataFrame に適用する

　これで 1 次元の Series オブジェクトに関数を適用する方法がわかった。次は DataFrame オブジェクトを扱うときに、この構文がどう変わるかを見てみよう。それにも、先ほどの DataFrame の例を使う。

```
df = pd.DataFrame({'a': [10, 20, 30],
                   'b': [20, 30, 40]})
print(df)
    a   b
0  10  20
1  20  30
2  30  40
```

　DataFrame オブジェクトは、少なくとも 2 次元のデータを持つのが一般的だ。したがって、ある関数を 1 個の DataFrame オブジェクトに適用するには、まず、その関数を適用すべき軸（axis）を指定する必要がある（つまり、列ごとに処理するか、あるいは行ごとに処理するか、である）。
　まずは、1 個の値を受け取って、その値を出力する関数を書く。

```
def print_me(x):
    print(x)
```

　そして、この関数を DataFrame オブジェクトに適用する。その構文は、Series オブジェクトに対して apply メソッドを使うのと同様だが、今回は、この関数を列に適用するか、それとも行に適用するかを指定する必要がある。
　もし関数で列を扱いたければ、apply に axis=0 パラメータを渡す。関数で行を扱いたければ、apply に axis=1 パラメータを渡す。

9.3.2.1　列ごとの演算

　関数で列を処理するときは、apply の axis=0 パラメータを使う（これがデフォルトの値だ）。

```
df.apply(print_me, axis=0)
0    10
1    20
2    30
Name: a, dtype: int64
0    20
```

```
1    30
2    40
Name: b, dtype: int64
a    None
b    None
dtype: object
```

この出力を、次のものと比較しよう。

```
print(df['a'])
0    10
1    20
2    30
Name: a, dtype: int64

print(df['b'])
0    20
1    30
2    40
Name: b, dtype: int64
```

出力の内容は、まったく同じである。関数を DataFrame オブジェクトに（この場合は axis=0 で列ごとに）適用すると、その軸（たとえば列）の全体が、関数に第1引数として渡される。これを詳しく見るために、3つの数から平均値を計算する関数を書こう（われわれのデータセットは、各列が3個の数値を含んでいる）。

```
def avg_3(x, y, z):
    return (x + y + z) / 3
```

この関数を、データの列ごとに適用しようとするとエラーになる。

```
# これはエラーになる
print(df.apply(avg_3))
Traceback (most recent call last):
  File "<ipython-input-1-5ebf32ddae32>", line 2, in <module>
    print(df.apply(avg_3))
TypeError: ("avg_3() missing 2 required positional arguments: 'y' and
'z'", 'occurred at index a')
```

エラーメッセージ（最後の行）を読むと、この関数は3個の引数をとるはずなのに、y と z（第2と第3の引数）が渡されていないことがわかる。繰り返しになるが、apply メソッドを使うと**列の全体**が**第1**引数に渡されるのだ。この関数を apply メソッドで使えるようにするには、たとえば次のように書き直す必要がある。

```
def avg_3_apply(col):
    x = col[0]
    y = col[1]
    z = col[2]
    return (x + y + z) / 3

print(df.apply(avg_3_apply))
a    20.0
b    30.0
dtype: float64
```

9.3.2.2　行ごとの演算

apply メソッドの行ごとの演算も、列ごとの演算と同様に機能する。違うのは軸(axis)だ。そこで、今度は apply メソッドで axis=1 を使う。これで、関数の第 1 引数として、列全体ではなく行全体が使われる。

テスト用の DataFrame オブジェクトは 2 列 3 行なのだから、先ほど書いた avg_3_apply 関数を、行ごとの演算に使うことはできない。次のようなエラーが出力される。

```
# エラーになる
print(df.apply(avg_3_apply, axis=1))
Traceback (most recent call last):
  File "/home/dchen/anaconda3/envs/book36/lib/python3.6/sitepackages/
pandas/core/indexes/base.py", line 2477, in get_value
      tz=getattr(series.dtype, 'tz', None))
KeyError: 2

During handling of the above exception, another exception occurred:

Traceback (most recent call last):
  File "<ipython-input-1-8e6ba41f3975>", line 2, in <module>
    print(df.apply(avg_3_apply, axis=1))
IndexError: ('index out of bounds', 'occurred at index 0')
```

ここでの主な問題は、'index out of bounds'（境界外のインデックス）だ。データの行を第 1 引数として渡したら、関数で使っているインデックスが境界外の値になった。つまり、各行に値が 2 個しかないのに、インデックス 2 を取得しようとした。これは第 3 の要素という意味だが、それは存在しない。もし行ごとの平均値を計算したければ、次のように新しい関数を書く必要があるだろう。

```
def avg_2_apply(row):
    x = row[0]
    y = row[1]
    return (x + y) / 2
```

```
print(df.apply(avg_2_apply, axis=1))
0    15.0
1    25.0
2    35.0
dtype: float64
```

9.4　apply の応用

　これまでの例では、apply の働きを見るため、テスト用の小さなデータセットを使ってきた。そして、関数を apply で使えるように、まずテストしてから書き換えた。必要なだけ多くの入力を受け取る関数を書き、さらに 1 個の引数（行全体や列全体）を受け取る関数に変換し、その成分を関数本体の中で抽出する方法を示したわけだ。9.5 節では、既存の関数を apply で使えるようにする、もう 1 つの方法を示すが、その前に、もっと現実的な例を示してみよう。

　seaborn ライブラリには、titanic データセットが付随している。これには「タイタニック号」沈没事故で、どんな人々が生き延びたかに関するデータが含まれている。

```
import seaborn as sns

titanic = sns.load_dataset("titanic")
```

　どんなデータセットについても最初に行うことだが、まずは info を使って、データの基本的な性質を見ておこう [2]。

```
print(titanic.info())
<class 'pandas.core.frame.DataFrame'>
RangeIndex: 891 entries, 0 to 890
Data columns (total 15 columns):
survived        891 non-null int64
pclass          891 non-null int64
sex             891 non-null object
age             714 non-null float64
sibsp           891 non-null int64
parch           891 non-null int64
fare            891 non-null float64
embarked        889 non-null object
class           891 non-null category
who             891 non-null object
adult_male      891 non-null bool
deck            203 non-null category
embark_town     889 non-null object
alive           891 non-null object
alone           891 non-null bool
```

[2]　訳注：列名の意味については、Kaggle関連の日本語記事に考察がある。詳しく知りたい人は、pclass sibsp parchなどで検索していただきたい。

```
dtypes: bool(2), category(2), float64(2), int64(4), object(5)
memory usage: 80.6+ KB
None
```

　このデータセットは、891 行 15 列である。ほとんどすべてのセルに値が入っている。891 の値のうち、そういう完全なケース（complete case）が、age には 714 件、deck には 203 件ある。apply を使う解析の 1 つは、このデータに null または NaN の値がいくつあるかを計算し、各列または各行における完全なケースの比率を求めることだ。いくつか関数を書いてみよう。

1. 欠損値の数を求める

```python
# numpy の sum 関数を使う
import numpy as np

def count_missing(vec):
    """ ベクトルにある欠損値の数を数える
    """
    # 値が欠損しているかどうかを示す、
    # 真偽値のベクトルをとる
    null_vec = pd.isnull(vec)

    # null の値は sum に影響を与えない
    # null_vec に対する sum の計算で欠損値の数がわかる
    null_count = np.sum(null_vec)

    # ベクトルにある欠損値の数を返す
    return null_count
```

2. 欠損率を求める

```python
def prop_missing(vec):
    """ ベクトルで欠損値が占める比率
    """
    # 分子（numerator）は欠損値の数
    # 上で定義した count_missing 関数を使う！
    num = count_missing(vec)

    # 分母（denominator）はベクトルにある値の総数
    # これには欠損値も含まれる
    dem = vec.size

    # 欠損値の比率（proportion）を返す
    return num / dem
```

3. 完全なケースの比率

```python
def prop_complete(vec):
    """ ベクトルで非欠損値が占める比率
    """
    # すでに書いた prop_missing 関数を利用し、
    # その値を 1 から差し引く
    return 1 - prop_missing(vec)
```

numpy と pandas の関数が素晴らしいのは、その多くが（全部ではなくても）ベクトルに使えるということだ。先ほど書いた自作の関数は、2 個あるいは 3 個の値から平均値を計算していたが、pd.isnull や np.sum には、いくつでも要素を渡すことができ、それらに対応する値を関数が計算してくれる。これらの「ベクトル化された関数」（9.5 節）は、1 個のベクトルを対象とするので、そこに情報がいくつあっても処理することが可能だ。

9.4.1 列ごとの演算

新たに作成した関数群を、データの各列に使ってみよう。

```python
cmis_col = titanic.apply(count_missing)

pmis_col = titanic.apply(prop_missing)

pcom_col = titanic.apply(prop_complete)

print(cmis_col)
survived        0
pclass          0
sex             0
age           177
sibsp           0
parch           0
fare            0
embarked        2
class           0
who             0
adult_male      0
deck          688
embark_town     2
alive           0
alone           0
dtype: int64

print(pmis_col)
survived     0.000000
pclass       0.000000
sex          0.000000
age          0.198653
```

```
  sibsp         0.000000
  parch         0.000000
  fare          0.000000
  embarked      0.002245
  class         0.000000
  who           0.000000
  adult_male    0.000000
  deck          0.772166
  embark_town   0.002245
  alive         0.000000
  alone         0.000000
  dtype: float64

print(pcom_col)
  survived      1.000000
  pclass        1.000000
  sex           1.000000
  age           0.801347
  sibsp         1.000000
  parch         1.000000
  fare          1.000000
  embarked      0.997755
  class         1.000000
  who           1.000000
  adult_male    1.000000
  deck          0.227834
  embark_town   0.997755
  alive         1.000000
  alone         1.000000
  dtype: float64
```

　この情報で、何が可能になるだろうか。欠損値の数が判明したので、ある列を解析に利用できる
かどうかの判断に使えるはずだ。たとえば、embark_town（乗船した港町）の列には、欠損値が2
つしかない。その2つの行を見れば、これらの値がランダムに欠損したのか、それとも何か理由が
あって欠損したのかを、調べることができるだろう。

```
print(titanic.loc[pd.isnull(titanic.embark_town), :])
     survived   pclass     sex    age  sibsp  parch   fare embarked  \
61          1        1  female   38.0      0      0   80.0      NaN
829         1        1  female   62.0      0      0   80.0      NaN

      class    who  adult_male  deck  embark_town alive  alone
61    First  woman       False     B          NaN   yes   True
829   First  woman       False     B          NaN   yes   True
```

　もう1つの観察結果を挙げるとすれば、変数deckでは688件（77.2％）の値が欠損している。
だから、これ以上は調べずに「この変数は解析に使わないでおこう」と判断して差し支えない。

9.4.2 行ごとの演算

われわれの関数群はベクトル化されているから、データの各行（axis=1）に対して、変更せずに適用できる。

```python
cmis_row = titanic.apply(count_missing, axis=1)

pmis_row = titanic.apply(prop_missing, axis=1)

pcom_row = titanic.apply(prop_complete, axis=1)

print(cmis_row.head())
0    1
1    0
2    1
3    0
4    1
dtype: int64

print(pmis_row.head())
0    0.066667
1    0.000000
2    0.066667
3    0.000000
4    0.066667
dtype: float64

print(pcom_row.head())
0    0.933333
1    1.000000
2    0.933333
3    1.000000
4    0.933333
dtype: float64
```

ここで実行できる解析の1つは、データの中に複数の欠損値を持つ行が、どのくらいあるかだ。

```python
print(cmis_row.value_counts())
1    549
0    182
2    160
dtype: int64
```

ここでは行ごとに apply を使っているので、これらの値（欠損値の数）を含む新しい列（num_missing）を作ることもできる。

```python
titanic['num_missing'] = titanic.apply(count_missing, axis=1)
```

```
print(titanic.head())
    survived pclass     sex   age  sibsp  parch      fare embarked  \
0          0      3    male  22.0      1      0    7.2500        S
1          1      1  female  38.0      1      0   71.2833        C
2          1      3  female  26.0      0      0    7.9250        S
3          1      1  female  35.0      1      0   53.1000        S
4          0      3    male  35.0      0      0    8.0500        S

    class    who  adult_male deck  embark_town alive  alone  \
0  Third    man        True  NaN  Southampton    no  False
1  First  woman       False    C    Cherbourg   yes  False
2  Third  woman       False  NaN  Southampton   yes   True
3  First  woman       False    C  Southampton   yes  False
4  Third    man        True  NaN  Southampton    no   True

    num_missing
0            1
1            0
2            1
3            0
4            1
```

そして、複数の欠損値を持つ行を見ることもできる。この本で印刷するには、複数の欠損値を持つ行が多すぎるので、結果をランダムにサンプリングしておこう。

```
print(titanic.loc[titanic.num_missing > 1, :].sample(10))
     survived pclass     sex  age  sibsp  parch     fare embarked  \
470         0      3    male  NaN      0      0   7.2500        S
468         0      3    male  NaN      0      0   7.7250        Q
464         0      3    male  NaN      0      0   8.0500        S
65          1      3    male  NaN      1      1  15.2458        C
330         1      3  female  NaN      2      0  23.2500        Q
109         1      3  female  NaN      1      0  24.1500        Q
121         0      3    male  NaN      0      0   8.0500        S
639         0      3    male  NaN      1      0  16.1000        S
48          0      3    male  NaN      2      0  21.6792        C
837         0      3    male  NaN      0      0   8.0500        S

     class    who  adult_male deck  embark_town alive  alone  \
470  Third    man        True  NaN  Southampton    no   True
468  Third    man        True  NaN   Queenstown    no   True
464  Third    man        True  NaN  Southampton    no   True
65   Third    man        True  NaN    Cherbourg   yes  False
330  Third  woman       False  NaN   Queenstown   yes  False
109  Third  woman       False  NaN   Queenstown   yes  False
121  Third    man        True  NaN  Southampton    no   True
639  Third    man        True  NaN  Southampton    no  False
48   Third    man        True  NaN    Cherbourg    no  False
837  Third    man        True  NaN  Southampton    no   True

     num_missing
470            2
```

```
468          2
464          2
65           2
330          2
109          2
121          2
639          2
48           2
837          2
```

9.5 関数のベクトル化

apply を使うと、関数を列ごと、または行ごとに適用できる。ただし 9.3 節では、適用したい関数を書き直す必要があった。それは、関数の第 1 引数として、列や行の全体が渡されるからだった。けれども、関数を書き直せない場合もあるだろう。vectorize 関数とデコレータ(decorator。詳細は後述)を使うと、どんな関数でもベクトル化できる。そしてコードをベクトル化すると、性能が向上する可能性がある(17.2.1 項を参照)。

まずは再びテスト用の DataFrame オブジェクトを示す。

```
df = pd.DataFrame({'a': [10, 20, 30],
                   'b': [20, 30, 40]})
print(df)
    a   b
0  10  20
1  20  30
2  30  40
```

最初に書いた次の平均(average)関数を、行ごとに適用できるようにしよう。

```
def avg_2(x, y):
    return (x + y) / 2
```

ベクトル化した関数には、x の値のベクトルと、y の値のベクトルを渡せるようにしたい。また、結果として、与えられた x と y の平均値を、同じ順序で返すようにしたい。言い換えると、avg_2(df['a'], df['b']) と書けるようにし、それぞれの結果として [15, 25, 35] を得られるようにしたい。

```
print(avg_2(df['a'], df['b']))
0    15.0
1    25.0
2    35.0
dtype: float64
```

このアプローチを使えるのは、関数の内部で行われる計算の性質が、もともとベクトル化に適しているからだ。つまり、2 つの数値型の列を加算するようにコードを書けば、pandas は（そして numpy も）自動的に、要素ごとの加算を実行する。同様に、スカラーによる除算を行うようにすると、そのスカラーがブロードキャストされ、それぞれの要素が同じスカラーで除算される。

試しに関数を書き換えて、ベクトル化できない計算を行うようにしてみる。

```python
import numpy as np
def avg_2_mod(x, y):
    """x が 20 でなければ平均値を計算する
    """
    if (x == 20):
        return(np.NaN)
    else:
        return (x + y) / 2
```

この関数を次のように実行したら、エラーになるだろう。

```python
# エラーを起こす
print(avg_2_mod(df['a'], df['b']))
Traceback (most recent call last):
  File "<ipython-input-1-cb2743ef2888>", line 2, in <module>
    print(avg_2_mod(df['a'], df['b']))
ValueError: The truth value of a Series is ambiguous. Use a.empty,
a.bool(), a.item(), a.any() or a.all().
```

けれども、ベクトルではなく数値を渡せば、期待したように動作する。

```python
print(avg_2_mod(10, 20))
15.0

print(avg_2_mod(20, 30))
nan
```

9.5.1　NumPy を使ったベクトル化

われわれの関数を書き換えて、もし値のベクトルを渡されたら要素ごとの計算を行うようにしたい。それには、numpy の vectorize 関数が使える。np.vectorize に対して、ベクトル化したい**関数を渡す**ことで、新しい関数を作るのだ。

```python
# np.vectorize により、実際には新しい関数を作る
```

```
avg_2_mod_vec = np.vectorize(avg_2_mod)
print(avg_2_mod_vec(df['a'], df['b']))
[ 15. nan 35.]
```

　この方法は、既存の関数のソースコードがなくてもかまわない。ただし、自分で関数を書いている場合は、Python のデコレータ（decorator）を使うことで、新しい関数を作成せずに、既存の関数を「自動的に」ベクトル化することが可能だ。デコレータは、もう 1 つの関数を入力として受け取り、その関数の出力が、どのように振る舞うかを変更する「関数」である[3]。

```
# デコレータを使ってベクトル化するには、
# 関数定義の前に @ 記号を使う
@np.vectorize
def v_avg_2_mod(x, y):
    """x が 20 でなければ平均値を計算する。
    前と同様だが、デコレータでベクトル化する
    """
    if (x == 20):
        return(np.NaN)
    else:
        return (x + y) / 2

# 上記のように書くことで、新しい関数を作ることなく
# ベクトル化した関数を直接使える
print(v_avg_2_mod(df['a'], df['b']))
[ 15. nan 35.]
```

9.5.2　numba を使ったベクトル化

　numba ライブラリ[4] は、特に配列に対して数値計算を実行する Python のコードを最適化するよう設計されている。numpy と同じく、このライブラリにも vectorize デコレータがある。

```
import numba

@numba.vectorize
def v_avg_2_numba(x, y):

    """x が 20 でなければ平均値を計算する。
    numba のデコレータを使う場合
    """
    # 関数に型情報を追加する必要がある
    if (int(x) == 20):
        return(np.NaN)
```

※3　訳注：デコレータは関数のラッパーだ。その式の文法は、Python 言語リファレンスの「関数定義」を参照：
https://docs.python.org/ja/3/reference/compound_stmts.html#function-definitions

※4　Numba：https://numba.pydata.org/

```
    else:
        return (x + y) / 2
```

ただし、numba は pandas のオブジェクトを認識できない。

```
print(v_avg_2_numba(df['a'], df['b']))
Traceback (most recent call last):
  File "<ipython-input-1-b03c5b533ae5>", line 2, in <module>
    print(v_avg_2_numba(df['a'], df['b']))
ValueError: cannot determine Numba type of <class
'pandas.core.series.Series'>
```

このため、データの「NumPy 配列」表現を渡す必要がある（付録 R）。

```
# numpy array を渡す
print(v_avg_2_numba(df['a'].values, df['b'].values))
[ 15. nan 35.]
```

9.6 ラムダ関数

apply メソッドの中で使う関数が十分にシンプルなときは、別の関数を作る必要がないかもしれない。一例を示そう。

```
docs = pd.read_csv('../data/doctors.csv', header=None)
```

すべての文字（単語文字と空白文字）を行から抽出し、それらの値をデータの新しい列 **'name'** に代入するパターンを書くことができる。そのような関数を書いて、これまでの例で行ったようにデータに適用することは可能だ。

```
import regex

p = regex.compile('\w+\s+\w+')

def get_name(s):
    return p.match(s).group()

docs['name_func'] = docs[0].apply(get_name)
print(docs)
                         0              name_func
0    William Hartnell (1963-66)    William Hartnell
1    Patrick Troughton (1966-69)   Patrick Troughton
2        Jon Pertwee (1970 74)         Jon Pertwee
```

```
3      Tom Baker (1974-81)              Tom Baker
4    Peter Davison (1982-84)          Peter Davison
5      Colin Baker (1984-86)            Colin Baker
6  Sylvester McCoy (1987-89)        Sylvester McCoy
7        Paul McGann (1996)             Paul McGann
8  Christopher Eccleston (2005)  Christopher Eccleston
9     David Tennant (2005-10)          David Tennant
10       Matt Smith (2010-13)             Matt Smith
11   Peter Capaldi (2014-2017)        Peter Capaldi
12   Jodie Whittaker (2017)         Jodie Whittaker
```

けれども、今回の関数は 1 行だけの単純なものだ。こういう場合、その 1 行を apply メソッドの中に直接書くほうが、普通は好ましいとされる。それが、**ラムダ関数**（lambda function）と呼ばれる方法だ。上に示したのと同じ操作は、次の書き方で実行できる。

```
docs['name_lamb'] = docs[0].apply(lambda x: p.match(x).group())
print(docs)
                             0                 name_func  \
0      William Hartnell (1963-66)      William Hartnell
1    Patrick Troughton (1966-69)    Patrick Troughton
2          Jon Pertwee (1970 74)          Jon Pertwee
3        Tom Baker (1974-81)              Tom Baker
4      Peter Davison (1982-84)          Peter Davison
5        Colin Baker (1984-86)            Colin Baker
6    Sylvester McCoy (1987-89)        Sylvester McCoy
7          Paul McGann (1996)             Paul McGann
8  Christopher Eccleston (2005)  Christopher Eccleston
9       David Tennant (2005-10)          David Tennant
10         Matt Smith (2010-13)             Matt Smith
11     Peter Capaldi (2014-2017)        Peter Capaldi
12     Jodie Whittaker (2017)         Jodie Whittaker

                 name_lamb
0         William Hartnell
1        Patrick Troughton
2              Jon Pertwee
3                Tom Baker
4            Peter Davison
5              Colin Baker
6          Sylvester McCoy
7              Paul McGann
8    Christopher Eccleston
9            David Tennant
10              Matt Smith
11           Peter Capaldi
12         Jodie Whittaker
```

ラムダ関数を書くには、キーワード lambda を使う。apply 関数は軸全体を第 1 引数として渡すので、われわれの lambda 関数は、ただ 1 個のパラメータである x を受け取る。その後に、関数を直接書くことができ、あらかじめ定義しておく必要がない。計算された結果は自動的に返される。

　複数行にわたる複雑なラムダ関数を書くことも可能だが、ラムダ関数によるアプローチは、小さな 1 行の計算が必要なときに使うのが典型的だ。もしラムダ関数で、あまりにも多くのことを一度に行おうとしたら、読みにくいコードになるだろう。

9.7　まとめ

　この章では、重要なコンセプトを扱った。それは、われわれのデータに対して使える関数を作る、ということだ。データをクリーニングするステップも、データの操作も、組み込み関数を使ってすべてを実行できるとは限らない。データを処理し解析するために、あなた自身のカスタム関数を書く必要が、（たぶん何度となく）生じるだろう。

第10章

groupby演算による
分割-適用-結合

10.1 はじめに

グループ演算（grouped operations）は、データを集約し変換しフィルタリングする強力な方法だ。グループ演算は、以下のように「分割 - 適用 - 結合」のコンセプトに基づいて行われる。

1. データを、キーによって複数の部分に分割（split）する。
2. データの各部に関数を適用（apply）する。
3. 各部からの結果を結合（combine）して、新しいデータセットを作る。

これが強力だという理由は、元のデータを、それぞれ独立した部分に分割して計算を実行できるからだ。データベースの仕事をした人は、pandas の groupby を、SQL の GROUP BY と同じように機能するものとして理解できるだろう。「分割 - 適用 - 結合」のコンセプトは「ビッグデータ」のシステムでも広く使われている。そのようなシステムでは分散コンピューティングが実現され、データは独立したパーツに分割されて、それぞれ別のサーバにディスパッチされ、そこで関数が適用されてから、その結果が再び結合される。

この章で示すテクニックは、どれも groupby メソッドを使わずに行うこともできる。その方法はたとえば次のとおり。

- 集約（aggregation）は、DataFrame オブジェクトから条件を満たす部分集合を抽出することで実行できる。

・変換（transformation）は、別の関数に列を渡すことによって実行できる。
・フィルタリング（filtering）も、条件による抽出で実行できる。

　とはいえ、groupby 文を使ってデータを処理すれば、コードは高速化され、複数グループの作成に大きな柔軟性が得られ、分散システムや並列システムでより大きなデータセットがすぐにでも扱えるようになる。

・**目標**

この章では、次の事項を学ぶ。

1. データを集約し、変換し、フィルタリングするための groupby 演算
2. groupby 演算を実行するための、組み込み関数とカスタム（自作）のユーザー関数

10.2　集約

　集約（aggregation）は、複数の値を受け取って 1 個の値を返すプロセスだ。たとえば算術平均の計算も集約の一種であり、複数の値から 1 個の平均値が得られる。

10.2.1　1 個の変数で分割する基本的な集約

　1.4.1 項では、ギャップマインダーのデータセットを使って、グループの平均値を計算する方法を示した。各年度のデータから余命の平均を計算し、それをプロットしたが、それもデータ集約のために groupby 演算を使う例の 1 つだった。つまり、groupby 文を使って、要約統計量（summary statistic）である平均値を、それぞれの年のすべての値から計算したのだ。

　集約は、時に要約（summarization）とも呼ばれる。どちらの用語も、何らかの形でデータが縮小されることを意味する。たとえば要約統計量（平均値など）を計算するときは、複数の値を受け取って、それらを 1 個の値で置き換える。するとデータの量が小さくなるのだ。

```
# gapminder データセットをロードする
import pandas as pd
df = pd.read_csv('../data/gapminder.tsv', sep='\t')

# それぞれの年で、余命の平均を計算する
avg_life_exp_by_year = df.groupby('year').lifeExp.mean()
print(avg_life_exp_by_year)
 year
 1952    49.057620
 1957    51.507401
 1962    53.609249
 1967    55.678290
 1972    57.647386
 1977    59.570157
```

```
1982     61.533197
1987     63.212613
1992     64.160338
1997     65.014676
2002     65.694923
2007     67.007423
Name: lifeExp, dtype: float64
```

　上記の groupby 文では、lifeExp 列を抽出するのにドット記法を使っている。これは角カッコを使う記法による抽出と、まったく同じだ。

```
avg_life_exp_by_year = df.groupby('year')['lifeExp'].mean()
```

　groupby 文は、ある列からユニークな値（重複のない値）を抜き出して（あるいは、複数の列からユニークなペアを抜き出して）、その部分集合を作るものと考えることができる。たとえば、列からユニークな値のリストを取得したとしよう。

```
# データから、ユニークな（重複のない）年のリストを得る
years = df.year.unique()
print(years)
[1952 1957 1962 1967 1972 1977 1982 1987 1992 1997 2002 2007]
```

　次に、これらの各年度をもとに、データを抽出する。

```
# 1952 年度のデータを抽出
y1952 = df.loc[df.year == 1952, :]
print(y1952.head())
       country continent  year  lifeExp       pop   gdpPercap
0  Afghanistan      Asia  1952   28.801   8425333  779.445314
12     Albania    Europe  1952   55.230   1282697 1601.056136
24     Algeria    Africa  1952   43.077   9279525 2449.008185
36      Angola    Africa  1952   30.015   4232095 3520.610273
48   Argentina  Americas  1952   62.485  17876956 5911.315053
```

　そして最後に、データの部分集合に対して関数を実行する。ここでは lifeExp の平均値をとる。

```
y1952_mean = y1952.lifeExp.mean()
print(y1952_mean)
49.0576197183
```

　groupby 文は、要するに、このようなプロセスを各年度のデータについて繰り返し行った上で、すべての結果を1個の DataFrame オブジェクトに入れて返してくれるのだ。

　もちろん、集約に使える関数の種類は mean だけではない。pandas には、groupby 文とともに利用できる組み込みメソッドが、数多く存在する。

10.2.2　組み込みの集約メソッド

　表 10.1 に、データの集約に使える pandas の組み込みメソッドの一部を示す。

表 10.1　groupby とともに使えるメソッドと関数

pandas のメソッド	numpy/scipy の関数	説明
count	np.count_nonzero	頻度（NaN の値を含まない）
size	—	頻度（NaN の値を含む）
mean	np.mean	平均値
std	np.std	標本標準偏差
min	np.min	最小値
quantile(q=0.25)	np.percentile(q=0.25)	25% 点の値（第 1 四分位数）
quantile(q=0.50)	np.percentile(q=0.50)	50% 点の値（中央値）
quantile(q=0.75)	np.percentile(q=0.75)	75% 点の値（第 3 四分位数）
max	np.max	最大値
sum	np.sum	値の合計
var	np.var	不偏分散
sem	scipy.stats.sem	平均値の不偏標準誤差
describe	scipy.stats.describe	count, mean, std, min, 25%, 50%, 75%, max が返す値
first	—	最初の行を返す
last	—	最後の行を返す
nth	—	n 番目の行を返す（0 から数えて）

　たとえば describe では、複数の要約統計量を同時に計算できる。

```
# 大陸でグループ化し、それぞれのグループについて計算
continent_describe = df.groupby('continent').lifeExp.describe()
print(continent_describe)
            count       mean        std     min       25%       50%  \
continent
Africa      624.0  48.865330   9.150210  23.599  42.37250  47.7920
Americas    300.0  64.658737   9.345088  37.579  58.41000  67.0480
Asia        396.0  60.064903  11.864532  28.801  51.42625  61.7915
Europe      360.0  71.903686   5.433178  43.585  69.57000  72.2410
Oceania      24.0  74.326208   3.795611  69.120  71.20500  73.6650


                75%      max
continent
Africa      54.41150  76.442
Americas    71.69950  80.653
Asia        69.50525  82.603
Europe      75.45050  81.757
Oceania     77.55250  81.235
```

10.2.3 集約関数

表 10.1 で「pandas のメソッド」の列に示していない集約関数も、使うことができる。それには集約メソッドを直接呼び出す代わりに、agg または aggregate メソッドを呼び出して、使いたい集約関数をそれに渡せばよい。ただし、agg または aggregate の場合は、表 10.1 の「numpy/scipy 関数」を使うことになる。

10.2.3.1 他のライブラリの関数

agg または aggregate を用いる場合、たとえば numpy ライブラリの mean 関数を使うことができる。

```python
# numpy ライブラリをインポート
import numpy as np

# 大陸ごとに平均余命を計算
# ただし np.mean 関数を使う

cont_le_agg = df.groupby('continent').lifeExp.agg(np.mean)
print(cont_le_agg)
  continent
  Africa      48.865330
  Americas    64.658737
  Asia        60.064903
  Europe      71.903686
  Oceania     74.326208
  Name: lifeExp, dtype: float64

# agg と aggregate は同じように処理する
cont_le_agg2 = df.groupby('continent').lifeExp.aggregate(np.mean)
print(cont_le_agg2)
  continent
  Africa      48.865330
  Americas    64.658737
  Asia        60.064903
  Europe      71.903686
  Oceania     74.326208
  Name: lifeExp, dtype: float64
```

10.2.3.2 カスタムのユーザー関数

pandas も他のライブラリも対応していない計算を実行したい場合は、その計算を実装する関数を書いて、それを集約に使うことができる。

ここでは、平均値を求める関数を自作してみよう。以下が自作した算術平均（mean）の関数である。

$$mean = \overline{x} = \frac{1}{n}\sum_{i=1}^{n} x_i \qquad (10.1)$$

```
def my_mean(values):
    """ 平均値を計算する自作の関数
    """
    # 分母として値の総数を求める
    n = len(values)

    # sum を 0 で初期化
    sum = 0
    for value in values:
        # 値を sum に加算していく
        sum += value

    # sum を値の総数で割った値を返す
    return(sum / n)
```

今書いた関数が、パラメータを 1 個（values）しか取らないことに注目しよう。この関数に渡されるのは、値の Series オブジェクト（ベクトル）全体である。そのため、値の総和を求めるために反復処理をする必要がある。

ただし、この関数の sum は、values.sum() を使って計算できる。そのほうが、この for ループで書く方法よりも、欠損値の扱いが優れている（計算から除外される）。

このカスタム関数は、np.mean と同じく、agg または aggregate メソッドに対して、そのまま渡すことができる。

```
agg_my_mean = df.groupby('year').lifeExp.agg(my_mean)
print(agg_my_mean)
year
1952    49.057620
1957    51.507401
1962    53.609249
1967    55.678290
1972    57.647386
1977    59.570157
1982    61.533197
1987    63.212613
1992    64.160338
1997    65.014676
2002    65.694923
2007    67.007423
Name: lifeExp, dtype: float64
```

複数のパラメータをとる関数を書くことも可能だ。関数は第 1 パラメータとして、DataFrame オブジェクトから値の Series オブジェクトをとる必要があるが、その他の引数はキーワードとして agg または aggregate に渡すことができる。

次に示す例の my_mean_diff は、計算しておいた全体の平均値 diff_value を、個々のグループの平均値から差し引くものである。

```
def my_mean_diff(values, diff_value):
    """ 平均値と diff_value の差を求める
    """
    n = len(values)
    sum = 0
    for value in values:
        sum += value
    mean = sum / n
    return(mean - diff_value)

# 全体の平均値を計算
global_mean = df.lifeExp.mean()
print(global_mean)
59.4744393662

# 複数のパラメータを持つカスタム集約関数
agg_mean_diff = df.groupby('year').lifeExp.\
    agg(my_mean_diff, diff_value=global_mean)
print(agg_mean_diff)
year
1952    -10.416820
1957     -7.967038
1962     -5.865190
1967     -3.796150
1972     -1.827053
1977      0.095718
1982      2.058758
1987      3.738173
1992      4.685899
1997      5.540237
2002      6.220483
2007      7.532983
Name: lifeExp, dtype: float64
```

10.2.4 複数の関数を同時に計算する

複数の集約関数を同時に計算したいときは、それぞれの関数を Python の list に入れ、それを agg または aggregate に渡すことができる。このように使える関数の例は、表 10.1 の「numpy/scipy の関数」に示している。

```
# 年ごとに、lifeExp の度数、平均、標準偏差を計算する
gdf = df.groupby('year').lifeExp.agg([np.count_nonzero, np.mean, np.std])
print(gdf)
      count_nonzero       mean        std
year
1952          142.0  49.057620  12.225956
1957          142.0  51.507401  12.231286
1962          142.0  53.609249  12.097245
1967          142.0  55.678290  11.718858
```

```
 1972          142.0  57.647386  11.381953
 1977          142.0  59.570157  11.227229
 1982          142.0  61.533197  10.770618
 1987          142.0  63.212613  10.556285
 1992          142.0  64.160338  11.227380
 1997          142.0  65.014676  11.559439
 2002          142.0  65.694923  12.279823
 2007          142.0  67.007423  12.073021
```

10.2.5　agg/aggregate で dict を使う

　agg または aggregate メソッドに関数を適用するには、ほかにも方法がある。たとえば agg に Python の辞書を渡すという方法だ。ただし、DataFrame に対して直接集約する場合と、1 個の Series オブジェクトに対して集約する場合では結果が異なり、後者のアプローチは旧式とみなされている。

10.2.5.1　DataFrame に対して dict を指定する

　グループ化された DataFrame に対して dict を指定するとき、辞書のキーは DataFrame の列であり、辞書の値は集約計算に使う関数である。このアプローチでは、1 個かそれ以上の変数によるグループ化が可能であり、それぞれの列に対して異なる集約関数を同時に適用することができる。

```
# DataFrame オブジェクトに対し、辞書を使って、年ごとに
# 複数の列を集約し、余命の平均値、総人口の中央値、
# 1 人当たりの GDP の中央値を計算する
gdf_dict = df.groupby('year').agg({
    'lifeExp': 'mean',
    'pop': 'median',
    'gdpPercap': 'median'
})
print(gdf_dict)
         lifeExp          pop    gdpPercap
year
1952   49.057620    3943953.0  1968.528344
1957   51.507401    4282942.0  2173.220291
1962   53.609249    4686039.5  2335.439533
1967   55.678290    5170175.5  2678.334741
1972   57.647386    5877996.5  3339.129407
1977   59.570157    6404036.5  3798.609244
1982   61.533197    7007320.0  4216.228428
1987   63.212613    7774861.5  4280.300366
1992   64.160338    8688686.5  4386.085502
1997   65.014676    9735063.5  4781.825478
2002   65.694923   10372918.5  5319.804524
2007   67.007423   10517531.0  6124.371109
```

10.2.5.2 Series に対して dict を指定する

かつては、groupby 後の Series に dict を渡すことによってその要約統計量を直接計算し、辞書のキーを新しい列名にすることができた。けれども、この記法は、10.2.5.1 の例で示したような、グループ化された DataFrame に dict を渡すときの振る舞いとは一貫性がない。グループ化された Series の計算において、出力にユーザー定義の列名を使いたければ、処理の後で列名を rename 関数で変更する必要がある。

```
gdf = df.groupby('year')['lifeExp'].\
    agg([np.count_nonzero,
        np.mean,
        np.std,]).\
    rename(columns={'count_nonzero': 'count', 'mean': 'avg', 'std': 'std_dev'}).\
    reset_index()   # 平坦化した DataFrame オブジェクトを返す
print(gdf)
    year  count        avg     std_dev
0   1952  142.0  49.057620  12.225956
1   1957  142.0  51.507401  12.231286
2   1962  142.0  53.609249  12.097245
3   1967  142.0  55.678290  11.718858
4   1972  142.0  57.647386  11.381953
5   1977  142.0  59.570157  11.227229
6   1982  142.0  61.533197  10.770618
7   1987  142.0  63.212613  10.556285
8   1992  142.0  64.160338  11.227380
9   1997  142.0  65.014676  11.559439
10  2002  142.0  65.694923  12.279823
11  2007  142.0  67.007423  12.073021
```

10.3　変換（transform）

データを変換するときは、DataFrame オブジェクトから値を関数に渡す。すると、その関数が、渡されたデータを変換（transform）する。複数の値を受け取って 1 個の（集約された）値を返す aggregate と違って、transform は、複数の値を受け取って、それらの値を 1 対 1 で変換したものを返す。したがってデータの量を減らすわけではない。

10.3.1　標準スコアの例

年ごとの余命データの、z スコア（標準スコア）を計算しよう。z スコア（z-score）は、データの平均値を 0、標準偏差を 1 として、変数を変換することで得られる。このテクニックでデータを標準化すれば、さまざまな変数を比較しやすくなる。

z スコアの計算式は次のとおり。

$$z = \frac{x - \mu}{\sigma} \qquad (10.2)$$

・x は、データセットにおけるデータポイント。

・μ は平均値で、式 10.1 によって計算する。

・σ は標準偏差（分散の平方根）で、式 10.3 によって計算する[1]。

$$\sigma = \sqrt{\frac{1}{n} \sum_{i=1}^{n} (x_i - \mu)^2} \qquad (10.3)$$

では、z スコアを計算する Python の関数を書こう。

```python
def my_zscore(x):
    ''' 与えられたデータの z スコアを計算する。
    'x' は値のベクトル（あるいは Series オブジェクト）
    '''
    return((x - x.mean()) / x.std())
```

この関数を使って、余命データをグループごとに変換することができる。

```python
transform_z = df.groupby('year').lifeExp.transform(my_zscore)
```

元の DataFrame オブジェクトと、transform_z の寸法とを比較しよう。前者の行数と後者のデータ数は同じだ。

```python
# データの行数に注目
print(df.shape)
|(1704, 6)

# 変換したデータに含まれる値の数に注目
print(transform_z.shape)
|(1704,)
```

scipy ライブラリには、独自の zscore 関数がある。その zscore 関数を、groupby ではなく

---

[1] 監訳注：この後で扱う scipyt.stats の zscore 関数は、デフォルトでは式10.3に従う標準偏差 σ を計算する。これはデフォルトでは zscore 関数の引数 ddof=0 と設定されているためである。ddof は自由度を表し、ddof=0 のときは式10.3の右辺において平方根の内部で分散を1/n で割ることに対応する。

一方で、pandas.DataFrame.std や pandas.Series.std においては、デフォルトでは引数 ddof=1 と設定されている。これは式10.3の右辺において平方根の内部で分散を(n-1)で割ることに対応する。

groupby transform の中で、使ってみよう。

```
# scipy.stats から zscore 関数をインポート
from scipy.stats import zscore

# グループごとの zscore を計算
sp_z_grouped = df.groupby('year').lifeExp.transform(zscore)

# グループ化なしで zscore を計算
sp_z_nogroup = zscore(df.lifeExp)
```

次のように、これらの zscore の値は、すべてが異なる。

```
# グループごとの my_zscore
print(transform_z.head())
0    -1.656854
1    -1.731249
2    -1.786543
3    -1.848157
4    -1.894173
Name: lifeExp, dtype: float64

# グループごとの zscore（scipy の関数）
print(sp_z_grouped.head())
0    -1.662719
1    -1.737377
2    -1.792867
3    -1.854699
4    -1.900878
Name: lifeExp, dtype: float64

# グループ化なしでの zscore（scipy の関数）
print(sp_z_nogroup[:5])
[-2.37533395 -2.25677417 -2.1278375 -1.97117751 -1.81103275]
```

グループごとの結果は似ている[2]。z スコアを groupby の中に入れずに計算すると、データセット全体をグループに分けずに計算した標準スコアが得られる。

10.3.1.1　欠損値の例

欠損値と、それを埋める方法については、第5章で学んだ。その章で見た Ebola データセットでは、欠損値を埋めるのに interpolate メソッドを使うか、前方 / 後方への値置換でデータを補充するのが合理的だった。

ある種のデータセットでは、欠損値を列の平均値で埋めるのが適切な場合もあるだろう。データ

---

[2]　監訳注：以前の脚注で説明したように、scipyt.statsのzscore関数とpandas.DataFrame.stdの自由度を表す引数ddofが異なるデフォルト値が設定されていることに起因する。両者の結果を整合させるには、たとえばsp_z_nogroup = zscore(df.lifeExp, ddof=1)とすればよい。

によっては、グループごとに欠損値を埋めるほうが適切かもしれない。ここで再び seaborn ライブラリに付属する tips データセットを使うことにする。

```python
import seaborn as sns
import numpy as np

# 結果を再現できるようにシードを設定する
np.random.seed(42)

# tips からランダムに 10 行をサンプリングする
tips_10 = sns.load_dataset('tips').sample(10)

# 4 個の 'total_bill' 値をランダムに選んで、欠損値に変える
tips_10.loc[np.random.permutation(tips_10.index)[:4],
            'total_bill'] = np.NaN

print(tips_10)
     total_bill   tip     sex smoker   day    time  size
24        19.82  3.18    Male     No   Sat  Dinner     2
6          8.77  2.00    Male     No   Sun  Dinner     2
153         NaN  2.00    Male     No   Sun  Dinner     4
211         NaN  5.16    Male    Yes   Sat  Dinner     4
198         NaN  2.00  Female    Yes  Thur   Lunch     2
176         NaN  2.00    Male    Yes   Sun  Dinner     2
192       28.44  2.56    Male    Yes  Thur   Lunch     2
124       12.48  2.52  Female     No  Thur   Lunch     2
9         14.78  3.23    Male     No   Sun  Dinner     2
101       15.38  3.00  Female    Yes   Fri  Dinner     2
```

　第 5 章では、欠損値を埋めるために fillna メソッドを使う方法を示した。けれども欠損値を、単純に total_bill の平均値で埋めるのが良いとは限らない。もしかしたら sex 列の Male と Female で、消費の傾向が異なるかもしれず、時間帯（time）やテーブルの大きさ（size）によって total_bill の値が異なるかもしれない。このデータを処理するときは、どれも関係がありそうに思える。

　欠損値を埋めるための統計量は、groupby を使って計算することができる。それには、agg や aggregate ではなく、transform メソッドを使う。まず sex ごとに、欠損値ではない値を数える。

```python
count_sex = tips_10.groupby('sex').count()
print(count_sex)
        total_bill  tip  smoker  day  time  size
sex
Male             4    7       7    7     7     7
Female           2    3       3    3     3     3
```

　Male には 3 つの欠損値があり、Female には 1 個の欠損値がある。次にグループごとの平均値を計算し、その値で欠損値を埋めてみよう。

```
def fill_na_mean(x):
    ''' 与えられたベクトルの平均値で埋める
    '''
    avg = x.mean()
    return(x.fillna(avg))

# 'sex' ごとに 'total_bill' 平均値を計算
total_bill_group_mean = tips_10.\
    groupby('sex').\
    total_bill.\
    transform(fill_na_mean)

# 元のデータの新しい列に代入する
# 'total_bill' を使えば、元の列を置換できる
tips_10['fill_total_bill'] = total_bill_group_mean

print(tips_10)
     total_bill   tip     sex smoker   day    time  size  fill_total_bill
24        19.82  3.18    Male     No   Sat  Dinner     2          19.8200
6          8.77  2.00    Male     No   Sun  Dinner     2           8.7700
153         NaN  2.00    Male     No   Sun  Dinner     4          17.9525
211         NaN  5.16    Male    Yes   Sat  Dinner     4          17.9525
198         NaN  2.00  Female    Yes  Thur   Lunch     2          13.9300
176         NaN  2.00    Male    Yes   Sun  Dinner     2          17.9525
192       28.44  2.56    Male    Yes  Thur   Lunch     2          28.4400
124       12.48  2.52  Female     No  Thur   Lunch     2          12.4800
9         14.78  3.23    Male     No   Sun  Dinner     2          14.7800
101       15.38  3.00  Female    Yes   Fri  Dinner     2          15.3800
```

2つの 'total_bill' 列だけを比較すると、NaN の欠損値を埋めるのに別の値が使われたことが明らかになる。

```
print(tips_10[['sex', 'total_bill', 'fill_total_bill']])
        sex  total_bill  fill_total_bill
24     Male       19.82          19.8200
6      Male        8.77           8.7700
153    Male         NaN          17.9525
211    Male         NaN          17.9525
198  Female         NaN          13.9300
176    Male         NaN          17.9525
192    Male       28.44          28.4400
124  Female       12.48          12.4800
9      Male       14.78          14.7800
101  Female       15.38          15.3800
```

10.4 フィルタリング

groupby メソッドとともに実行できる処理のうち、ここではフィルタリングを取り上げる。フィルタリングを使えば、キーによって分割したデータに対して、何らかの「真偽値による絞り込み」（boolean subsetting）を実行できる。groupby の例がどれもそうであるように、「真偽値による絞り込み」と同じ処理は、1.3 節や 2.4.1 項で述べた通常の絞り込みによっても行うことができる。tips データセット全体を使って、size の値が出現する回数を見てみよう。

```
# tips データセットをロードする
tips = sns.load_dataset('tips')

# 元のデータの行数を確認
print(tips.shape)
(244, 7)

# テーブルサイズの出現頻度を見る
print(tips['size'].value_counts())
2    156
3     38
4     37
5      5
6      4
1      4
Name: size, dtype: int64
```

この出力を見ると、1、5、6 のサイズは頻繁に出現していない。ニーズによっては、これらのデータポイントをフィルタで除外したいかもしれない。その場合、この例では、それぞれのグループに 30 個以上の観測が含まれるようにしたい。

この目標を達成するためのグループ化には、filter メソッドを使える。

```
# 各グループが 30 個以上の観測を持つよう、データにフィルタをかける
tips_filtered = tips.groupby('size').filter(lambda x: x['size'].count() >= 30)
```

下記のように、データセットにフィルタがかかったことを確認する。

```
print(tips_filtered.shape)
(231, 7)

print(tips_filtered['size'].value_counts())
2    156
3     38
4     37
Name: size, dtype: int64
```

10.5 DataFrameGroupBy オブジェクト

これまでに挙げた aggregate、transform、filter は、pandas でオブジェクトをグループに分けて扱うときに一般的に使われるメソッドだ。この節では、グループ化されたオブジェクトの内部機構について、少し調べてみよう。groupby に備わるもっと微妙な機能については、groupby のドキュメント[3] が大変参考になる。

10.5.1 グループ

この章ではこれまで、groupby の直後に aggregate、transform、filter をつなげるように記述していた。けれども実は、これらのメソッドを実行する前に、groupby の結果を保存することができる。まずは、tips データセットからランダムに 10 行をサンプリングしよう。

```
tips_10 = sns.load_dataset('tips').sample(10, random_state=42)
print(tips_10)
     total_bill   tip     sex smoker   day    time  size
24        19.82  3.18    Male     No   Sat  Dinner     2
6          8.77  2.00    Male     No   Sun  Dinner     2
153       24.55  2.00    Male     No   Sun  Dinner     4
211       25.89  5.16    Male    Yes   Sat  Dinner     4
198       13.00  2.00  Female    Yes  Thur   Lunch     2
176       17.89  2.00    Male    Yes   Sun  Dinner     2
192       28.44  2.56    Male    Yes  Thur   Lunch     2
124       12.48  2.52  Female     No  Thur   Lunch     2
9         14.78  3.23    Male     No   Sun  Dinner     2
101       15.38  3.00  Female    Yes   Fri  Dinner     2
```

必要であれば、aggregate や transform や filter を実行することなしに、groupby で得たオブジェクトだけを保存することができる。

```
# グループ化されたオブジェクトだけを保存
grouped = tips_10.groupby('sex')

# そのオブジェクトと、メモリ上の位置だけが得られる
print(grouped)
<pandas.core.groupby.DataFrameGroupBy object at 0x7fd0ddd73588>
```

grouped のような変数を引数にして print を実行すると、メモリ参照が返され、そのデータ型が pandas の DataFrameGroupBy オブジェクトであることがわかる。計算が必要なアクションをまだ実行していないので、内部的には何も計算されていない状態だ。実際に分割されたグループを見るには、groups 属性を呼び出す。

---

[3] 「Group By: split-apply-combine」：
http://pandas.pydata.org/pandas-docs/stable/groupby.html

```
# groupby の実際のグループを見ると、インデックスだけが返される
print(grouped.groups)
{'Male': Int64Index([24, 6, 153, 211, 176, 192, 9], dtype='int64'),
 'Female': Int64Index([198, 124, 101], dtype='int64')}
```

このように、たとえ grouped オブジェクトの属性 groups を抽出しても、返されるのは DataFrame オブジェクトのインデックスだけだ。このインデックスは、行番号を示していると考えてよい。これは主として性能を最適化するためのものだ。このときも、まだ何も計算していない状態である。

とはいえ、このアプローチによって、グループ化の結果だけを保存することができた。こうしておけば、再び groupby 文を処理することなく、aggregate や transform や filter の演算を何度も実行することができる。

10.5.2　複数の変数に関わるグループ計算

Python が親切だというのは、1 つには EAFP[4] の思想に従っているからだ。EAFP（easier to ask for forgiveness than permission）は、「いちいち許可をもらうより、寛容にしてもらうほうが簡単」という考えだ（Python は、その方針で設計されている）。この章では、groupby の計算を 1 列に対して実行する処理について説明してきた。けれども、もし groupby の直後に計算を指定したら、可能な限りすべての列に対して計算を実行し、計算が実行できない残りの列は警告を出すことなく無視する。

次に示す例は、sex でグループ化した「すべての列」について平均を出すものだ。

```
# 関連する列の平均値を計算する
avgs = grouped.mean()
print(avgs)
        total_bill      tip     size
sex
Male        20.02  2.875714  2.571429
Female      13.62  2.506667  2.000000
```

しかし、次の例が示すように、すべての列で平均値が計算されるわけではない。

```
# すべての列のリスト
print(tips_10.columns)
Index(['total_bill', 'tip', 'sex', 'smoker', 'day', 'time', 'size'],
dtype='object')
```

喫煙と曜日と時間帯の列から結果が返されないのは、たとえば「ディナーとランチの平均」をとる

---

[4]　Python 用語集「EAFP」：https://docs.python.org/ja/3/glossary.html#term-eafp

ことに意味がないからだ（これらはカテゴリ変数である）。

10.5.3　グループの抽出

　ある特定のグループだけを抽出したいときは、get_group メソッドに、欲しいグループを渡せば
よい。たとえば Female のデータが欲しいとしよう。

```
# 'Female' グループを取得
female = grouped.get_group('Female')
print(female)
     total_bill   tip     sex smoker   day    time  size
198        13.00  2.00  Female    Yes  Thur   Lunch     2
124        12.48  2.52  Female     No  Thur   Lunch     2
101        15.38  3.00  Female    Yes   Fri  Dinner     2
```

10.5.4　グループごとの反復処理

　groupby オブジェクトだけを保存することのもう 1 つの利点は、個々のグループを反復処理する
ことが可能になる、ということだ。時には欲しい情報を抽出するのに、aggregate や transform
や filter を用いた処理を考え出すよりも、for ループを使ったほうが簡単な場合がある。早く仕
事を済ませることが重要なときは、それによって処理速度を上げるコードの最適化に専念できる。

　Python のコンテナで for ループを使うのと同じように、grouped の値を反復処理することがで
きる。

```
for sex_group in grouped:
    print(sex_group)
('Male',      total_bill   tip   sex smoker   day    time  size
24        19.82  3.18  Male    No   Sat  Dinner     2
6          8.77  2.00  Male    No   Sun  Dinner     2
153       24.55  2.00  Male    No   Sun  Dinner     4
211       25.89  5.16  Male   Yes   Sat  Dinner     4
176       17.89  2.00  Male   Yes   Sun  Dinner     2
192       28.44  2.56  Male   Yes  Thur   Lunch     2
9         14.78  3.23  Male    No   Sun  Dinner     2)
('Female',    total_bill  tip     sex smoker   day    time  size
198       13.00  2.00  Female    Yes  Thur   Lunch     2
124       12.48  2.52  Female     No  Thur   Lunch     2
101       15.38  3.00  Female    Yes   Fri  Dinner     2)
```

　ただし、grouped オブジェクトから最初のインデックスだけを取得しようとしたら、エラー
メッセージが出力されるだけだろう。このオブジェクトは、Python の本当のコンテナではなく、
pandas.core.groupby.DataFrameGroupBy オブジェクトなのだ。

```
# groupedオブジェクトから要素 0 を取得することはできない
print(grouped[0])
Traceback (most recent call last):
  File "<ipython-input-1-acdbc5d1f67a>", line 2, in <module>
    print(grouped[0])
KeyError: 'Column not found: 0'
```

とりあえず for ループを書き換えて、最初の要素だけを表示させてみよう。そのついでに、grouped オブジェクトのループで何を得られるかを、いくつか例示する。

```
for sex_group in grouped:
    # オブジェクトの型を取得 (tuple)
    print('the type is: {}\n'.format(type(sex_group)))

    # オブジェクトの長さを取得 ( 要素数は 2)
    print('the length is: {}\n'.format(len(sex_group)))

    # 最初の要素を取得
    first_element = sex_group[0]
    print('the first element is: {}\n'.format(first_element))

    # 最初の要素の型 ( 文字列 )
    print('it has a type of: {}\n'.format(type(sex_group[0])))

    # 第 2 の要素を取得
    second_element = sex_group[1]
    print('the second element is:\n{}\n'.format(second_element))

    # 第 2 の要素の型 (DataFrame オブジェクト )
    print('it has a type of: {}\n'.format(type(second_element)))

    # 今見ているものをプリント
    print('what we have:')
    print(sex_group)

    # 一巡で停止する
    break

the type is: <class 'tuple'>

the length is: 2

the first element is: Male

it has a type of: <class 'str'>

the second element is:
     total_bill   tip   sex smoker  day    time size
24        19.82  3.18  Male     No  Sat  Dinner    2
6          8.77  2.00  Male     No  Sun  Dinner    2
153       24.55  2.00  Male     No  Sun  Dinner    4
```

```
211      25.89  5.16  Male   Yes Sat  Dinner    4
176      17.89  2.00  Male   Yes Sun  Dinner    2
192      28.44  2.56  Male   Yes Thur  Lunch    2
9        14.78  3.23  Male   No  Sun  Dinner    2

it has a type of: <class 'pandas.core.frame.DataFrame'>

what we have:
('Male',       total_bill   tip   sex smoker  day   time size
24       19.82  3.18  Male   No  Sat  Dinner    2
6         8.77  2.00  Male   No  Sun  Dinner    2
153      24.55  2.00  Male   No  Sun  Dinner    4
211      25.89  5.16  Male   Yes Sat  Dinner    4
176      17.89  2.00  Male   Yes Sun  Dinner    2
192      28.44  2.56  Male   Yes Thur  Lunch    2
9        14.78  3.23  Male   No  Sun  Dinner    2)
```

　ここで見ているのは2つの要素を持つタプルで、最初の要素は Male というキーを表現する str（文字列）であり、第2の要素は Male グループの DataFrame である。

　ここまで学んだ groupby のテクニックを使わず、この grouped オブジェクトを利用した方法でグループの値を反復処理することで計算を実行してもよい。前述したように、そうしなければ仕事が片付かないというときもあるだろう。たとえば、それぞれのグループでチェックすべき複雑な条件があるかもしれないし、それぞれのグループを別のファイルに書く必要があるかもしれない。いずれにしても、グループを1つずつ反復処理する必要があれば、この grouped オブジェクトを利用する選択肢がある。

10.5.5　複数変数のグループ

　この章ではこれまで、groupby 文に1個の変数を入れてきた。しかし実際には、1回の groupby プロセスに複数の変数を追加できる。1.4.1 項でも、そういうケースを簡単に示した。

　tips データの平均値を出す計算では、sex だけでなく、時間帯（time）や曜日についても調べたいかもしれない。それには、今まで使ってきた1個の文字列ではなく、代わりに Python の list を使って、たとえば ['sex', 'time'] を渡すことができる。

```
# sex と time によるグループ化
bill_sex_time = tips_10.groupby(['sex', 'time'])
# 平均値を求める
group_avg = bill_sex_time.mean()
print(group_avg)
              total_bill       tip      size
sex    time
Male   Lunch   28.440000  2.560000  2.000000
       Dinner  18.616667  2.928333  2.666667
Female Lunch   12.740000  2.260000  2.000000
       Dinner  15.380000  3.000000  2.000000
```

10.5.6 結果を平坦化する

　この節で最後に扱うのは、groupby 文から返される結果の扱いだ。今計算した group_avg の型を調べよう。

```
# group_avg の型
print(type(group_avg))
<class 'pandas.core.frame.DataFrame'>
```

　group_avg の型は DataFrame なのだが、結果に少しおかしなところがある。DataFrame オブジェクトに空白のセルがあるように見えるのだ。
　その列を調べると、予想どおりの結果が得られる。

```
print(group_avg.columns)
Index(['total_bill', 'tip', 'size'], dtype='object')
```

　けれども、インデックスを見ると、おもしろいことがわかる。

```
print(group_avg.index)
MultiIndex(levels=[['Male', 'Female'], ['Lunch', 'Dinner']],
           labels=[[0, 0, 1, 1], [0, 1, 0, 1]],
           names=['sex', 'time'])
```

　この MultiIndex（マルチインデックス）[5] を使うこともできるのだ。もし通常の、平坦な DataFrame オブジェクトが欲しければ、この結果に対して reset_index メソッドを呼び出すことができる。

```
group_method = tips_10.groupby(['sex', 'time']).mean().reset_index()
print(group_method)
      sex    time  total_bill       tip      size
0    Male   Lunch   28.440000  2.560000  2.000000
1    Male  Dinner   18.616667  2.928333  2.666667
2  Female   Lunch   12.740000  2.260000  2.000000
3  Female  Dinner   15.380000  3.000000  2.000000
```

　あるいは、groupby メソッドで as_index=False パラメータを指定してもよい（デフォルトの値は True である）。

---

[5] 訳注：pandasオブジェクトの階層的なマルチインデックスについては、APIリファレンスの「pandas.MultiIndex」（http://pandas.pydata.org/pandas-docs/stable/generated/pandas.MultiIndex.html）を参照。

```
group_param = tips_10.groupby(['sex', 'time'], as_index=False).mean()
print(group_param)
      sex    time total_bill       tip      size
0    Male   Lunch  28.440000  2.560000  2.000000
1    Male  Dinner  18.616667  2.928333  2.666667
2  Female   Lunch  12.740000  2.260000  2.000000
3  Female  Dinner  15.380000  3.000000  2.000000
```

10.6　マルチインデックスを使う

　時には、groupby の後に、複数の計算をつなげたい場合もあるだろう。結果は、常に平坦化することができ、そうすることでまた次の groupby 文を実行できる。ただし、それが必ずしも計算を実行する最も効率の良い方法とは限らない。

　この節では、シカゴにおけるインフルエンザ症例の疫学的シミュレーションデータを使う（これは、かなり大規模なデータセットである）。

```
# ダウンロードした epi_sim.zip を展開しておく
intv_df = pd.read_csv('../data/epi_sim.txt')

# 行数は 900 万を超える！
print(intv_df.shape)
(9434653, 6)
```

このデータセットには、6 つの列が含まれている。

1. `ig_type`：エッジ（辺）型。ネットワーク（たとえば「学校」と「仕事」）で 2 つのノードの関係を表す型。
2. `intervened`：シミュレーションにおいて、その人（`pid`）に干渉（intervention）が発生した時間。
3. `pid`：シミュレートされた人（person）の ID 番号。
4. `rep`：反復実行の回（個々のシミュレーションパラメータ集合が、複数回実行されている）。
5. `sid`：シミュレーション ID。
6. `tr`：インフルエンザ・ウイルスの伝播性（transmissibility）。

```
print(intv_df.head())
   ig_type  intervened        pid  rep  sid        tr
0        3          40  294524448    1  201  0.000135
1        3          40  294571037    1  201  0.000135
2        3          40  290699504    1  201  0.000135
3        3          40  288354895    1  201  0.000135
```

```
4        3        40 292271290   1  201  0.000135
```

疫学的シミュレーションのデータセットについて

このデータセットは、Indemics (Interactive Epidemic Simulation) と呼ばれるプログラムを使って実行されるシミュレーションに由来する (http://ndssl.vbi.vt.edu/apps/Modeling.html)。このシミュレーションを開発したのは、Virginia Tech (バージニア工科大学) の、Network Dynamics and Simulation Science Laboratory (www.bi.vt.edu/ndssl) である。

このプログラムについての参考文献は次のとおり：
・Bisset KR, Chen J, Deodhar S, Feng X, Ma Y, Marathe MV. Indemics: An interactive high-performance computing framework for data intensive epidemic modeling. <ACM Transactions on Modeling and Computer Simulation>. 2014; 24(1):10. 1145/2501602. doi:10.1145/2501602.
・Deodhar S, Bisset K, Chen J, Ma Y, Marathe MV. Enhancing software capability through integration of distinct software in epidemiological systems. 2nd ACM SIGHIT International Health Informatics Symposium, 2012.
・Bisset KR, Chen J, Feng X, Ma Y, Marathe MV. Indemics: An interactive data intensive framework for high performance epidemic simulation. In <Proceedings the 24rd International Conference on Conference on Supercomputing>. 2010; 233-242.

では、それぞれの反復実験における干渉 (intervention) の数、干渉の時間、処置 (treatment) の値を数えてみよう。以下では、そのうちの `ig_type` を数える。要するに、個々のグループの観測数を取得できる値が必要なのだ。

```
count_only = intv_df.groupby(['rep','intervened', 'tr'])['ig_type'].count()
print(count_only.head(n=10))
rep  intervened  tr
0    8           0.000166   1
     9           0.000152   3
                 0.000166   1
     10          0.000152   1
                 0.000166   1
     12          0.000152   3
                 0.000166   5
     13          0.000152   1
                 0.000166   3
     14          0.000152   3
Name: ig_type, dtype: int64
```

このようにして groupby count を行ったら、また次に平均値を計算する groupby を実行できる。ただし、初回の groupby 文は、通常の平坦な DataFrame オブジェクトを返していない。

```
print(type(count_only))
<class 'pandas.core.series.Series'>
```

結果は、マルチインデックスを持つ Series の形式になっている。次にまた groupby 演算を行いたければ、マルチインデックスのレベルを参照する levels パラメータを渡す必要がある。ここでは、第1と第2と第3のインデックスレベルのために、[0, 1, 2] を渡す。

```
count_mean = count_only.groupby(level=[0, 1, 2]).mean()
print(count_mean.head())
rep  intervened  tr
0    8            0.000166    1
     9            0.000152    3
                  0.000166    1
     10           0.000152    1
                  0.000166    1
Name: ig_type, dtype: int64
```

これらの演算のすべてを、1個のコマンドに組み合わせることができる。

```
count_mean = intv_df.\
    groupby(['rep','intervened', 'tr'])['ig_type'].\
    count().\
    groupby(level=[0, 1, 2]).\
    mean()
```

計算して得られた count_mean オブジェクトに対して、seaborn ライブラリの lmplot 関数を用いて横軸に変数 intervened、縦軸に変数 ig_type をプロットする。変数 rep により色相別とし、プロットする点の色は変数 tr の値により変える。図 10.1 に、その結果を示す。

```
import seaborn as sns
import matplotlib.pyplot as plt

fig = sns.lmplot(x='intervened', y='ig_type', hue='rep', col='tr',
                 fit_reg=False, data=count_mean.reset_index())
plt.show()
```

>> x ページにカラーで掲載

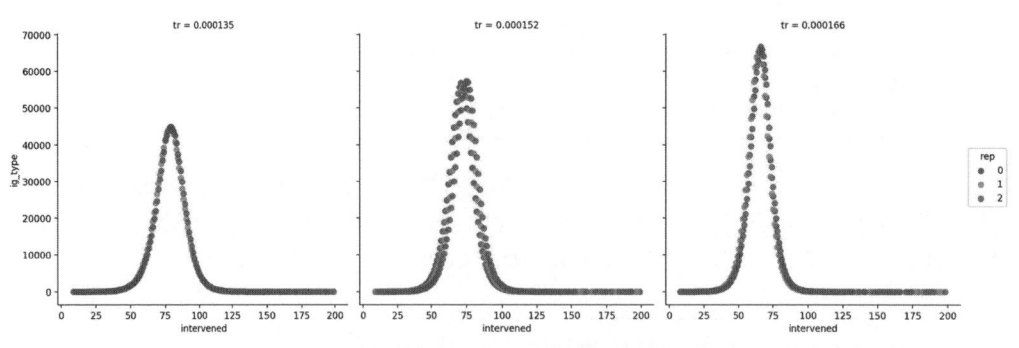

図 10.1　グループごとの回数と平均値

　上の例で、もう一度 groupby の計算を実行するために level を渡す方法を示した。そこでは整数の位置を使ったが、もう少しコードを読みやすくするために、レベルの文字列を渡すこともできる。

　次は、mean の代わりに累積和（cumulative sum）を見るため、cumsum を使う。図 10.2 に、その結果を示す。

```python
import seaborn as sns
import matplotlib.pyplot as plt

cumulative_count = intv_df.\
    groupby(['rep','intervened', 'tr'])['ig_type'].\
    count().\
    groupby(level=['rep']).\
    cumsum().\
    reset_index()

fig = sns.lmplot(x='intervened', y='ig_type', hue='rep', col='tr',
                 fit_reg=False, data=cumulative_count)
plt.show()
```

>> xi ページにカラーで掲載

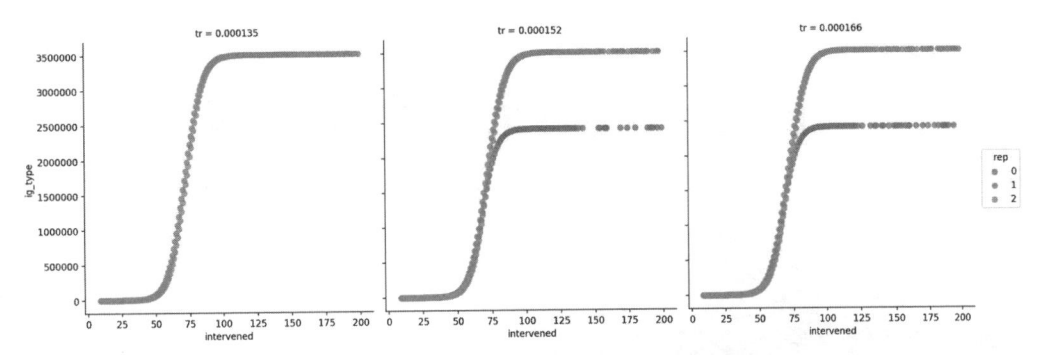

**図 10.2　グループごとの累積回数。プロットを見ると、反復実験のうちの 1 回は、
このシミュレーションで実行されていないことがわかる。**

10.7　まとめ

　groupby 文は、「分割 - 適用 - 結合」に従うものだ。この強力なコンセプトは、データ解析にとっ
て必ずしも新しいものではないが、データとその処理のパイプラインについて、別の考え方をする
のに役立つ。たとえば、分散コンピューティングのような「ビッグデータ」システムへのスケーリン
グも容易になるだろう。

　groupby では、他にも複雑なことがいろいろできるので、API リファレンス[6] と、一般ドキュメ
ント[7] をチェックしておきたい。ただし、この章で述べた範囲でも、大多数のニーズとユースケー
スには足りるはずである。

---

[6]　「pandas.DataFrame.groupby」：
http://pandas.pydata.org/pandas-docs/stable/generated/pandas.DataFrame.groupby.html

[7]　「Group By: split-apply-combine」：
http://pandas.pydata.org/pandas-docs/stable/groupby.html

第11章

日付／時刻データの操作

11.1　はじめに

　pandas を使う理由のうち、とりわけ重要なものとして、時系列データ(time-series data)を扱う機能がある。その能力の一端は第 4 章で、連結したデータのインデックスが自動的に整列されるのを見たときに、うかがい知ることができた。この章では、日付と時刻に関わるデータを扱う一般的な処理に焦点を絞る。

・目標

この章では、次の事項を学ぶ。

1. Python 組み込みの `datetime` ライブラリ
2. 文字列を日時に変換する
3. 日時のフォーマット
4. 日付の各部を抽出する
5. 日時の計算を実行する
6. `DataFrame` にある日時処理
7. リサンプリング(再標本化)
8. 時間帯の処理

11.2　Python の datetime オブジェクト

Python の組み込みの datetime オブジェクトは、datetime ライブラリに入っている。

```
from datetime import datetime
```

その datetime を使って、現在の日付と時刻を取得できる。

```
now = datetime.now()
print(now)
2017-09-14 23:16:37.647327
```

また、datetime を手作業で作ることもできる。

```
t1 = datetime.now()
t2 = datetime(1970, 1, 1)
```

datetime の引き算も行える。

```
diff = t1 - t2
print(diff)
17423 days, 23:16:37.671703
```

この引き算の結果は、timedelta 型となる。

```
print(type(diff))
<class 'datetime.timedelta'>
```

pandas の DataFrame オブジェクト処理として、これらの処理を実行できる。

11.3　datetime への変換

object 型の文字列を datetime 型に変換するには、to_datetime 関数[1] を使う。まずは Ebola データセットをロードして、その Date 列を正しい datetime オブジェクトに変換してみよう。

```
import pandas as pd
ebola = pd.read_csv('../data/country_timeseries.csv')
```

---

[1]　to_datetime のドキュメント：
https://pandas.pydata.org/pandas-docs/stable/generated/pandas.to_datetime.html

```
# 元データの左上隅を見る
print(ebola.iloc[:5, :5])
        Date  Day  Cases_Guinea  Cases_Liberia  Cases_SierraLeone
0     1/5/2015  289        2776.0            NaN            10030.0
1     1/4/2015  288        2775.0            NaN             9780.0
2     1/3/2015  287        2769.0         8166.0             9722.0
3     1/2/2015  286           NaN         8157.0                NaN
4    12/31/2014  284        2730.0         8115.0             9633.0
```

最初の Date 列に日付情報が含まれているが、info 属性を調べてみると、実際には pandas の汎用的な文字列オブジェクトである。

```
print(ebola.info())
<class 'pandas.core.frame.DataFrame'>
RangeIndex: 122 entries, 0 to 121
Data columns (total 18 columns):
Date                 122 non-null object
Day                  122 non-null int64
Cases_Guinea          93 non-null float64
Cases_Liberia         83 non-null float64
Cases_SierraLeone     87 non-null float64
Cases_Nigeria         38 non-null float64
Cases_Senegal         25 non-null float64
Cases_UnitedStates    18 non-null float64
Cases_Spain           16 non-null float64
Cases_Mali            12 non-null float64
Deaths_Guinea         92 non-null float64
Deaths_Liberia        81 non-null float64
Deaths_SierraLeone    87 non-null float64
Deaths_Nigeria        38 non-null float64
Deaths_Senegal        22 non-null float64
Deaths_UnitedStates   18 non-null float64
Deaths_Spain          16 non-null float64
Deaths_Mali           12 non-null float64
dtypes: float64(16), int64(1), object(1)
memory usage: 17.2+ KB
None
```

この Date 列を datetime オブジェクトに変換して、新しい date_dt 列を作成できる。

```
ebola['date_dt'] = pd.to_datetime(ebola['Date'])
```

データを datetime オブジェクトに変換する方法は、より明示的に指定することもできる。to_datetime 関数には format という名前のパラメータがあり、これによって解析したい日付フォーマットを指定することが可能だ。このデータのフォーマットは「月 / 日 / 年」なので、%m/%d/%Y という文字列を渡すことができる。

```
ebola['date_dt'] = pd.to_datetime(ebola['Date'], format='%m/%d/%Y')
```

いずれの方法でも、datetime 型の新しい列が作成される。

```
print(ebola.info())
<class 'pandas.core.frame.DataFrame'>
RangeIndex: 122 entries, 0 to 121
Data columns (total 19 columns):
Date                  122 non-null object
Day                   122 non-null int64
Cases_Guinea          93 non-null float64
Cases_Liberia         83 non-null float64
Cases_SierraLeone     87 non-null float64
Cases_Nigeria         38 non-null float64
Cases_Senegal         25 non-null float64
Cases_UnitedStates    18 non-null float64
Cases_Spain           16 non-null float64
Cases_Mali            12 non-null float64
Deaths_Guinea         92 non-null float64
Deaths_Liberia        81 non-null float64
Deaths_SierraLeone    87 non-null float64
Deaths_Nigeria        38 non-null float64
Deaths_Senegal        22 non-null float64
Deaths_UnitedStates   18 non-null float64
Deaths_Spain          16 non-null float64
Deaths_Mali           12 non-null float64
date_dt               122 non-null datetime64[ns]
dtypes: datetime64[ns](1), float64(16), int64(1), object(1)
memory usage: 18.2+ KB
None
```

　to_datetime 関数には、便利な組み込みオプションが含まれている。一例として、dayfirst と yearfirst があり、日付のフォーマットが日から始まる場合（たとえば 31-03-2014）は前者を True に設定し、年から始まる場合（たとえば 2014-03-31）は後者を True に設定できる。
　その他の日時フォーマットは、Python の strftime/strptime メソッド[2] で決められている構文を使って、手作業で指定できる。その構文を、表 11.1 に掲載しておく。

表 11.1　Python の「strftime() と strptime() の振る舞い」から

指定子	意味	例
%a	曜日の省略形	Sun, Mon, ..., Sat
%A	曜日の名前	Sunday, Monday, ..., Saturday
%w	数字で表す曜日（日曜日は 0）	0, 1, ..., 6
%d	（その月の）日（2 桁の数字）	01, 02, ..., 31

※2　「strftime() と strptime() の振る舞い」（日本語版ドキュメント）：
　　　https://docs.python.org/ja/3.6/library/datetime.html#strftime-and-strptime-behavior

指定子	意味	例
%b	月の省略形	Jan, Feb, ..., Dec
%B	月の名前	January, February, ..., December
%m	2桁の数字で表す月	01, 02, ..., 12
%y	2桁表記の年(西暦)	00, 01, ..., 99
%Y	4桁表記の年(西暦)	0001, 0002, ..., 2013, 2014, ..., 9999
%H	24時間表記の時(2桁の数字)	00, 01, ..., 23
%I	12時間表記の時(2桁の数字)	01, 02, ..., 12
%P	午前(AM)または午後(PM)	AM, PM
%M	分(2桁の数字)	00, 01, ..., 59
%S	秒(2桁の数字)	00, 01, ..., 59
%f	マイクロ秒	000000, 000001, ..., 999999
%z	UTCオフセット(+HHMMまたは-HHMMの形式)	(空文字列), +0000, -0400, +1030
%Z	タイムゾーンの名前	(空文字列), UTC, EST, CST
%j	(その年の)日(3桁の番号)	001, 002, ..., 366
%U	最初の日曜日からを第1週とする週番号(その前は第0週)	00, 01, ..., 53
%W	最初の月曜日からを第1週とする週番号(その前は第0週)	00, 01, ..., 53
%c	ロケール(国・地域)に合わせた日時の表記	Tue Aug 16 21:30:00 1988
%x	ロケール(国・地域)に合わせた日付の表記	08/16/88, 08/16/1988
%X	ロケール(国・地域)に合わせた時間の表記	21:30:00
%%	文字 '%' を示すリテラル	%
%G	ISO 8601の年	0001, 0002, ..., 2013, 2014, ..., 9999
%u	ISO 8601の曜日(1は月曜日)	1, 2, ..., 7
%V	ISO 8601の週番号(月曜から。01は1月4日を含む週とする)	01, 02, ..., 53

11.4　日付を含むデータをロードする

　本書で使うデータセットの多くは CSV フォーマットか、seaborn ライブラリにあるものだ。ただし、ギャップマインダーのデータセットは、カンマではなくタブで区切られた TSV ファイルである(1.2 節)。read_csv 関数には数多くのパラメータがあるが[3]、日付に関するパラメータは、parse_dates、inher_datetime_format、keep_date_col、date_parser、dayfirst などだ。parse_dates パラメータで列を指定すれば、Date の列を直接この関数で解析(parse)できる。

```
ebola = pd.read_csv('../data/country_timeseries.csv', parse_dates=[0])
print(ebola.info())
<class 'pandas.core.frame.DataFrame'>
RangeIndex: 122 entries, 0 to 121
Data columns (total 18 columns):
Date                122 non-null datetime64[ns]
Day                 122 non-null int64
Cases_Guinea         93 non-null float64
```

---

[3]　read_csv のドキュメント：
　　　https://pandas.pydata.org/pandas-docs/stable/generated/pandas.read_csv.html

```
Cases_Liberia            83 non-null float64
Cases_SierraLeone        87 non-null float64
Cases_Nigeria            38 non-null float64
Cases_Senegal            25 non-null float64
Cases_UnitedStates       18 non-null float64
Cases_Spain              16 non-null float64
Cases_Mali               12 non-null float64
Deaths_Guinea            92 non-null float64
Deaths_Liberia           81 non-null float64
Deaths_SierraLeone       87 non-null float64
Deaths_Nigeria           38 non-null float64
Deaths_Senegal           22 non-null float64
Deaths_UnitedStates      18 non-null float64
Deaths_Spain             16 non-null float64
Deaths_Mali              12 non-null float64
dtypes: datetime64[ns](1), float64(16), int64(1)
memory usage: 17.2 KB
None
```

この例は、データをロードするとき、列を自動的に変換して、直接日付にする方法を示している。

11.5　日付のコンポーネントを抽出する

これで datetime オブジェクトが手に入ったので、年、月、日など、日付のさまざまな部分を抽出できる。次に、datetime オブジェクトの例を示そう。

```
d = pd.to_datetime('2016-02-29')
print(d)
2016-02-29 00:00:00
```

1 個の文字列オブジェクトから、pandas の Timestamp クラスが得られる[4]。

```
print(type(d))
<class 'pandas._libs.tslib.Timestamp'>
```

この datetime オブジェクトから、さまざまなコンポーネントを属性としてアクセスできる。

```
print(d.year)
2016

print(d.month)
2
```

---

[4]　訳注：pandasのTimestampクラスは、datetime.datetimeに代わるもので、ほとんど代替可能（https://pandas.pydata.org/pandas-docs/stable/generated/pandas.Timestamp.html#pandas.Timestamp）。

```
print(d.day)
29
```

第 6 章では、データ整然化のため複数の情報を含む列を解析する必要があるとき、split のような文字列メソッドにアクセスするのに、str アクセサを使った。同様なことを datetime オブジェクトで行うには、dt というアクセサ[5]を使って datetime メソッドにアクセスする。

まずは、date_dt 列を作り直そう。

```
ebola['date_dt'] = pd.to_datetime(ebola['Date'])
```

前述したように、年、月、日という日付のコンポーネントは、それぞれ year、month、day の属性を使って、列ごとに取得できる。その仕組みは、str を使って文字列を解析するのと同じだ。次に、Date 列と date_dt 列の先頭を示す。

```
print(ebola[['Date', 'date_dt']].head())
        Date    date_dt
0 2015-01-05 2015-01-05
1 2015-01-04 2015-01-04
2 2015-01-03 2015-01-03
3 2015-01-02 2015-01-02
4 2014-12-31 2014-12-31
```

Date 列から、新しい year 列を作ってみよう。

```
ebola['year'] = ebola['date_dt'].dt.year
print(ebola[['Date', 'date_dt', 'year']].head())
        Date    date_dt  year
0 2015-01-05 2015-01-05  2015
1 2015-01-04 2015-01-04  2015
2 2015-01-03 2015-01-03  2015
3 2015-01-02 2015-01-02  2015
4 2014-12-31 2014-12-31  2014
```

続いて、年月日の解析を最後まで行う。

```
ebola['month'], ebola['day'] = (ebola['date_dt'].dt.month,
                                ebola['date_dt'].dt.day)

print(ebola[['Date', 'date_dt', 'year', 'month', 'day']].head())
```

---

[5] API リファレンス「Datetimelike Properties」：
https://pandas.pydata.org/pandas-docs/stable/api.html#datetimelike-properties
訳注：これらのプロパティは、series.dt.<property> としてアクセスできる。

```
      Date    date_dt year  month  day
0 2015-01-05 2015-01-05 2015      1    5
1 2015-01-04 2015-01-04 2015      1    4
2 2015-01-03 2015-01-03 2015      1    3
3 2015-01-02 2015-01-02 2015      1    2
4 2014-12-31 2014-12-31 2014     12   31
```

この解析結果における年月日は、変換前のデータ型を引き継いではいない。

```
print(ebola.info())
<class 'pandas.core.frame.DataFrame'>
RangeIndex: 122 entries, 0 to 121
Data columns (total 22 columns):
Date                 122 non-null datetime64[ns]
Day                  122 non-null int64
Cases_Guinea          93 non-null float64
Cases_Liberia         83 non-null float64
Cases_SierraLeone     87 non-null float64
Cases_Nigeria         38 non-null float64
Cases_Senegal         25 non-null float64
Cases_UnitedStates    18 non-null float64
Cases_Spain           16 non-null float64
Cases_Mali            12 non-null float64
Deaths_Guinea         92 non-null float64
Deaths_Liberia        81 non-null float64
Deaths_SierraLeone    87 non-null float64
Deaths_Nigeria        38 non-null float64
Deaths_Senegal        22 non-null float64
Deaths_UnitedStates   18 non-null float64
Deaths_Spain          16 non-null float64
Deaths_Mali           12 non-null float64
date_dt              122 non-null datetime64[ns]
year                 122 non-null int64
month                122 non-null int64
day                  122 non-null int64
dtypes: datetime64[ns](2), float64(16), int64(4)
memory usage: 21.0 KB
None
```

11.6 日付の計算と timedelta

　日付オブジェクトがあれば、日付の計算が可能になる。Ebola データセットには、Day という名前の列があるが、これは、その国で Ebola のアウトブレイク（爆発的流行）が始まって何日目かを示すものだ。この列は、日付の計算で作ることができる。次に示すのは、データの左下隅だ。

```
print(ebola.iloc[-5:, :5])
        Date  Day  Cases_Guinea  Cases_Liberia  Cases_SierraLeone
```

```
117 2014-03-27    5        103.0         8.0           6.0
118 2014-03-26    4         86.0         NaN           NaN
119 2014-03-25    3         86.0         NaN           NaN
120 2014-03-24    2         86.0         NaN           NaN
121 2014-03-22    0         49.0         NaN           NaN
```

アウトブレイクの最初の日（このデータセットで最も早い日付）は、2014-03-22である。だから、もしアウトブレイクからの経過日数を計算したければ、個々の日付から、最初の日の日付を差し引けばよい。この最初の日は、列のmin属性を使って取得できる。

```
print(ebola['date_dt'].min())
2014-03-22 00:00:00
```

そして、この日付を計算に使う。

```
ebola['outbreak_d'] = ebola['date_dt'] - ebola['date_dt'].min()

print(ebola[['Date', 'Day', 'outbreak_d']].head())
        Date  Day  outbreak_d
0 2015-01-05  289    289 days
1 2015-01-04  288    288 days
2 2015-01-03  287    287 days
3 2015-01-02  286    286 days
4 2014-12-31  284    284 days

print(ebola[['Date', 'Day', 'outbreak_d']].tail())
         Date  Day  outbreak_d
117 2014-03-27    5      5 days
118 2014-03-26    4      4 days
119 2014-03-25    3      3 days
120 2014-03-24    2      2 days
121 2014-03-22    0      0 days
```

日付でこういう計算を行うとき、実際に得られるのは timedelta 型のオブジェクトである。

```
print(ebola.info())
<class 'pandas.core.frame.DataFrame'>
RangeIndex: 122 entries, 0 to 121
Data columns (total 23 columns):
Date                122 non-null datetime64[ns]
Day                 122 non-null int64
Cases_Guinea         93 non-null float64
Cases_Liberia        83 non-null float64
Cases_SierraLeone    87 non-null float64
Cases_Nigeria        38 non-null float64
Cases_Senegal        25 non-null float64
Cases_UnitedStates   18 non-null float64
```

```
Cases_Spain            16 non-null float64
Cases_Mali             12 non-null float64
Deaths_Guinea          92 non-null float64
Deaths_Liberia         81 non-null float64
Deaths_SierraLeone     87 non-null float64
Deaths_Nigeria         38 non-null float64
Deaths_Senegal         22 non-null float64
Deaths_UnitedStates    18 non-null float64
Deaths_Spain           16 non-null float64
Deaths_Mali            12 non-null float64
date_dt                122 non-null datetime64[ns]
year                   122 non-null int64
month                  122 non-null int64
day                    122 non-null int64
outbreak_d             122 non-null timedelta64[ns]
dtypes: datetime64[ns](2), float64(16), int64(4), timedelta64[ns](1)
memory usage: 22.0 KB
None
```

上記の結果からわかるように、datetime オブジェクトの差を計算すると、結果として得られるのは timedelta オブジェクトである。

11.7 datetime のメソッド

別のデータセットを見てみよう。今度は銀行の破綻に関するものだ。

```
banks = pd.read_csv('../data/banklist.csv')
print(banks.head())
                                          Bank Name              City  ST  \
0                               Fayette County Bank         Saint Elmo  IL
1    Guaranty Bank, (d/b/a BestBank in Georgia & Mi...       Milwaukee  WI
2                                     First NBC Bank       New Orleans  LA
3                                    Proficio Bank  Cottonwood Heights  UT
4                         Seaway Bank and Trust Company          Chicago  IL

    CERT              Acquiring Institution Closing Date Updated Date
0   1802            United Fidelity Bank, fsb   26-May-17    26-Jul-17
1  30003  First-Citizens Bank & Trust Company    5-May-17    26-Jul-17
2  58302                        Whitney Bank   28-Apr-17    26-Jul-17
3  35495                   Cache Valley Bank    3-Mar-17    18-May-17
4  19328                State Bank of Texas   27-Jan-17    18-May-17
```

このデータをインポートするときにも、日付を直接解析できる。

```
banks = pd.read_csv('../data/banklist.csv', parse_dates=[5, 6])
print(banks.info())
<class 'pandas.core.frame.DataFrame'>
RangeIndex: 553 entries, 0 to 552
```

```
Data columns (total 7 columns):
Bank Name                 553 non-null object
City                      553 non-null object
ST                        553 non-null object
CERT                      553 non-null int64
Acquiring Institution     553 non-null object
Closing Date              553 non-null datetime64[ns]
Updated Date              553 non-null datetime64[ns]
dtypes: datetime64[ns](2), int64(1), object(4)
memory usage: 30.3+ KB
None
```

解析した結果に基づき、銀行が閉鎖した四半期（closing_quater）と年（closing_year）を取り出す。

```
banks['closing_quarter'], banks['closing_year'] = \
    (banks['Closing Date'].dt.quarter,
     banks['Closing Date'].dt.year)
```

この後、それぞれの年にいくつ銀行が閉鎖したかを計算できる。

```
closing_year = banks.groupby(['closing_year']).size()
```

あるいは、各年の各四半期に、いくつ銀行が閉鎖したかも計算できる。

```
closing_year_q = banks.groupby(['closing_year', 'closing_quarter']).size()
```

これらの結果を、図 11.1 と図 11.2 に示すように、プロットすることができる。

```
import matplotlib.pyplot as plt

fig, ax = plt.subplots()
ax = closing_year.plot()
plt.show()

fig, ax = plt.subplots()
ax = closing_year_q.plot()
plt.show()
```

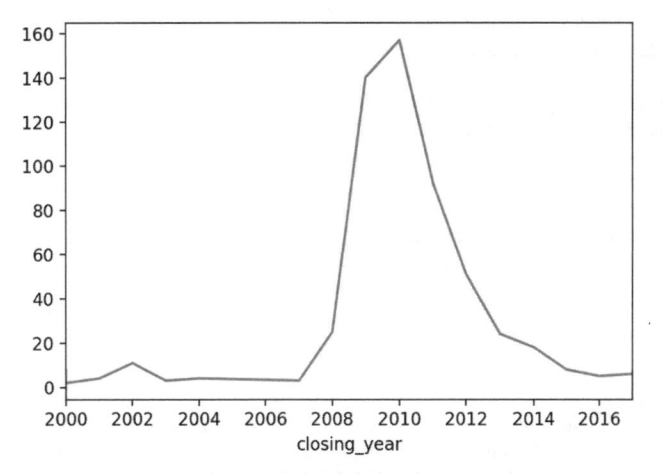

図 11.1　各年に閉鎖した銀行の数

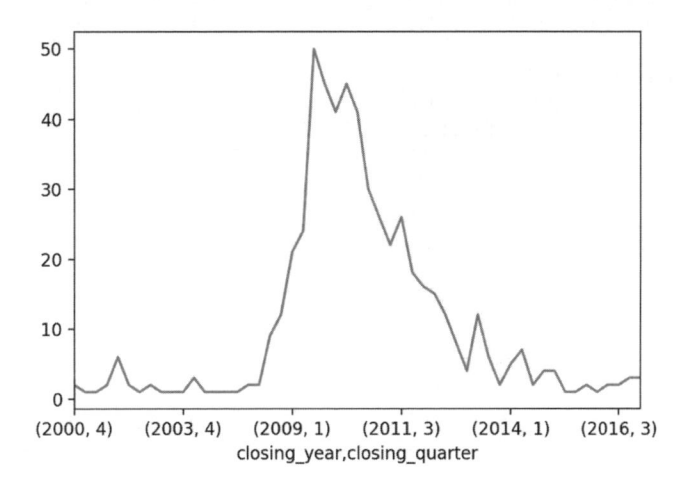

図 11.2　各年、各四半期に閉鎖した銀行の数

11.8　株価データを取得する

　日付を含むデータとして、よく見られるものの 1 つが株価（stock prices）である。幸い Python には、この種のデータをプログラムに従って取得する方法がある。

```
# インターネットからデータを取得するには、
```

```
# pandas_datareader をインストールして利用できる ※6
import pandas_datareader as pdr

# この例では Tesla に関する株価情報を取得する
tesla = pdr.get_data_yahoo('TSLA')

# 株価データは保存・変更しておき、今後はインターネットに依存せず、
# 同じデータセットをファイルとしてロードする
tesla = pd.read_csv('../data/tesla_stock_yahoo.csv', parse_dates=[0])
```

株価データは、次のようなものだ。

```
print(tesla.head())
        Date       Open   High         Low      Close  Adj Close     Volume
0 2010-06-29  19.000000  25.00  17.540001  23.889999  23.889999  18766300
1 2010-06-30  25.790001  30.42  23.299999  23.830000  23.830000  17187100
2 2010-07-01  25.000000  25.92  20.270000  21.959999  21.959999   8218800
3 2010-07-02  23.000000  23.10  18.709999  19.200001  19.200001   5139800
4 2010-07-06  20.000000  20.00  15.830000  16.110001  16.110001   6866900

print(tesla.tail())
           Date        Open        High         Low       Close   Adj Close  \
1786 2017-08-02  318.940002  327.119995  311.220001  325.890015  325.890015
1787 2017-08-03  345.329987  350.000000  343.149994  347.089996  347.089996
1788 2017-08-04  347.000000  357.269989  343.299988  356.910004  356.910004
1789 2017-08-07  357.350006  359.480011  352.750000  355.170013  355.170013
1790 2017-08-08  357.529999  368.579987  357.399994  365.220001  365.220001

        Volume
1786  13091500
1787  13535000
1788   9198400
1789   6276900
1790   7449837
```

11.9　日付によるデータの絞り込み

　列から日付の一部を解析して取り出す方法は、もうわかっている（11.5 節）。それらの手法を組み合わせれば、個々のパーツを手作業で解析することなく、データを絞り込むことができる。

　たとえば、もし株価データセットのうち、2010 年 6 月のデータだけが欲しければ、第 1 章と第 2 章で述べたように、真偽値による絞り込み（boolean subsetting）を使える。

※6　訳注：Python 3.6.5、pandas 0.23.0、pandas-datareader 0.6.0 の組み合わせでは、`import pandas_datareader` の実行時に "cannot import name 'is_list_like'" というエラーが出る。pandas-datareader 0.7.0 の場合、このようなエラーは出力されず、正常に実行されるので、この問題は解消されているようである。

```
print(tesla.loc[(tesla.Date.dt.year == 2010) & \
      (tesla.Date.dt.month == 6)])
         Date      Open   High      Low    Close  Adj Close    Volume
0  2010-06-29  19.000000  25.00  17.540001  23.889999  23.889999  18766300
1  2010-06-30  25.790001  30.42  23.299999  23.830000  23.830000  17187100
```

11.9.1 DatetimeIndex オブジェクト

datetime データを扱うとき、datetime オブジェクトを DataFrame オブジェクトのインデックスに設定したい場合がしばしばある。これまではたいてい、DataFrame オブジェクトのインデックスを行番号のままにしてきた。また、行インデックスが必ずしも行番号ではないことで生じる副作用については、たとえば第 4 章で DataFrame オブジェクトを連結するときに見てきた。

まずは、Date 列をインデックスとして、割り当ててみよう。

```
tesla.index = tesla['Date']
print(tesla.index)
DatetimeIndex(['2010-06-29', '2010-06-30', '2010-07-01', '2010-07-02',
               '2010-07-06', '2010-07-07', '2010-07-08', '2010-07-09',
               '2010-07-12', '2010-07-13',
               ...
               '2017-07-26', '2017-07-27', '2017-07-28', '2017-07-31',
               '2017-08-01', '2017-08-02', '2017-08-03', '2017-08-04',
               '2017-08-07', '2017-08-08'],
              dtype='datetime64[ns]', name='Date', length=1791, freq=None)
```

インデックスに日付オブジェクトが設定されたので、その日付を直接使って行を絞り込むことができる（たとえば年によって）。

```
print(tesla['2015'].iloc[:5, :5])
                 Date       Open       High        Low      Close
Date
2015-01-02  2015-01-02  222.869995  223.250000  213.259995  219.309998
2015-01-05  2015-01-05  214.550003  216.500000  207.160004  210.089996
2015-01-06  2015-01-06  210.059998  214.199997  204.210007  211.279999
2015-01-07  2015-01-07  213.350006  214.779999  209.779999  210.949997
2015-01-08  2015-01-08  212.809998  213.800003  210.009995  210.619995
```

また、年と月によってデータを絞り込むこともできる。

```
print(tesla['2010-06'].iloc[:, :5])
                 Date       Open   High        Low      Close
Date
2010-06-29  2010-06-29  19.000000  25.00  17.540001  23.889999
```

```
2010-06-30 2010-06-30   25.790001   30.42   23.299999   23.830000
```

11.9.2　TimedeltaIndex オブジェクト

　DataFrame オブジェクトのインデックスを datetime に設定することで DatetimeIndex を作った。それと同じことを timedelta で行えば、TimedeltaIndex を作ることができる。まずは、timedelta を作ろう。

```
tesla['ref_date'] = tesla['Date'] - tesla['Date'].min()
```

これで timedelta をインデックスに代入できる。

```
tesla.index = tesla['ref_date']

print(tesla.iloc[:5, :5])
                Date       Open   High       Low      Close
ref_date
0 days  2010-06-29  19.000000  25.00  17.540001  23.889999
1 days  2010-06-30  25.790001  30.42  23.299999  23.830000
2 days  2010-07-01  25.000000  25.92  20.270000  21.959999
3 days  2010-07-02  23.000000  23.10  18.709999  19.200001
7 days  2010-07-06  20.000000  20.00  15.830000  16.110001
```

そうすれば、これらの増分（delta）をもとに、データを選択できるようになる。

```
print(tesla['0 day': '5 day'].iloc[:5, :5])
                Date       Open   High       Low      Close
ref_date
0 days  2010-06-29  19.000000  25.00  17.540001  23.889999
1 days  2010-06-30  25.790001  30.42  23.299999  23.830000
2 days  2010-07-01  25.000000  25.92  20.270000  21.959999
3 days  2010-07-02  23.000000  23.10  18.709999  19.200001
```

11.10　日付の範囲

　どのデータセットであっても、値が定期的に現れるとは限らない。たとえば Ebola データセットでも、その日付の範囲内において、どの日にも観測値があるわけではない。

```
ebola = pd.read_csv('../data/country_timeseries.csv', parse_dates=[0])
print(ebola.iloc[:5,:5])
```

```
        Date  Day  Cases_Guinea  Cases_Liberia  Cases_SierraLeone
0 2015-01-05  289        2776.0            NaN             10030.0
1 2015-01-04  288        2775.0            NaN              9780.0
2 2015-01-03  287        2769.0         8166.0              9722.0
3 2015-01-02  286           NaN         8157.0                 NaN
4 2014-12-31  284        2730.0         8115.0              9633.0
```

このようにデータの先頭を見ると、2015-01-01 が欠けていることがわかる。

```
print(ebola.iloc[-5:, :5])
          Date  Day  Cases_Guinea  Cases_Liberia  Cases_SierraLeone
117 2014-03-27    5         103.0            8.0                6.0
118 2014-03-26    4          86.0            NaN                NaN
119 2014-03-25    3          86.0            NaN                NaN
120 2014-03-24    2          86.0            NaN                NaN
121 2014-03-22    0          49.0            NaN                NaN
```

このようにデータの末尾を見ると、2014-03-23 が欠けていることがわかる。

reindex メソッドによってデータセットのインデックスを作り直すために日付の範囲を作るのは、よく行われることだ。その際には、date_range 関数[7] を使うことができる。

たとえば、このデータの先頭について、次のように日付の範囲を作成できる。

```
head_range = pd.date_range(start='2014-12-31', end='2015-01-05')
print(head_range)
DatetimeIndex(['2014-12-31', '2015-01-01', '2015-01-02', '2015-01-03',
               '2015-01-04', '2015-01-05'],
              dtype='datetime64[ns]', freq='D')
```

この例で、最初の 5 行だけを処理することにしよう。

```
ebola_5 = ebola.head()
```

この範囲をインデックスとするには、まず 'Date' をインデックスとして設定する。

```
ebola_5.index = ebola_5['Date']
```

それから、データの reindex メソッドを呼び出す。

---

[7]　date_range のドキュメント：
　　　https://pandas.pydata.org/pandas-docs/stable/generated/pandas.date_range.html
　　　訳注：reindex については、本書の「5.3.4 インデックスの振り直し」を参照。

```
ebola_5.reindex(head_range)
print(ebola_5.iloc[:, :5])
                    Date  Day  Cases_Guinea  Cases_Liberia  Cases_SierraLeone
Date
2015-01-05  2015-01-05  289        2776.0            NaN             10030.0
2015-01-04  2015-01-04  288        2775.0            NaN              9780.0
2015-01-03  2015-01-03  287        2769.0         8166.0             9722.0
2015-01-02  2015-01-02  286           NaN         8157.0                NaN
2014-12-31  2014-12-31  284        2730.0         8115.0             9633.0
```

11.10.1 周期

先ほど head_range を作成したとき、print(head_range) という print 文の出力結果に freq というパラメータが含まれていた。その例では、freq には "day" を示す 'D' が指定されている。これは、「周期を1日」にした日付の範囲という意味だ。周期として使える別名のリスト[8]を、表11.2に示す。

表 11.2 周期として使える別名 (alias)

別名	説明
B	毎営業日 (business day frequency)
C	カスタムの毎営業日 (実験段階)
D	毎日 (calendar day frequency)
W	毎週
M	月末周期
SM	半月末 (15日と月末) 周期
BM	月末営業周期
CBM	カスタムの月末営業周期
MS	月初 (month start) 周期
SMS	半月初 (1日と15日) 周期
BMS	月初営業周期
CBMS	カスタムの月初営業周期
Q	四半期末周期
BQ	四半期末営業周期
QS	四半期初 (quarter start) 周期
BQS	四半期初営業周期
A	年末周期
BA	年末営業周期
AS	年初周期
BAS	年初営業周期

[8] 「Offset Aliases」のドキュメント：
https://pandas.pydata.org/pandas-docs/stable/timeseries.html#offset-aliases
訳注：翻訳時点で、このドキュメントに記載がないが、次の項に出てくる WOM (WeekOfMonth) なども実装されている (https://github.com/pandas-dev/pandas/issues/2289)。

別名	説明
BH	毎営業時 (business hour)
H	毎時
T	毎分
S	毎秒
L	ミリ秒周期
U	マイクロ秒周期
N	ナノ秒周期

date_range を呼び出すときは、これらの値を freq パラメータに渡すことができる。たとえば、2017 年 1 月 1 日は日曜日だったが、その週の営業日によって構成される範囲を、次のように作成できる。

```
# 2017 年 1 月 1 日を含む週の営業日
print(pd.date_range('2017-01-01', '2017-01-07', freq='B'))
DatetimeIndex(['2017-01-02', '2017-01-03', '2017-01-04', '2017-01-05',
               '2017-01-06'],
              dtype='datetime64[ns]', freq='B')
```

11.10.2 オフセット

オフセットは、基本となる周期に対してバリエーションを与えるものだ。たとえば、先ほど作った営業日（'B'）の範囲に対してオフセットの指定を加えることで、毎営業日ではなく、2 日おきの営業日がデータに含まれるように設定できる。

```
# 2017 年 1 月 1 日を含む週の、1 日おきの営業日
print(pd.date_range('2017-01-01', '2017-01-07', freq='2B'))
DatetimeIndex(['2017-01-02', '2017-01-04', '2017-01-06'],
dtype='datetime64[ns]', freq='2B')
```

このオフセットの場合、基本の周期の前に、その数値を指定している。他の基本周期と、同様な形式でオフセットを組み合わせることもできる。たとえば「2017 年の毎月の第 1 木曜日」は、次のように指定できる。

```
print(pd.date_range('2017-01-01', '2017-12-31', freq='WOM-1THU'))
DatetimeIndex(['2017-01-05', '2017-02-02', '2017-03-02', '2017-04-06',
               '2017-05-04', '2017-06-01', '2017-07-06', '2017-08-03',
               '2017-09-07', '2017-10-05', '2017-11-02', '2017-12-07'],
              dtype='datetime64[ns]', freq='WOM-1THU')
```

同じく「毎月の第 3 金曜日」を、次のように指定できる。

```
print(pd.date_range('2017-01-01', '2017-12-31', freq='WOM-3FRI'))
DatetimeIndex(['2017-01-20', '2017-02-17', '2017-03-17', '2017-04-21',
               '2017-05-19', '2017-06-16', '2017-07-21', '2017-08-18',
               '2017-09-15', '2017-10-20', '2017-11-17', '2017-12-15'],
              dtype='datetime64[ns]', freq='WOM-3FRI')
```

11.11 値をシフトする

　日時を、ある値の分だけ前後にシフトしたい場合があるかもしれない。理由としては、たとえば
データの測定誤差を修正したい場合があるかもしれない。あるいは、傾向を比較するために、デー
タの開始日時を標準化したいかもしれない。

　Ebola データは「整然」ではないが、現在のフォーマットには、アウトブレイク（爆発的流行）をプ
ロットできるという長所がある。そのプロットを図 11.3 に示す。

```
import matplotlib.pyplot as plt

ebola.index = ebola['Date']

fig, ax = plt.subplots()
ax = ebola.plot(ax=ax)
# 上記の行で ValueError が発生。上記 2 行目のインデックス化を行わず、下記コードにより、
# データのロード時にインデックス化と日時解析を行っておくと図 11.3 が表示された
# ebola = pd.read_csv('../data/country_timeseries.csv', index_col='Date',
#                     parse_dates=['Date'])
ax.legend(fontsize=7, loc=2, borderaxespad=0.)
plt.show()
```

>> xi ページにカラーで掲載

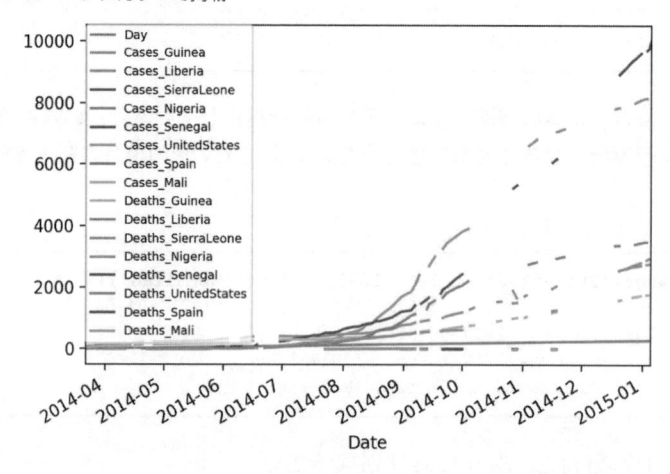

図 11.3　Ebola の患者数と死者数をプロット（日付のシフトなし）

　アウトブレイクを見るときに重要な情報の1つは、他の国と比べてアウトブレイクがどれほど早く広がっているかだ。先のEbolaデータセットから2列だけを見よう。

```
ebola_sub = ebola[['Day', 'Cases_Guinea', 'Cases_Liberia']]
print(ebola_sub.tail(10))
            Day  Cases_Guinea  Cases_Liberia
Date
2014-04-04   13         143.0           18.0
2014-04-01   10         127.0            8.0
2014-03-31    9         122.0            8.0
2014-03-29    7         112.0            7.0
2014-03-28    6         112.0            3.0
2014-03-27    5         103.0            8.0
2014-03-26    4          86.0            NaN
2014-03-25    3          86.0            NaN
2014-03-24    2          86.0            NaN
2014-03-22    0          49.0            NaN
```

　それぞれの国で、アウトブレイクが始まった日付が異なっている。そのため、新たなアウトブレイクが後に発生したとき、国ごとの実際の傾向を比較することが難しくなる。

　この例では、すべての日付を共通の「0日目」から始まるようにしたい。それを実現するプロセスは、次の段階を踏むことになる。

1. すべての日にデータがあるわけではないから、データセットの全部の日付を含む範囲を作る。
2. データセットの各列における最初の日付の差を計算する。また、個々の列で最も早い有効な（NaNではない）日付を求める。
3. そのように計算した値によって、各列をシフトする。

　始める前に、まずはEbolaデータセットの新しいコピーを作る。それから、Date列を正しいdateオブジェクトとして解析し、その日付をインデックスとして設定する。この例では、解析した日付を直接インデックスに設定している。

```
ebola = pd.read_csv('../data/country_timeseries.csv', index_col='Date',
                    parse_dates=['Date'])
print(ebola.head().iloc[:, :4])
            Day  Cases_Guinea  Cases_Liberia  Cases_SierraLeone
Date
2015-01-05  289        2776.0            NaN            10030.0
2015-01-04  288        2775.0            NaN             9780.0
2015-01-03  287        2769.0         8166.0             9722.0
2015-01-02  286           NaN         8157.0                NaN
2014-12-31  284        2730.0         8115.0             9633.0
```

```
print(ebola.tail().iloc[:, :4])
            Day  Cases_Guinea  Cases_Liberia  Cases_SierraLeone
Date
2014-03-27  5           103.0            8.0                6.0
2014-03-26  4            86.0            NaN                NaN
2014-03-25  3            86.0            NaN                NaN
2014-03-24  2            86.0            NaN                NaN
2014-03-22  0            49.0            NaN                NaN
```

　続いて、データの欠損値をすべて埋めるために、日付の範囲を作る必要がある。そして、日付の値を下方シフトする。データのシフトに使う日数の値は、シフトされる行の数と等しい。

```
new_idx = pd.date_range(ebola.index.min(), ebola.index.max())
```

　作成した new_idx を見ると、日付が望ましい順序になっていないことがわかる。

```
print(new_idx)
DatetimeIndex(['2014-03-22', '2014-03-23', '2014-03-24', '2014-03-25',
               '2014-03-26', '2014-03-27', '2014-03-28', '2014-03-29',
               '2014-03-30', '2014-03-31',
               ...
               '2014-12-27', '2014-12-28', '2014-12-29', '2014-12-30',
               '2014-12-31', '2015-01-01', '2015-01-02', '2015-01-03',
               '2015-01-04', '2015-01-05'],
              dtype='datetime64[ns]', length=290, freq='D')
```

　これを修正するために、インデックスの順序を逆転する。

```
new_idx = reversed(new_idx)
```

　これで、reindex 関数により正しいデータを作成できる（5.3.4 項）。その結果、データセットにインデックスが存在しなかった日付では、NaN の値の行が作られる。

```
ebola = ebola.reindex(new_idx)
```

　この結果のデータの head と tail を見ると、元のデータになかった日付がデータセットに追加され、その行に欠損値の NaN が並んでいることを確認できる。なお、Date の列にある NaT というのは datetime の欠損値を表すもので、NaN と同じ意味だ。

```
print(ebola.head().iloc[:, :4])
            Day  Cases_Guinea  Cases_Liberia  Cases_SierraLeone
Date
```

```
2015-01-05   289.0      2776.0              NaN          10030.0
2015-01-04   288.0      2775.0              NaN           9780.0
2015-01-03   287.0      2769.0           8166.0           9722.0
2015-01-02   286.0         NaN           8157.0              NaN
2015-01-01     NaN         NaN              NaN              NaN

print(ebola.tail().iloc[:, :4])
             Day   Cases_Guinea   Cases_Liberia   Cases_SierraLeone
Date
2014-03-26   4.0         86.0              NaN                NaN
2014-03-25   3.0         86.0              NaN                NaN
2014-03-24   2.0         86.0              NaN                NaN
2014-03-23   NaN          NaN              NaN                NaN
2014-03-22   0.0         49.0              NaN                NaN
```

　これで日付の範囲を作り、それをインデックスに割り当てることができた。次のステップは、デー
タセットで最も早い日付と、各列で最も早い有効な（欠損していない）日付との差を計算すること
だ。この計算を実行するには、Series の last_valid_index メソッド[9] を利用できる。この関数
が返すのは、欠損していない（null でもない）最後の値の index である。これによく似た、first_
valid_index メソッド[10] は、欠損しておらず（null でもない）最初の値の index を返す。そして、
この計算を、すべての列に対して行うために、apply メソッドを使う。

```
last_valid = ebola.apply(pd.Series.last_valid_index)
print(last_valid)
Day                   2014-03-22
Cases_Guinea          2014-03-22
Cases_Liberia         2014-03-27
Cases_SierraLeone     2014-03-27
Cases_Nigeria         2014-07-23
Cases_Senegal         2014-08-31
Cases_UnitedStates    2014-10-01
Cases_Spain           2014-10-08
Cases_Mali            2014-10-22
Deaths_Guinea         2014-03-22
Deaths_Liberia        2014-03-27
Deaths_SierraLeone    2014-03-27
Deaths_Nigeria        2014-07-23
Deaths_Senegal        2014-09-07
Deaths_UnitedStates   2014-10-01
Deaths_Spain          2014-10-08
Deaths_Mali           2014-10-22
dtype: datetime64[ns]
```

　次に、データセットで最も早い日付を取得する。

---

[9]　API リファレンス「Series.last_valid_index」：
　　　https://pandas.pydata.org/pandas-docs/stable/generated/pandas.Series.last_valid_index.html

[10]　API リファレンス「Series.first_valid_index」：
　　　https://pandas.pydata.org/pandas-docs/stable/generated/pandas.Series.first_valid_index.html

```
earliest_date = ebola.index.min()
print(earliest_date)
2014-03-22 00:00:00
```

そして、この日付を last_valid の個々の日付から引いてシフト量を求める。

```
shift_values = last_valid - earliest_date
print(shift_values)
Day                    0 days
Cases_Guinea           0 days
Cases_Liberia          5 days
Cases_SierraLeone      5 days
Cases_Nigeria        123 days
Cases_Senegal        162 days
Cases_UnitedStates   193 days
Cases_Spain          200 days
Cases_Mali           214 days
Deaths_Guinea          0 days
Deaths_Liberia         5 days
Deaths_SierraLeone     5 days
Deaths_Nigeria       123 days
Deaths_Senegal       169 days
Deaths_UnitedStates  193 days
Deaths_Spain         200 days
Deaths_Mali          214 days
dtype: timedelta64[ns]
```

最後に、それぞれの列に対する巡回処理として、shift メソッドにより、それぞれの列を shift_values の対応する値だけ下降シフト（shift down）する。これは、shift_values の値が、すべて正の値だからである。もし値が負ならば（引き算の順序を逆にしていたら）この演算によって値は上昇シフト（shift up）する。

```
ebola_dict = {}
for idx, col in enumerate(ebola):
    d = shift_values[idx].days
    shifted = ebola[col].shift(d)
    ebola_dict[col] = shifted
```

値は dict のデータとして格納されるので、そのデータを DataFrame オブジェクトに変換するために、pandas の DataFrame オブジェクトの関数を使う。

```
ebola_shift = pd.DataFrame(ebola_dict)
```

dict オブジェクトは順序を持たないが、元の ebola の列を渡せば、値の順序を戻すことができる。

```
ebola_shift = ebola_shift[ebola.columns]
```

この段階では、どの列の最終行にも値がある。つまり、これらの列は適切に下降シフトされている。

```
print(ebola_shift.tail())
              Day  Cases_Guinea  Cases_Liberia  Cases_SierraLeone  \
Date
2014-03-26    4.0          86.0            8.0                2.0
2014-03-25    3.0          86.0            NaN                NaN
2014-03-24    2.0          86.0            7.0                NaN
2014-03-23    NaN           NaN            3.0                2.0
2014-03-22    0.0          49.0            8.0                6.0

            Cases_Nigeria  Cases_Senegal  Cases_UnitedStates  \
Date
2014-03-26            1.0            NaN                 1.0
2014-03-25            NaN            NaN                 NaN
2014-03-24            NaN            NaN                 NaN
2014-03-23            NaN            NaN                 NaN
2014-03-22            0.0            1.0                 1.0

            Cases_Spain  Cases_Mali  Deaths_Guinea  Deaths_Liberia  \
Date
2014-03-26          1.0         NaN           62.0             4.0
2014-03-25          NaN         NaN           60.0             NaN
2014-03-24          NaN         NaN           59.0             2.0
2014-03-23          NaN         NaN            NaN             3.0
2014-03-22          1.0         1.0           29.0             6.0

            Deaths_SierraLeone  Deaths_Nigeria  Deaths_Senegal  \
Date
2014-03-26                 2.0             1.0             NaN
2014-03-25                 NaN             NaN             NaN
2014-03-24                 NaN             NaN             NaN
2014-03-23                 2.0             NaN             NaN
2014-03-22                 5.0             0.0             0.0

            Deaths_UnitedStates  Deaths_Spain  Deaths_Mali
Date
2014-03-26                  0.0           1.0          NaN
2014-03-25                  NaN           NaN          NaN
2014-03-24                  NaN           NaN          NaN
2014-03-23                  NaN           NaN          NaN
2014-03-22                  0.0           1.0          1.0
```

11

仕上げの段階においては、インデックスはもう各行にわたって有効ではないので、それらを削除し、正しいインデックス Day を割り当てる。ただし 0 Day は、アウトブレイク全体の初日ではなく、所与の国におけるアウトブレイクの初日を表している。

```
ebola_shift.index = ebola_shift['Day']
ebola_shift = ebola_shift.drop(['Day'], axis=1)

print(ebola_shift.tail())
      Cases_Guinea  Cases_Liberia  Cases_SierraLeone  Cases_Nigeria  \
Day
 4.0          86.0            8.0                2.0            1.0
 3.0          86.0            NaN                NaN            NaN
 2.0          86.0            7.0                NaN            NaN
NaN            NaN            3.0                2.0            NaN
 0.0          49.0            8.0                6.0            0.0


      Cases_Senegal  Cases_UnitedStates  Cases_Spain  Cases_Mali  \
Day
 4.0            NaN                 1.0          1.0         NaN
 3.0            NaN                 NaN          NaN         NaN
 2.0            NaN                 NaN          NaN         NaN
NaN            NaN                 NaN          NaN         NaN
 0.0            1.0                 1.0          1.0         1.0


      Deaths_Guinea  Deaths_Liberia  Deaths_SierraLeone  Deaths_Nigeria  \
Day
 4.0           62.0             4.0                 2.0             1.0
 3.0           60.0             NaN                 NaN             NaN
 2.0           59.0             2.0                 NaN             NaN
NaN            NaN             3.0                 2.0             NaN
 0.0           29.0             6.0                 5.0             0.0


      Deaths_Senegal  Deaths_UnitedStates  Deaths_Spain  Deaths_Mali
Day
 4.0             NaN                  0.0           1.0          NaN
 3.0             NaN                  NaN           NaN          NaN
 2.0             NaN                  NaN           NaN          NaN
NaN             NaN                  NaN           NaN          NaN
 0.0             0.0                  0.0           1.0          1.0
```

11.12　リサンプリング

　ここでのリサンプリング（再標本化）とは、datetime を、ある周期から別の周期に変換することである。これにより、次の 3 種類のうち、どれかが発生する。

1. ダウンサンプリング：高い周期から、より低い周期へ（たとえば、毎日から毎月へ）

2. アップサンプリグ：低い周期から、より高い周期へ（たとえば毎月から毎日へ）

3. 変化なし：周期が変化しない（たとえば月の第 1 木曜から、月の最後の金曜へ）

　リサンプリングを行うには、表 11.2 に示した値（別名）を resample 関数に渡せばよい。

```
# 毎日の値を毎月の値にダウンサンプリングする。値が複数あるので
# 結果を集約する必要があるが、ここでは平均値を使う
down = ebola.resample('M').mean()
print(down.iloc[:5,:5])
                  Day  Cases_Guinea  Cases_Liberia  \
Date
2014-03-31    4.500000     94.500000       6.500000
2014-04-30   24.333333    177.818182      24.555556
2014-05-31   51.888889    248.777778      12.555556
2014-06-30   84.636364    373.428571      35.500000
2014-07-31  115.700000    423.000000     212.300000


            Cases_SierraLeone  Cases_Nigeria
Date
2014-03-31           3.333333            NaN
2014-04-30           2.200000            NaN
2014-05-31           7.333333            NaN
2014-06-30         125.571429            NaN
2014-07-31         420.500000       1.333333

# いったんダウンサンプリングした値をアップサンプリングする。
# これにより、欠けていた日付が欠損値によって埋められる
up = down.resample('D').mean()
print(up.iloc[:5,:5])
            Day  Cases_Guinea  Cases_Liberia  Cases_SierraLeone  Cases_Nigeria
Date
2014-03-31  4.5          94.5            6.5           3.333333            NaN
2014-04-01  NaN           NaN            NaN                NaN            NaN
2014-04-02  NaN           NaN            NaN                NaN            NaN
2014-04-03  NaN           NaN            NaN                NaN            NaN
2014-04-04  NaN           NaN            NaN                NaN            NaN
```

11.13　時間帯

　時間帯 (time zone) コンバータを自分で書こうとしてはいけない。"Computerphile" のビデオ [11] で Tom Scott が説明しているように「それは狂気に至る道だ」。さまざまな時間帯に対処するには、考えもしなかったような多くの問題がある。たとえば、どの国も夏時間 (daylight savings time) を実施しているわけではないのだし、実施している国が、どこでも同じ日に時計を進めたり戻したりするわけでもない。そして、うるう年だけでなく、うるう秒があることも忘れてはいけない。幸いなことに、Python には時間帯を扱えるよう、特別に設計された pytz というライブラリ [12] がある。そして pandas でも時間帯を扱うときは、このライブラリをラップしている。

---

[11]　YouTube ビデオ「The Problem with Time and Timezones - Computerphile」:
https://www.youtube.com/watch?v=-5wpm-gesOY （字幕あり）

[12]　pytz ライブラリ：http://pytz.sourceforge.net/
訳注：pytz では、Olson の tz database（世界の各タイムゾーン情報データ）が導入される。

247

```
import pytz
```

このライブラリでは、実に多くの時間帯を利用できる。

```
print(len(pytz.all_timezones))
593
```

たとえば次の実行結果に示すように、合衆国の時間帯を取り扱っている。

```
import re
regex = re.compile(r'^US')
selected_files = filter(regex.search, pytz.common_timezones)
print(list(selected_files))
['US/Alaska', 'US/Arizona', 'US/Central', 'US/Eastern', 'US/Hawaii',
'US/Mountain', 'US/Pacific']
```

Python で時間帯とのやり取りを行う最も簡単な方法は、pytz.all_timezones によって得られた文字列の名前を使うことだ。

そして時間帯を表す方法の 1 つは、pandas の Timestamp オブジェクトを使って、2 つのタイムスタンプを作ることだ。本書執筆の時点で、JFK 空港と LAX 空港の間のフライトの 1 つは、7:00 AM にニューヨークを出発し、9:57 AM にロサンゼルスに到着する。これらの時刻を正しい時間帯で符号化できる。

```
# 7AM Eastern (米東部)
depart = pd.Timestamp('2017-08-29 07:00', tz='US/Eastern')
print(depart)
2017-08-29 07:00:00-04:00
```

時間帯は、tz_localize 関数を使うことでも表現できる。

```
arrive = pd.Timestamp('2017-08-29 09:57')
print(arrive)
2017-08-29 09:57:00

arrive = arrive.tz_localize('US/Pacific')
print(arrive)
2017-08-29 09:57:00-07:00
```

フライトが到着したときに、東海岸で何時になっているかを知りたければ、到着時刻を東部（Eastern）時間帯に変換することができる。

```
print(arrive.tz_convert('US/Eastern'))
2017-08-29 12:57:00-04:00
```

　また、時間帯に対する演算も可能である。次の例は、飛行時間を知るために、2つの時刻の差を求めようとするものだ。

```
# エラーになる
duration = arrive - depart

Traceback (most recent call last):
  File "<ipython-input-1-0db03cba0b30>", line 2, in <module>
    duration = arrive - depart
TypeError: Timestamp subtraction must have the same timezones or no timezones
```

　TypeError は、この計算を行うためには時間帯が同じか、存在しないか、どちらかでなければならない、と報告している。

```
# 飛行時間を求める
duration = arrive.tz_convert('US/Eastern') - depart
print(duration)
0 days 05:57:00
```

11

11.14　まとめ

　pandas は、日付や時刻を扱うときに便利な、一連のメソッドと関数を提供する。これらの型のデータは、時系列データで頻繁に使われる。時系列データの一般的な例として、株価があるが、観察あるいはシミュレートされたデータも、時系列データに含まれる。pandas の便利な関数とメソッドを使えば、文字列操作や解析に頼らなくても、日付のオブジェクトを容易に扱うことができる。

MEMO

Part IV
Data Modeling

▼
▼
▼

第4部
モデルをデータに適合させる

Pandas for Everyone

Python Data Analysis

第12章
線形モデル

第13章
一般化線形モデル

第14章
モデルを診断する

第15章
正則化で過学習に対処する

第16章
クラスタリング

第12章

▼
▼
▼

線形モデル

12.1　はじめに

　この第 4 部「モデルをデータに適合させる」は、原著と同じシリーズ書籍である Jared Lander の『R for Everyone』[1] の構成に合わせている。もしデータ分析に他の言語のメソッドを使う必要が生じても、読者はすでにここまでで Python と pandas を使うデータ操作のメソッドを学んでいるのだから、クリーニング済みのデータセットを保存できるはずだ。それに、この第 4 部では基本的なモデリングのテクニックを数多くカバーしているから、データ分析および機械学習の入門にも役立つ。ほかの優れた参考書としては、Andreas Müller と Sarah Guido の『Introduction to Machine Learning With Python』[2] や、Sebastian Raschka と Vahid Mirjalili の『Python Machine Learning』[3] がある。

12.2　単純な線形回帰

　線形回帰 (linear regression) の目的は、応答変数 (response variable) と予測変数 (predictor variable) との間の直線的な関係を描くことだ。応答変数は、結果変数 (outcome variable) とも従属変数 (dependent variable) とも呼ばれる。予測変数は、特徴量 (feature) とも共変数あ

※1　　訳注：同シリーズの『R for Everyone』（https://www.jaredlander.com/r-for-everyone/）のうち、16〜19章と22章が本書の第4部に対応。『R for Everyone』の邦訳：『みんなのR』（マイナビ出版、2015年6月）、『みんなのR 第2版』（2018年12月）。

※2　　邦訳：『Python ではじめる機械学習』（オライリージャパン、2017 年 5 月）。

※3　　邦訳：『[第 2 版]Python 機械学習プログラミング』（インプレス、2018 年 3 月）。

るいは共変量（covariate）とも独立変数（independent variable）とも呼ばれる[※4]。

まずは、もう一度 tips データセットを見てみよう。

```
import pandas as pd
import seaborn as sns

tips = sns.load_dataset('tips')
print(tips.head())
   total_bill   tip     sex smoker  day    time  size
0       16.99  1.01  Female     No  Sun  Dinner     2
1       10.34  1.66    Male     No  Sun  Dinner     3
2       21.01  3.50    Male     No  Sun  Dinner     3
3       23.68  3.31    Male     No  Sun  Dinner     2
4       24.59  3.61  Female     No  Sun  Dinner     4
```

単純な線形回帰において、total_bill が tip とどのように関連するのか、あるいは総額からチップの額をどのように予測できるのかを知りたい。

12.2.1　Python 統計ライブラリ statsmodels を使う

単純な線形回帰（いわゆる単回帰）を実行するには、statsmodels[※5] ライブラリを使用できる。ここで使うのは、その formula API だ。

```
import statsmodels.formula.api as smf
```

この回帰の実行に使う ols 関数は、「通常の最小2乗法」（Ordinary Least Squares）によって値を計算する手法である。これは線形回帰でパラメータを推定する方法の1つだ。以下の直線の式を思い出していただきたい。

$$y = mx + b \qquad \text{(12.1)}$$

ここで y が応答変数、x が予測変数、b は切片、そして m は傾きである。すなわち、切片や傾きをパラメータとして推定する。

formula の記法では、2つの部分をチルダ（~）で区切る。チルダの左辺は応答変数、チルダの右辺は予測変数だ。

※4　訳注：もう1つの呼び方である「説明変数」（explanatory variable）は、「例えば多重回帰やロジスティック回帰の定義式の右辺に現れる変数で、左辺の応答変数を"説明"するために使われる。独立変数（independent variable）という用語もあるが、変数間の独立性を仮定しているわけではない」— B.S.Everitt著、清水良一訳『統計科学辞典』（朝倉書店、2002年9月）より。

※5　訳注：statsmodelsは、統計モデルの推定、統計検定、統計データの調査を行うためのクラスや関数を提供するPythonライブラリ。

```
model = smf.ols(formula='tip ~ total_bill', data=tips)
```

こうしてモデルを指定したら、次に fit メソッドを使って、そのモデルにデータを当てはめる（fit: 適合を試す）ことができる。

```
results = model.fit()
```

結果を見るには、変数 results の summary メソッドを呼び出せばよい。

```
print(results.summary())
                            OLS Regression Results
==============================================================================
Dep. Variable:                    tip   R-squared:                       0.457
Model:                            OLS   Adj. R-squared:                  0.454
Method:                 Least Squares   F-statistic:                     203.4
Date:                Tue, 12 Sep 2017   Prob (F-statistic):           6.69e-34
Time:                        06:25:09   Log-Likelihood:                -350.54
No. Observations:                 244   AIC:                             705.1
Df Residuals:                     242   BIC:                             712.1
Df Model:                           1   Covariance Type:             nonrobust
==============================================================================
                 coef    std err          t      P>|t|      [0.025      0.975]
------------------------------------------------------------------------------
Intercept      0.9203      0.160      5.761      0.000       0.606       1.235
total_bill     0.1050      0.007     14.260      0.000       0.091       0.120
==============================================================================
Omnibus:                       20.185   Durbin-Watson:                   2.151
Prob(Omnibus):                  0.000   Jarque-Bera (JB):               37.750
Skew:                           0.443   Prob(JB):                     6.35e-09
Kurtosis:                       4.711   Cond. No.                         53.0
==============================================================================

Warnings:
[1] Standard Errors assume that the covariance matrix of the errors is
correctly specified.
```

中央に、モデルの切片（Intercept）と総額（total_bill）が表示されている。これらの係数あるいはパラメータを直線の式に当てはめてみると、次のようになる。

$$y = (0.105)x + 0.920 \qquad \text{(12.2)}$$

これらのパラメータの数値を解釈すれば、total_bill が 1 単位増加するにつれて（つまり、総額が 1 ドル増えると）、チップは 0.105（10.5 セント）ずつ増える、と言うことができる。

　パラメータつまり係数（coefficient）だけを知りたいときは、results の params 属性を呼び出せばよい。

```
print(results.params)
Intercept     0.920270
total_bill    0.105025
dtype: float64
```

　データ分析の対象となる分野によっては、予測変数の信頼区間（confidence interval）を報告する必要があるかもしれない。この信頼区間は、両端が [0.025 0.975] なので確率 95% である[6]。両端に対応する予測変数の値は、conf_int メソッドを使って取り出すこともできる。

```
print(results.conf_int())
                   0          1
Intercept   0.605622   1.234918
total_bill  0.090517   0.119532
```

12.2.2　Python 機械学習ライブラリ sklearn を使う

　sklearn[7] ライブラリも、さまざまな機械学習モデルへ当てはめるのに使える。12.2.1 項と同じデータ分析を実行するには、このライブラリから linear_model モジュールをインポートする必要がある。

```
from sklearn import linear_model
```

これで線形回帰オブジェクトを作成できる。

```
# LinearRegression オブジェクトを作成
lr = linear_model.LinearRegression()
```

　次に、予測変数 X と、応答変数 y を指定する必要がある。それには、モデルで使いたい列を渡せばよい。

```
# 大文字の X、小文字の y であることに注意。
```

---

[6]　監訳注：これは、母集団から標本を抽出して信頼区間を推定する処理を100回繰り返したときに、95回は信頼区間に母集団の平均（母平均）が含まれることを意味している。

[7]　訳注：scikit-learnは、分類／回帰／クラスタリングといった機械学習を行うためのPythonライブラリ。その名称として「scikit-learn」が使用されることが少なくないが、本書ではコード上の表記である「sklearn」を使用している。

```
# エラーが出る理由は、X に変数が 1 つしかないから
predicted = lr.fit(X=tips['total_bill'], y=tips['tip'])

Traceback (most recent call last):
  File "<ipython-input-1-40e6128e301f>", line 2, in <module>
    predicted = lr.fit(X=tips['total_bill'], y=tips['tip'])
ValueError: Expected 2D array, got 1D array instead:
array=[ 16.99 10.34 21.01 23.68 24.59 25.29  8.77 26.88 15.04
14.78
  10.27 35.26 15.42 18.43 14.83 21.58 10.33 16.29 16.97 20.65
  17.92 20.29 15.77 39.42 19.82 17.81 13.37 12.69 21.7  19.65
   9.55 18.35 15.06 20.69 17.78 24.06 16.31 16.93 18.69 31.27
  16.04 17.46 13.94  9.68 30.4  18.29 22.23 32.4  28.55 18.04
  12.54 10.29 34.81  9.94 25.56 19.49 38.01 26.41 11.24 48.27
  20.29 13.81 11.02 18.29 17.59 20.08 16.45  3.07 20.23 15.01
  12.02 17.07 26.86 25.28 14.73 10.51 17.92 27.2  22.76 17.29
  19.44 16.66 10.07 32.68 15.98 34.83 13.03 18.28 24.71 21.16
  28.97 22.49  5.75 16.32 22.75 40.17 27.28 12.03 21.01 12.46
  11.35 15.38 44.3  22.42 20.92 15.36 20.49 25.21 18.24 14.31
14.
   7.25 38.07 23.95 25.71 17.31 29.93 10.65 12.43 24.08 11.69
  13.42 14.26 15.95 12.48 29.8   8.52 14.52 11.38 22.82 19.08
  20.27 11.17 12.26 18.26  8.51 10.33 14.15 16.   13.16 17.47
  34.3  41.19 27.05 16.43  8.35 18.64 11.87  9.78  7.51 14.07
  13.13 17.26 24.55 19.77 29.85 48.17 25.   13.39 16.49 21.5
  12.66 16.21 13.81 17.51 24.52 20.76 31.71 10.59 10.63 50.81
  15.81  7.25 31.85 16.82 32.9  17.89 14.48  9.6  34.63 34.65
  23.33 45.35 23.17 40.55 20.69 20.9  30.46 18.15 23.1  15.69
  19.81 28.44 15.48 16.58  7.56 10.34 43.11 13.   13.51 18.71
  12.74 13.   16.4  20.53 16.47 26.59 38.73 24.27 12.76 30.06
  25.89 48.33 13.27 28.17 12.9  28.15 11.59  7.74 30.14 12.16
  13.42  8.58 15.98 13.42 16.27 10.09 20.45 13.28 22.12 24.01
  15.69 11.61 10.77 15.53 10.07 12.6  32.83 35.83 29.03 27.18
  22.67 17.82 18.78].

Reshape your data either using array.reshape(-1, 1) if your data has a
single feature or array.reshape(1, -1) if it contains a single sample.
```

　sklearn は numpy の配列を受け取るように作られているので、DataFrame オブジェクトを sklearn に渡すには、何らかのデータ操作が必要になることがある。上の出力にあるエラーメッセージは、要するに「渡された行列の形状（shape）が正しくないので形状変換（reshape）が必要だ」と言っている。このケースのようにデータが "single feature"（予測変数が 1 つ）の場合は、reshape(-1, 1) を指定する。また、データが "single sample"（つまり複数の観測値がない）という場合は、reshape(1, -1) を指定する。

　ところが、列に対して直接 reshape を呼び出すと、使っている pandas のバージョンによって、DeprecationWarning が出力されるか（pandas 0.17）、あるいは ValueError が出力される（pandas 0.19）。このデータに対して正しく reshape を実行するには、values 属性を使わなければならない（さもなければ、エラーまたは警告が出る）。pandas の DataFrame オブジェクトまたは Series オブジェクトに対して values 属性を呼び出すと、そのデータの numpy ndarray 表現が得られる。

```
# 大文字の X、小文字の y であることに注意
# データを sklearn に適した正しい形状に直す
predicted = lr.fit(X=tips['total_bill'].values.reshape(-1, 1),
                   y=tips['tip'])
```

sklearn は numpy ndarray を扱うのだから、X または y のパラメータに対して numpy のベクトルを明示的に渡すコード（y=tips['tip'].values）を見かけることがあるかもしれない。

残念ながら、statsmodels が出力してくれるような便利な回帰の要約表（summary tables）を、sklearn は提供してくれない。このことには、この 2 つのライブラリの背後にある流派の違い（統計学とコンピュータサイエンス / 機械学習）が反映されている。sklearn で係数（coefficients）を取得するには、当てはめたモデルの coef_ 属性を呼び出す。

```
print(predicted.coef_)
[ 0.10502452]
```

モデルの切片（intercept）を取得するには、その intercept_ 属性を呼び出す。

```
print(predicted.intercept_)
0.92026961355467307
```

statsmodels で行ったのと同じ結果が得られることに注目しよう。つまり、1 ドル増えるにつれて、およそ 10% にあたるチップを増やしていることがわかる。

12.3　重回帰

単純な線形回帰は、1 個の予測変数から 1 個の連続値の応答変数への回帰を調べるものだ。重回帰（multiple regression）を使うと、モデルに複数の予測変数を投入できる。

12.3.1　Python 統計ライブラリ statsmodels を使う

重回帰のモデルにデータセットを当てはめるのは、単回帰のモデルに当てはめることと非常によく似ている。formula の右辺において、もう 1 つの予測変数、あるいは共変数を追加すればよいのだ。

```
model = smf.ols(formula='tip ~ total_bill + size', data=tips).\
            fit()
print(model.summary())
                          OLS Regression Results
==============================================================================
Dep. Variable:                    tip   R-squared:                       0.468
```

```
Model:                         OLS   Adj. R-squared:                0.463
Method:              Least Squares   F-statistic:                   105.9
Date:             Tue, 12 Sep 2017   Prob (F-statistic):         9.67e-34
Time:                     06:25:10   Log-Likelihood:              -347.99
No. Observations:              244   AIC:                           702.0
Df Residuals:                  241   BIC:                           712.5
Df Model:                        2   Covariance Type:           nonrobust
==============================================================================
                 coef    std err          t      P>|t|      [0.025      0.975]
------------------------------------------------------------------------------
Intercept      0.6689      0.194      3.455      0.001      0.288       1.050
total_bill     0.0927      0.009     10.172      0.000      0.075       0.111
size           0.1926      0.085      2.258      0.025      0.025       0.361
==============================================================================
Omnibus:                    24.753   Durbin-Watson:                 2.100
Prob(Omnibus):               0.000   Jarque-Bera (JB):             46.169
Skew:                        0.545   Prob(JB):                   9.43e-11
Kurtosis:                    4.831   Cond. No.                       67.6
==============================================================================

Warnings:
[1] Standard Errors assume that the covariance matrix of the errors is
correctly specified.
```

　前回とまったく同じ解釈が行われているが、それぞれのパラメータは「他のすべての変数を定数として」解釈されている。つまり、`total_bill` が 1 単位（1 ドル）増えるたびに、`tip` は 0.09（9 セント）増えるが、それはグループの `size` が一定であればの話である。

12.3.2　statsmodels でカテゴリ変数を使う

　これまでは、モデルで連続値の予測変数だけを使ってきたが、`tips` データセットの `info` 属性を見ると、このデータにはカテゴリ変数が含まれている。

```
print(tips.info())
<class 'pandas.core.frame.DataFrame'>
RangeIndex: 244 entries, 0 to 243
Data columns (total 7 columns):
total_bill    244 non-null float64
tip           244 non-null float64
sex           244 non-null category
smoker        244 non-null category
day           244 non-null category
time          244 non-null category
size          244 non-null int64
dtypes: category(4), float64(2), int64(1)
memory usage: 7.2 KB
None
```

　1 つのカテゴリ変数を基準にするには、複数のダミー変数（dummy variable）を作る必要がある。

つまり、カテゴリに含まれる個々のユニークな値が、それぞれ新しい2値特徴量（binary feature）になる。たとえば、tipsデータセットにおけるsexは、FemaleかMaleか、2つの値のどちらかである。

```
print(tips.sex.unique())
[Female, Male]
Categories (2, object): [Female, Male]
```

statsmodelsは、自動的にダミー変数を作ってくれるが、多重共線性（multicollinearity）[8]を避けるために、ダミー変数の片方を落とすのが典型的だ。つまり、女性かどうかを示す列があり、（そのデータの中で）ある人が女性でないとわかれば、その人は男性に違いない。その場合、男性かどうかを示すダミー変数を捨ててしまっても、結局は同じ情報が得られる、ということだ。

次に、今回のデータにある全部の変数を使うモデルを示す。

```
model = smf.ols(
    formula='tip ~ total_bill + size + sex + smoker + day + time',
    data=tips).\
    fit()
```

次のようにサマリーを出力してみると、statsmodelsが自動的にダミー変数を作るとともに、多重共線性を避けるために参照変数（reference variable）を落としていることがわかる[9]。

```
print(model.summary())
                            OLS Regression Results
==============================================================================
Dep. Variable:                    tip   R-squared:                       0.470
Model:                            OLS   Adj. R-squared:                  0.452
Method:                 Least Squares   F-statistic:                     26.06
Date:                Tue, 12 Sep 2017   Prob (F-statistic):           1.20e-28
Time:                        06:25:10   Log-Likelihood:                -347.48
No. Observations:                 244   AIC:                             713.0
Df Residuals:                     235   BIC:                             744.4
Df Model:                           8   Covariance Type:             nonrobust
==============================================================================
                 coef    std err          t      P>|t|      [0.025      0.975]
------------------------------------------------------------------------------
Intercept      0.5908      0.256      2.310      0.022       0.087       1.095
sex[T.Female]  0.0324      0.142      0.229      0.819      -0.247       0.311
smoker[T.No]   0.0864      0.147      0.589      0.556      -0.202       0.375
day[T.Fri]     0.1623      0.393      0.412      0.680      -0.613       0.937
```

---

[8] 監訳注：多重共線性（multicolinearity）とは、予測変数の中に相関係数が極めて高いものが含まれていることを表す。このような場合に重回帰を行うと、推定された係数が不安定になるので、片方の予測変数の除去などの対応が必要になる。

[9] 監訳注：ここでは男性を表すダミー変数を参照変数としている。

```
day[T.Sat]         0.0408     0.471      0.087      0.931      -0.886     0.968
day[T.Sun]         0.1368     0.472      0.290      0.772      -0.793     1.066
time[T.Dinner]    -0.0681     0.445     -0.153      0.878      -0.944     0.808
total_bill         0.0945     0.010      9.841      0.000       0.076     0.113
size               0.1760     0.090      1.966      0.051      -0.000     0.352
==============================================================================
Omnibus:                      27.860   Durbin-Watson:                   2.096
Prob(Omnibus):                 0.000   Jarque-Bera (JB):               52.555
Skew:                          0.607   Prob(JB):                     3.87e-12
Kurtosis:                      4.923   Cond. No.                         281.
==============================================================================

Warnings:
[1] Standard Errors assume that the covariance matrix of the errors is
correctly specified.
```

　これらのパラメータの解釈は、前の例と同じだ。ただし、カテゴリ変数の解釈で、参照変数（つまり、データ分析から落とされたダミー変数）との関係を示す必要がある。たとえば sex[T. Female] の係数は、0.0324 である。この値は、参照変数（Male）との関係で解釈される。つまり、もし sex が Male から Female に変わると、チップは 0.324 だけ増大する、という意味なのだ。

　もう 1 つ、変数 day について調べよう。

```
print(tips.day.unique())
[Sun, Sat, Thur, Fri]
Categories (4, object): [Sun, Sat, Thur, Fri]
```

　この結果を見ると、サマリーの出力では Thur が欠けていることがわかる。したがって、これが係数の解釈に使う参照変数である。

12.3.3　Python 機械学習ライブラリ sklearn を使う

　sklearn で行う重回帰の構文は、このライブラリで行う単回帰の構文と、非常によく似ている。モデルに特徴量を追加するには、利用したい列を渡せばよい。

```
lr = linear_model.LinearRegression()

# 今度は重回帰を実行するのだから、X の値を reshape する必要はない
predicted = lr.fit(X=tips[['total_bill', 'size']],
                   y=tips['tip'])
print(predicted.coef_)
[ 0.09271334 0.19259779]
```

　モデルから切片を取得する方法は、先の例と同じである。

```
print(predicted.intercept_)
0.668944740813
```

12.3.4 sklearn でカテゴリ変数を使う

sklearn では、ダミー変数を作るためにコーディングしなければならない。幸いにも pandas には、その仕事を担ってくれる get_dummies という関数がある。この関数は、カテゴリ変数をダミー変数へと自動的に変換するので、個々の列を 1 つずつ追加する必要はない。sklearn にも、似たような処理を行ってくれる OneHotEncoder 関数がある[10]。

```
tips_dummy = pd.get_dummies(
    tips[['total_bill', 'size', 'sex', 'smoker', 'day', 'time']])
print(tips_dummy.head())
   total_bill  size  sex_Male  sex_Female  smoker_Yes  smoker_No  \
0       16.99     2         0           1           0          1
1       10.34     3         1           0           0          1
2       21.01     3         1           0           0          1
3       23.68     2         1           0           0          1
4       24.59     4         0           1           0          1

   day_Thur  day_Fri  day_Sat  day_Sun  time_Lunch  time_Dinner
0         0        0        0        1           0            1
1         0        0        0        1           0            1
2         0        0        0        1           0            1
3         0        0        0        1           0            1
4         0        0        0        1           0            1
```

参照変数を落とすには、get_dummies 関数に drop_first=True を渡す。

```
x_tips_dummy_ref = pd.get_dummies(
    tips[['total_bill', 'size',
          'sex', 'smoker', 'day', 'time']], drop_first=True)
print(x_tips_dummy_ref.head())
   total_bill  size  sex_Female  smoker_No  day_Fri  day_Sat  \
0       16.99     2           1          1        0        0
1       10.34     3           0          1        0        0
2       21.01     3           0          1        0        0
3       23.68     2           0          1        0        0
4       24.59     4           1          1        0        0

   day_Sun  time_Dinner
0        1            1
1        1            1
```

---

[10] sklearn の OneHotEncoder：
http://scikit-learn.org/stable/modules/generated/sklearn.preprocessing.OneHotEncoder.html

```
2        1         1
3        1         1
4        1         1
```

次に、参照変数を落としたデータに対して、前回と同様にモデルを当てはめる。その後は、係数
や切片についても、前回と同じ方法で取得できる。

```
lr = linear_model.LinearRegression()
predicted = lr.fit(X=x_tips_dummy_ref,
            y=tips['tip'])

print(predicted.coef_)
[ 0.09448701  0.175992    0.03244094  0.08640832  0.1622592   0.04080082
  0.13677854 -0.0681286 ]

print(predicted.intercept_)
0.590837425951
```

12.4　sklearn でインデックスラベルを残す

sklearn を使用した場合、モデルを解釈しようとするときに1つ困ることは、係数にラベルが付
いていないことだ。ラベルが省略される理由は、numpy ndarray がこの種のメタデータを格納で
きないからである。もし statsmodels の場合と似た出力が欲しいのであれば、ラベルを手作業で
格納し、それらに係数を追加する必要がある。

```
import numpy as np

# モデルを作成して当てはめる
lr = linear_model.LinearRegression()
predicted = lr.fit(X=x_tips_dummy_ref, y=tips['tip'])

# 切片や他の係数を取得
values = np.append(predicted.intercept_, predicted.coef_)

# 値の名前を取得
names = np.append('intercept', x_tips_dummy_ref.columns)

# すべてをラベル付き DataFrame オブジェクトに入れる
results = pd.DataFrame(values, index = names,
    columns=['coef'] # ここには角カッコが必要
)

print(results)
                coef
intercept    0.590837
total_bill   0.094487
```

```
size         0.175992
sex_Female   0.032441
smoker_No    0.086408
day_Fri      0.162259
day_Sat      0.040801
day_Sun      0.136779
time_Dinner -0.068129
```

12.5 まとめ

　この章では、statsmodels や sklearn ライブラリを使ったモデルの適合（fitting：当てはめ）の基礎を紹介した。モデルに特徴量を追加し、ダミー変数を作成するというコンセプトは、モデルの当てはめにおいて頻繁に利用されている。これまでは、応答変数が 1 個の連続変数である「線形モデル」の適合に焦点を絞ってきた。以降の章では、応答変数が 1 個の連続変数ではないモデルの適合を行う。

第13章

一般化線形モデル

13.1　はじめに

すべての応答変数が連続値ではないから、線形回帰は、あらゆる状況に適したモデルではない。応答変数は、2値データ（binary data）かもしれないし（たとえば、病気にかかっている、かかっていない）、カウントデータ（count data）かもしれない（たとえば、コインの表がいくつ出るか）。このような種類のデータに対処できるように一般化された（それでも予測変数を線形に組み合わせて使う）モデルの種類が、「一般化線形モデル」（generalized linear models：GLM）だ。

13.2　ロジスティック回帰

2値の応答変数があるとき、データのモデリングにしばしば使われるのがロジスティック回帰（logistic regression）である。ここで、American Community Survey（ACS）による住民調査データの一部を使って、ロジスティック回帰を試してみよう。

```
import pandas as pd

acs = pd.read_csv('../data/acs_ny.csv')
print(acs.columns)
Index(['Acres', 'FamilyIncome', 'FamilyType', 'NumBedrooms', 'NumChildren', `
        'NumPeople', 'NumRooms', 'NumUnits', 'NumVehicles', 'NumWorkers',
        'OwnRent', 'YearBuilt', 'HouseCosts', 'ElectricBill', 'FoodStamp',
```

```
         'HeatingFuel', 'Insurance', 'Language'],
      dtype='object')
```

```
print(acs.head())
   Acres FamilyIncome    FamilyType  NumBedrooms  NumChildren  NumPeople  \
0  1-10          150       Married            4            1          3
1  1-10          180   Female Head            3            2          4
2  1-10          280   Female Head            4            0          2
3  1-10          330   Female Head            2            1          2
4  1-10          330     Male Head            3            1          2

   NumRooms         NumUnits  NumVehicles  NumWorkers   OwnRent     YearBuilt  \
0         9  Single detached            1           0  Mortgage     1950-1959
1         6  Single detached            2           0    Rented   Before 1939
2         8  Single detached            3           1  Mortgage     2000-2004
3         4  Single detached            1           0    Rented     1950-1959
4         5  Single attached            1           0  Mortgage   Before 1939

   HouseCosts  ElectricBill FoodStamp HeatingFuel  Insurance        Language
0        1800            90        No         Gas       2500         English
1         850            90        No         Oil          0         English
2        2600           260        No         Oil       6600  Other European
3        1800           140        No         Oil          0         English
4         860           150        No         Gas        660         Spanish
```

このデータをモデリングするには、まず 2 値の応答変数を作る必要がある。変数 FamilyIncome (家族の収入)を、2 値の変数に分割してみよう ('ge150K' は、$150,000 以上という意味)。

```
# 境界値を引数にとる cut 関数により、FamilyIncome の値をもとに 2 値に分類
acs['ge150k'] = pd.cut(acs['FamilyIncome'],
                       [0, 150000, acs['FamilyIncome'].max()],
                       labels=[0, 1])
acs['ge150k_i'] = acs['ge150k'].astype(int)
print(acs['ge150k_i'].value_counts())
0    18294
1     4451
Name: ge150k_i, dtype: int64
```

これによって、2 値の変数(値が 0 または 1)が作成された。

```
acs.info()
<class 'pandas.core.frame.DataFrame'>
RangeIndex: 22745 entries, 0 to 22744
Data columns (total 20 columns):
Acres           22745 non-null object
FamilyIncome    22745 non-null int64
FamilyType      22745 non-null object
NumBedrooms     22745 non-null int64
NumChildren     22745 non-null int64
NumPeople       22745 non-null int64
```

```
NumRooms         22745 non-null int64
NumUnits         22745 non-null object
NumVehicles      22745 non-null int64
NumWorkers       22745 non-null int64
OwnRent          22745 non-null object
YearBuilt        22745 non-null object
HouseCosts       22745 non-null int64
ElectricBill     22745 non-null int64
FoodStamp        22745 non-null object
HeatingFuel      22745 non-null object
Insurance        22745 non-null int64
Language         22745 non-null object
ge150k           22745 non-null category
ge150k_i         22745 non-null int64
dtypes: category(1), int64(11), object(8)
memory usage: 3.3+ MB
```

13.2.1　Python 統計ライブラリ statsmodels を使う

　ロジスティック回帰を行うには、logit 関数を使用できる。この関数の構文は、第 12 章で線形回帰に使った ols 関数とほとんど同じである。

```
import statsmodels.formula.api as smf

model = smf.logit('ge150k_i ~ HouseCosts + NumWorkers + '\
                  'OwnRent + NumBedrooms + FamilyType',
                  data = acs)
results = model.fit()

Optimization terminated successfully.
         Current function value: 0.391651
         Iterations 7

print(results.summary())
                      Logit Regression Results
==============================================================================
Dep. Variable:             ge150k_i   No. Observations:               22745
Model:                        Logit   Df Residuals:                   22737
Method:                         MLE   Df Model:                           7
Date:              Tue, 12 Sep 2017   Pseudo R-squ.:                 0.2078
Time:                      04:37:17   Log-Likelihood:                -8908.1
converged:                     True   LL-Null:                       -11244.
                                      LLR p-value:                    0.000
==============================================================================
                         coef    std err          z      P>|z|      [0.025      0.975]
------------------------------------------------------------------------------
Intercept              -5.8081      0.120    -48.456      0.000      -6.043      -5.573
OwnRent[T.Outright]     1.8276      0.208      8.782      0.000       1.420       2.236
OwnRent[T.Rented]      -0.8763      0.101     -8.647      0.000      -1.075      -0.678
FamilyType[T.Male Head] 0.2874      0.150      1.913      0.056      -0.007       0.582
```

```
│ FamilyType[T.Married]     1.3877      0.088      15.781      0.000      1.215      1.560
  HouseCosts                0.0007   1.72e-05      42.453      0.000      0.001      0.001
  NumWorkers                0.5873      0.026      22.393      0.000      0.536      0.639
  NumBedrooms               0.2365      0.017      13.985      0.000      0.203      0.270
│ ===================================================================================
```

ロジスティック回帰の結果を解釈するのは、線形回帰の解釈ほど単純明快ではない。ロジスティック回帰には（一般化線形モデルはすべてそうだが）、リンク関数という形式で変換が行われているので、結果を解釈するには、その変換を戻す必要がある。

ロジスティック回帰モデルを解釈するにはまず、その結果を指数とした自然対数 e の累乗を計算する必要がある。

```
import numpy as np

odds_ratios = np.exp(results.params)
print(odds_ratios)
 Intercept                   0.003003
 OwnRent[T.Outright]         6.219147
 OwnRent[T.Rented]           0.416310
 FamilyType[T.Male Head]     1.332901
 FamilyType[T.Married]       4.005636
 HouseCosts                  1.000731
 NumWorkers                  1.799117
 NumBedrooms                 1.266852
 dtype: float64
```

そして、これらの値を「オッズ比」（odds ratio）として解釈する。オッズ比は、言ってみれば応答変数の値が「どのくらいの倍率で起こりやすいか」ということだが、これは単なるアナロジー（比較表現）で学術的な正確さはない。これらの数値を解釈する例を示すとすれば、NumBedrooms（寝室の数）が 1 単位増加するたびに、FamilyIncome が 150,000 以上となる**オッズ**は、1.27 倍になる、といったものになる。

同様な解釈を、カテゴリ変数にも行うことができる。カテゴリ変数が、常に参照変数との関係で解釈されることを思い出そう（12.3.2 を参照）。OwnRent が取りうる値は、次に示すように、抵当（Mortgage）／賃貸（Rented）／無条件所有（Outright）の 3 つである。

```
print(acs.OwnRent.unique())
['Mortgage'  'Rented'  'Outright']
```

これらのダミー変数を解釈する例を挙げておく。家が無条件所有のときに FamilyIncome が 150,000 以上となるオッズは、家が抵当に入っている場合に比べて 1.82 倍の比率となる[1]。

※1　監訳注：この比率の数値は、先の Logit Regression Results の出力表における OwnRent[T.Outright] に対する coef の値だと考えられる。

13

13.2.2　Python 機械学習ライブラリ sklearn を使う

　12.3.4 で説明したように、sklearn を利用する場合は、ダミー変数を作るために get_dummies 関数を使ってコーディングする必要があることを思い出そう。

```
predictors = pd.get_dummies(
    acs[['HouseCosts', 'NumWorkers', 'OwnRent', 'NumBedrooms',
        'FamilyType']],
    drop_first=True)
```

　こうすれば、linear_model モジュールの LogisticRegression オブジェクトを使用できる。

```
from sklearn import linear_model
lr = linear_model.LogisticRegression()
```

　モデルを当てはめる方法は、線形回帰の場合と同じだ。

```
results = lr.fit(X = predictors, y = acs['ge150k_i'])
```

　この後は、係数も線形回帰と同じ方法で取得できる。

```
print(results.coef_)
[[  7.09576796e-04     5.59835691e-01     2.22619419e-01     1.18014648e+00
   -7.30046173e-01     3.18642512e-01     1.21313432e+00]]
```

　切片も同様の方法で取得可能である。

```
print(results.intercept_)
[-5.49270525]
```

　これらの結果は、もっと見やすいフォーマットで出力できる。

```
values = np.append(results.intercept_, results.coef_)
# 変数の名前を取得
names = np.append('intercept', predictors.columns)

# ラベル付きの DataFrame オブジェクトに、すべてを格納する
results = pd.DataFrame(values, index = names,
    columns=['coef']  # ここには角カッコが必要
)
```

```
print(results)
                        coef
intercept             -5.492705
HouseCosts             0.000710
NumWorkers             0.559836
NumBedrooms            0.222619
OwnRent_Outright       1.180146
OwnRent_Rented        -0.730046
FamilyType_Male Head   0.318643
FamilyType_Married     1.213134
```

係数を解釈するには、やはり値を累乗する必要がある。

```
results['or'] = np.exp(results['coef'])
print(results)
                        coef        or
intercept             -5.492705  0.004117
HouseCosts             0.000710  1.000710
NumWorkers             0.559836  1.750385
NumBedrooms            0.222619  1.249345
OwnRent_Outright       1.180146  3.254851
OwnRent_Rented        -0.730046  0.481887
FamilyType_Male Head   0.318643  1.375260
FamilyType_Married     1.213134  3.364012
```

13.3　ポアソン回帰

　ポアソン回帰 (Poisson regression) は、応答変数がカウント (個数 / 回数) データを含むときに行われる。たとえば acs データでは、変数 NumChildren (子供の数) がカウントデータの例だ。

13.3.1　statsmodels の poisson 関数

　ポアソン回帰は、statsmodels の poisson 関数を使って行うことができる (訳注：下記のコードを実行したところ、なぜか正常に終了せず、オーバーフローが発生した)。

```
import statsmodels.formula.api as smf

results = smf.poisson(
    'NumChildren ~ FamilyIncome + FamilyType + OwnRent',
    data=acs).fit()

Optimization terminated successfully.
        Current function value: 1.348824
        Iterations 7

print(results.summary())
```

```
                      Poisson Regression Results
==============================================================================
Dep. Variable:          NumChildren   No. Observations:             22745
Model:                      Poisson   Df Residuals:                 22739
Method:                         MLE   Df Model:                         5
Date:             Tue, 12 Sep 2017   Pseudo R-squ.:              0.009627
Time:                      04:37:18   Log-Likelihood:              -30679.
converged:                     True   LL-Null:                     -30977.
                                      LLR p-value:               1.190e-126
==============================================================================
                       coef    std err          z      P>|z|      [0.025      0.975]
------------------------------------------------------------------------------
Intercept            -0.3257      0.021    -15.490      0.000      -0.367      -0.284
FamilyType[T.Male Head] -0.0630   0.038     -1.637      0.102      -0.138       0.012
FamilyType[T.Married]  0.1440      0.021      6.707      0.000       0.102       0.186
OwnRent[T.Outright]   -1.9737      0.230     -8.599      0.000      -2.424      -1.524
OwnRent[T.Rented]      0.4086      0.021     19.772      0.000       0.368       0.449
FamilyIncome         5.42e-07   6.57e-08      8.247      0.000    4.13e-07    6.71e-07
==============================================================================
```

　一般化線形モデルの利点として、「変更する必要があるのは、当てはめるモデルの族（family）と、データ変換を行うリンク関数だけ」というものがある。より一般化された glm 関数を使っても、まったく同じ計算を行うことができる。

```
import statsmodels
import statsmodels.api as sm
import statsmodels.formula.api as smf

model = smf.glm(
    'NumChildren ~ FamilyIncome + FamilyType + OwnRent',
    data=acs,
    family=sm.families.Poisson(sm.genmod.families.links.log))
```

　glm 関数を使うときは、family を指定する必要があり、その family が link も受け取る。この例では、sm.families.Poisson に位置する Poisson 族を使い、リンクは sm.genmod.families.links.log という位置のものだ。

　この方法を使っても、前と同じ値を取得することができる。

```
results = model.fit()

print(results.summary())
              Generalized Linear Model Regression Results
==============================================================================
Dep. Variable:          NumChildren   No. Observations:             22745
Model:                          GLM   Df Residuals:                 22739
Model Family:               Poisson   Df Model:                         5
Link Function:                  log   Scale:                          1.0
Method:                        IRLS   Log-Likelihood:              -30679.
```

```
Date:            Tue, 12 Sep 2017   Deviance:              34643.
Time:                   04:37:18   Pearson chi2:          3.34e+04
No. Iterations:                6
==================================================================================
                     coef    std err          z    P>|z|     [0.025      0.975]
----------------------------------------------------------------------------------
Intercept          -0.3257      0.021    -15.490    0.000     -0.367      -0.284
FamilyType[T.Male Head]  -0.0630    0.038    -1.637    0.102     -0.138      0.012
FamilyType[T.Married]     0.1440    0.021     6.707    0.000      0.102      0.186
OwnRent[T.Outright]      -1.9737     0.230    -8.599    0.000     -2.424     -1.524
OwnRent[T.Rented]         0.4086     0.021    19.772    0.000      0.368      0.449
FamilyIncome           5.42e-07   6.57e-08     8.247    0.000   4.13e-07    6.71e-07
==================================================================================
```

13.3.2　過分散のための「負の2項回帰」

もしポアソン回帰の前提が破れたら――つまり、データが過分散（overdispersion）となっていたら――代わりに「負の2項回帰」（negative binomial regression）を実行できる。

```
model = smf.glm(
    'NumChildren ~ FamilyIncome + FamilyType + OwnRent',
    data=acs,
    family=sm.families.NegativeBinomial(sm.genmod.families.links.log))

results = model.fit()

print(results.summary())
          Generalized Linear Model Regression Results
==================================================================================
Dep. Variable:        NumChildren   No. Observations:           22745
Model:                        GLM   Df Residuals:               22739
Model Family:       NegativeBinomial   Df Model:                      5
Link Function:                log   Scale:              0.778781336189
Method:                      IRLS   Log-Likelihood:            -29749.
Date:            Tue, 12 Sep 2017   Deviance:                   20731.
Time:                   04:37:19   Pearson chi2:              1.77e+04
No. Iterations:                6

==================================================================================
                     coef    std err          z    P>|z|     [0.025      0.975]
----------------------------------------------------------------------------------
Intercept          -0.3345      0.025    -13.226    0.000     -0.384      -0.285
FamilyType[T.Male Head]  -0.0468    0.046    -1.025    0.305     -0.136      0.043
FamilyType[T.Married]     0.1529    0.026     5.892    0.000      0.102      0.204
OwnRent[T.Outright]      -1.9737     0.215    -9.193    0.000     -2.394     -1.553
OwnRent[T.Rented]         0.4164     0.027    15.586    0.000      0.364      0.469
FamilyIncome          5.398e-07   8.43e-08     6.405    0.000   3.75e-07    7.05e-07
==================================================================================
```

13

271

13.4　その他の一般化線形モデル

statsmodels の GLM に関するドキュメントのページ[※2]では、glm のパラメータに渡せるさまざまな族（family）のリストが掲載されている。これらの族は、どれも sm.families.<FAMILYNAME> という階層にある。

- Binomial　2 項分布
- Gamma　　　ガンマ分布
- InverseGaussian　逆ガウス分布
- NegativeBinomial　負の 2 項分布
- Poisson　　ポアソン分布
- Tweedie　　Tweedie 分布

リンク関数のリストは、sm.families.family.<FAMILYNAME>.links で取得できる。下記にリンク関数を列記するが、族によって利用できるリンク関数が異なることに注意する必要がある。

- CDFLink
- CLogLog
- Log
- Logit
- NegativeBinomial
- Power
- cauchy
- identity
- inverse_power
- inverse_squared

13.5　生存分析

　厳密に言えば回帰ではないが、生存分析（survival analysis）は、あるイベントが発生するまでの時間をモデリングするときに使われる[※3]。このアプローチは、たとえば医療の研究ならば、ある治療（treatment）によって、標準の（または別の）治療よりも、深刻な事態（たとえば死）を、より良く回避できるかを判定するときに使われる。また、生存分析は打ち切り（censored）のあるデータにも使われる。つまり、あるイベントの正確な結末が完全に明らかではない場合だ。たとえば治療を受けていた患者が追跡不能になることがあるかもしれない。

　生存分析は、lifelines ライブラリ[※4]を使って行われる。ここでは、R の survival パッケージから得た bladder データを使う。これは、所与の治療について膀胱癌の再発を識別するためのものだ。

※2　statsmodels の一般化線形モデル（GLM）：
　　　http://www.statsmodels.org/dev/glm.html

※3　訳注：日本理学療法士学会の「EBPT用語集」によれば、「イベントが（起きる、起きない）ということに対して、影響する要因を調べるのが生存分析」である。

※4　lifelines のドキュメント：
　　　https://lifelines.readthedocs.io/en/latest/

```
bladder = pd.read_csv('../data/bladder.csv')
print(bladder.head())
   id  rx  number  size  stop  event  enum
0   1   1       1     3     1      0     1
1   1   1       1     3     1      0     2
2   1   1       1     3     1      0     3
3   1   1       1     3     1      0     4
4   2   1       2     1     4      0     1
```

まずは 2 つの異なる治療 rx について、それぞれのサンプル数を見ておく。

```
print(bladder['rx'].value_counts())
1    188
2    152
Name:  rx, dtype: int64
```

生存分析を実行するために、lifelines ライブラリから、KaplanMeierFitter をインポートする。

```
# pip install lifelines
import pandas as pd
from lifelines import KaplanMeierFitter
```

モデルの作成とデータの当てはめは、sklearn を使ってモデルにデータを当てはめた手順と同様だ。変数 stop は、いつイベントが発生したかを表し、変数 event は、現在注目しているイベント（膀胱癌の再発）が発生したかどうかを知らせる。この event の値は 0 になることがある。その理由は、人は消息不明になることがあるからだ。前述したように、この種のデータは「打ち切り」（censored）と呼ばれる。

```
kmf = KaplanMeierFitter()
kmf.fit(bladder['stop'], event_observed=bladder['event'])

<lifelines.KaplanMeierFitter: fitted with 340 observations, 228
censored>
```

生存関数の曲線は、matplotlib を使って、図 13.1 のようにプロットすることができる。

```
import matplotlib.pyplot as plt

fig, ax = plt.subplots()
ax = kmf.survival_function_.plot(ax=ax)
ax.set_title('Survival function of medical treatments')
plt.show()
```

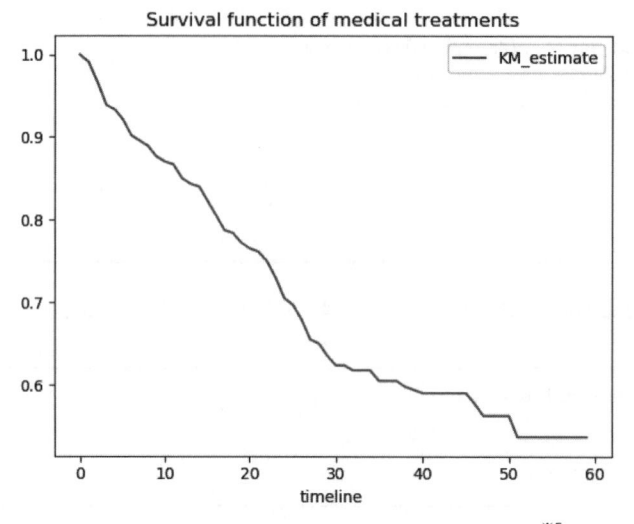

図 13.1　治療のカプランマイヤー曲線をプロット [5]

また、図 13.2 のように、この生存曲線の信頼区間を示すこともできる。

```
fig, ax = plt.subplots()
ax = kmf.plot(ax=ax)
ax.set_title('Survival with confidence intervals')
plt.show()
```

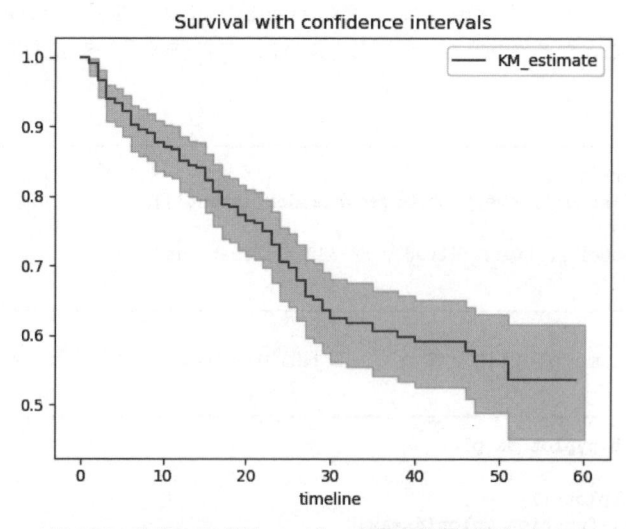

図 13.2　治療のカプランマイヤー曲線と信頼区間をプロット

---

[5]　訳注：図中の "KM_estimate" は、「カプランマイヤーの推定量」（Kaplan-Meier estimate）を意味する。

　これまでは生存曲線をプロットするだけだったが、生存率（survival rate）を予測するモデルに当てはめることもできる。そういうモデルの1つが「コックスの比例ハザードモデル」（Cox proportional hazards model）である。lifelines ライブラリの CoxPHFitter クラスを使って、このモデルを当てはめてみよう。

```
from lifelines import CoxPHFitter

cph = CoxPHFitter()
```

次に、予測変数として使う列を渡す。

```
cph_bladder_df = bladder[['rx', 'number', 'size',
                          'enum', 'stop', 'event']]
cph.fit(cph_bladder_df, duration_col='stop', event_col='event')
<lifelines.CoxPHFitter: fitted with 340 observations, 228 censored>
```

このときに print_summary メソッドを使えば、個々の係数を出力できる。

```
print(cph.print_summary())
n=340, number of events= 112
           coef    exp(coef)    se(coef)          z          p lower 0.95    upper 0.95
rx      -0.5974       0.5502      0.2009    -2.9738     0.0029    -0.9912       -0.2036     **
number   0.2175       1.2430      0.0465     4.6756     0.0000     0.1263        0.3087     ***
size    -0.0568       0.9448      0.0709    -0.8007     0.4233    -0.1958        0.0822
enum    -0.6038       0.5467      0.0940    -6.4231     0.0000    -0.7881       -0.4195     ***
---
Signif. codes:   0 '***' 0.001 '**' 0.01 '*'   0.05 '.'  0.1 ' ' 1

Concordance = 0.753
Likelihood ratio test = 67.211 on 4 df, p=0.00000
None
```

13.5.1　Cox モデルの前提をチェックする

　Cox モデルを使用してよいかどうかの前提[6]をチェックする方法の1つは、層別に分けて生存曲線をプロットすることだ。この例では、治療 rx の列の値を層（strata）として分けて検討することになるだろう。つまり、治療のタイプによって別々の曲線をプロットするのだ。もし log(time) と log(-log(survival curve)) についての曲線を治療のタイプ別にプロットした際、曲線が交差するのであれば（図 13.3）、モデルを変数の値（治療）によって層化して分析する必要があるだろ

---

[6]　訳注：「Cox モデル」すなわち「コックスの比例ハザードモデル」の前提とは、ハザード比（イベント発生率の比）がモデルの説明変数によって変わり、時間によっては変わらないことである。

う。

```python
rx1 = bladder.loc[bladder['rx'] == 1]
rx2 = bladder.loc[bladder['rx'] == 2]

kmf1 = KaplanMeierFitter()
kmf1.fit(rx1['stop'], event_observed=rx1['event'])

kmf2 = KaplanMeierFitter()
kmf2.fit(rx2['stop'], event_observed=rx2['event'])

fig, axes = plt.subplots()

# put both plots on the same axes
kmf1.plot_loglogs(ax=axes)
kmf2.plot_loglogs(ax=axes)

axes.legend(['rx1', 'rx2'])

plt.show()
```

>> xii ページにカラーで掲載

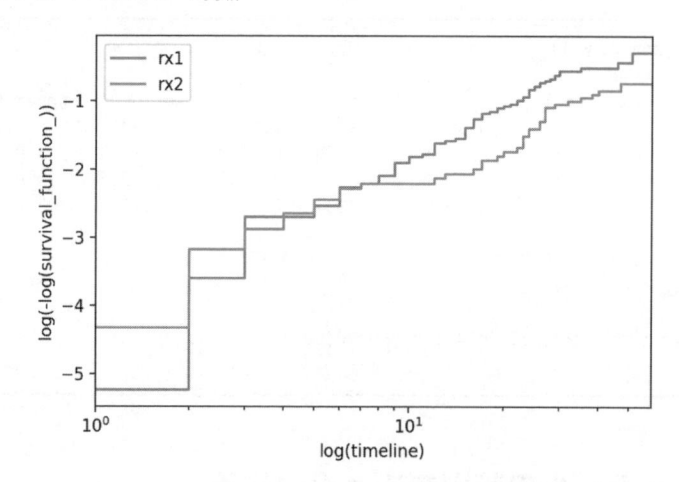

図 13.3　層別に生存曲線をプロットして Cox モデルの前提をチェックする

2つの曲線が交差しているので、この分析は層化するのが適切だ。

```python
cph_strat = CoxPHFitter()
cph_strat.fit(cph_bladder_df, duration_col='stop', event_col='event',
              strata=['rx'])
print(cph_strat.print_summary())
n=340, number of events=112
```

```
            coef   exp(coef)   se(coef)          z        p   lower 0.95   upper 0.95
number    0.2137      1.2383     0.0465     4.5978   0.0000       0.1226       0.3048   ***
size     -0.0549      0.9466     0.0710    -0.7728   0.4396      -0.1940       0.0843
enum     -0.6070      0.5450     0.0941    -6.4512   0.0000      -0.7914      -0.4225   ***
---
Signif. codes:   0  '***'  0.001  '**'  0.01  '*'  0.05 '.' 0.1 ' ' 1

Concordance = 0.733
Likelihood ratio test = 211.494 on 3 df, p=0.00000
None
```

13.6　まとめ

　この章では、データ分析で使われる最も基本的で一般的なモデルを、いくつか紹介した。これら各種のモデルは、より複雑な機械学習モデルを解釈する基本となる。今後、より複雑なモデルを学んでいくが、時には単純で実証済みのモデルのほうが、目新しいモデルよりも優秀な性能を示すことを、忘れないようにしよう。

13

第14章

モデルを診断する

14.1　はじめに

モデルの構築は継続的な作業だ。モデルに変数を追加あるいは削除し始めると、「2つのモデルを比較する手段」と「モデルの性能を計測する一貫した方法」が必要になる。モデルの比較に使える方法は、数多く存在するが、この章では、その一部を紹介しよう。

14.2　残差

モデルの残差（residuals）というのは、そのモデルで計算された予測値と、データ上の実際の観測値との差のことだ。まずは次の住宅データに、いくつかのモデルを当てはめてみよう。

```
import pandas as pd
housing = pd.read_csv('../data/housing_renamed.csv')

print(housing.head())
  neighborhood            type  units  year_built    sq_ft    income  \
0    FINANCIAL   R9-CONDOMINIUM     42      1920.0    36500   1332615
1    FINANCIAL   R4-CONDOMINIUM     78      1985.0   126420   6633257
2    FINANCIAL   RR-CONDOMINIUM    500         NaN   554174  17310000
3    FINANCIAL   R4-CONDOMINIUM    282      1930.0   249076  11776313
4      TRIBECA   R4-CONDOMINIUM    239      1985.0   219495  10004582

   income_per_sq_ft  expense  expense_per_sq_ft  net_income  \
```

```
|0          36.51    342005           9.37     990610
|1          52.47   1762295          13.94    4870962
|2          31.24   3543000           6.39   13767000
|3          47.28   2784670          11.18    8991643
|4          45.58   2783197          12.68    7221385
|
|         value value_per_sq_ft        boro
|0       7300000           200.00 Manhattan
|1      30690000           242.76 Manhattan
|2      90970000           164.15 Manhattan
|3      67556006           271.23 Manhattan
|4      54320996           247.48 Manhattan
```

最初に、3個の共変数（説明変数）を持つ重回帰モデルを使ってみよう。

```
import statsmodels
import statsmodels.api as sm
import statsmodels.formula.api as smf

house1 = smf.glm('value_per_sq_ft ~ units + sq_ft + boro',
                 data=housing).fit()
print(house1.summary())
                Generalized Linear Model Regression Results
==============================================================================
Dep. Variable:          value_per_sq_ft   No. Observations:            2626
Model:                              GLM   Df Residuals:                2619
Model Family:                  Gaussian   Df Model:                       6
Link Function:                 identity   Scale:               1879.49193485
Method:                            IRLS   Log-Likelihood:            -13621.
Date:                  Tue, 12 Sep 2017   Deviance:                 4.9224e+06
Time:                          05:07:05   Pearson chi2:               4.92e+06
No. Iterations:                       2
==============================================================================
                          coef    std err          z      P>|z|      [0.025      0.975]
------------------------------------------------------------------------------
Intercept              43.2909      5.330      8.122      0.000      32.845      53.737
boro[T.Brooklyn]       34.5621      5.535      6.244      0.000      23.714      45.411
boro[T.Manhattan]     130.9924      5.385     24.327      0.000     120.439     141.546
boro[T.Queens]         32.9937      5.663      5.827      0.000      21.895      44.092
boro[T.Staten Island]  -3.6303      9.993     -0.363      0.716     -23.216      15.956
units                  -0.1881      0.022     -8.511      0.000      -0.231      -0.145
sq_ft                   0.0002   2.09e-05     10.079      0.000       0.000       0.000
==============================================================================
```

14

次のように、このモデルの残差をプロットすることができる（図 14.1）。ここで見たいのは、ランダムに散布された（ばらついた）プロットだ。もしプロットに明らかなパターンがあれば、なぜそのパターンが出現したかを調べるために、データとモデルを詳細に調べる必要があるだろう。

```
import seaborn as sns
import matplotlib.pyplot as plt
```

```
fig, ax = plt.subplots()
ax = sns.regplot(x=house1.fittedvalues,
            y=house1.resid_deviance, fit_reg=False)
plt.show()
```

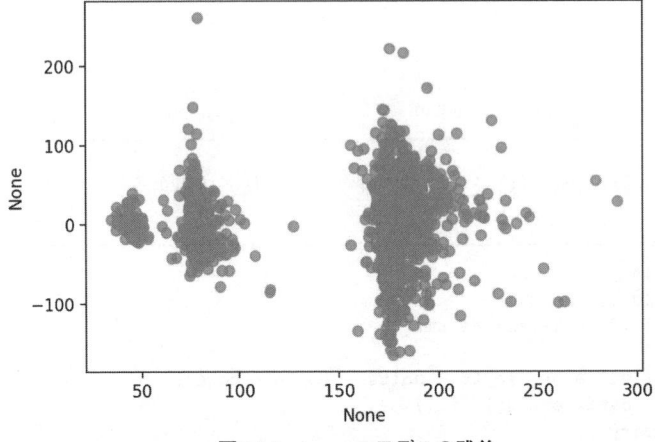

図 14.1 house1 モデルの残差

　この残差プロットは、見たところ明らかにクラスタやグループを含んでいるから、深刻な問題がある。そこで次に、変数 boro の値によって色分けしてプロットしよう。この変数は、データが観測された New York 市の "borough"（行政区）を示すものである（図 14.2）。

```
res_df = pd.DataFrame({
    'fittedvalues': house1.fittedvalues,
    'resid_deviance': house1.resid_deviance,
    'boro': housing['boro']
})

fig = sns.lmplot(x='fittedvalues', y='resid_deviance',
            data=res_df, hue='boro', fit_reg=False)
plt.show()
```

>> xii ページにカラーで掲載

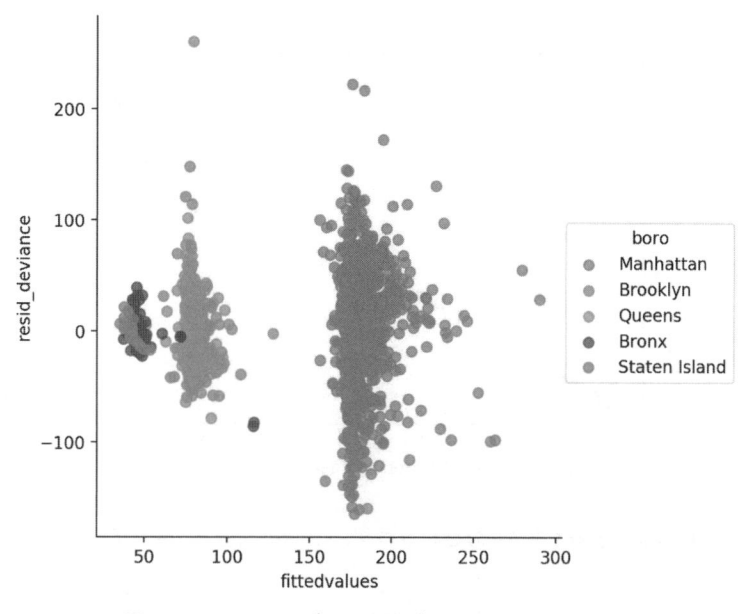

図 14.2 house1 モデルの残差（boro の値を色で示す）

変数 boro によって色分けすることで、この変数の値がクラスタに大きな影響を与えていることがわかる。

14.2.1 Q-Q プロット

Q-Q プロット（q-q plot）[1] は、データと参照値の分布が一致するか否かの判定に使えるグラフィカルな技法だ（参照値はたとえば正規分布の値）。多くのモデルは、データの正規分布を前提としているので、Q-Q プロットは、データの正規性を確認する手段の 1 つである（図 14.3）。

```python
from scipy import stats

resid = house1.resid_deviance.copy()
resid_std = stats.zscore(resid)

fig = statsmodels.graphics.gofplots.qqplot(resid, line='r')
plt.show()
```

---

[1]　訳注：Q-Qプロットは、分位点-分位点プロット（quantile-quantile plot）の略称で、確率プロットの一種。2つの変数
X、Yの分布は、分位点のペアによって比較できる。

>> xiii ページにカラーで掲載

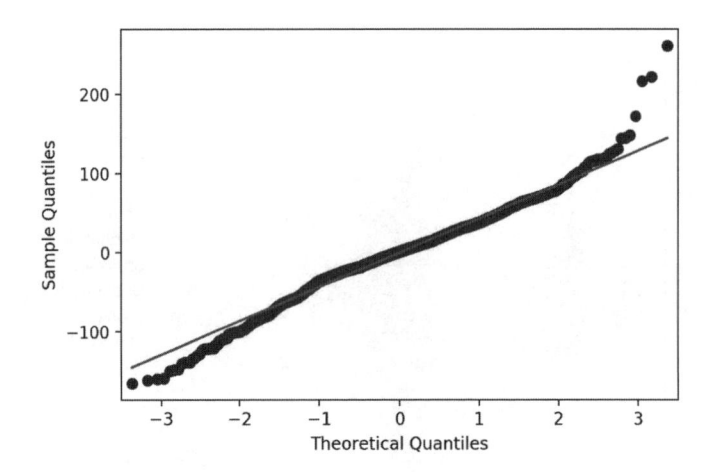

図 14.3　house1 モデルの Q-Q プロット（理論上の量と、サンプルの量）

残差のヒストグラムをプロットして、データの正規性を調べることもできる（図 14.4）。

```
fig, ax = plt.subplots()
ax = sns.distplot(resid_std)
plt.show()
```

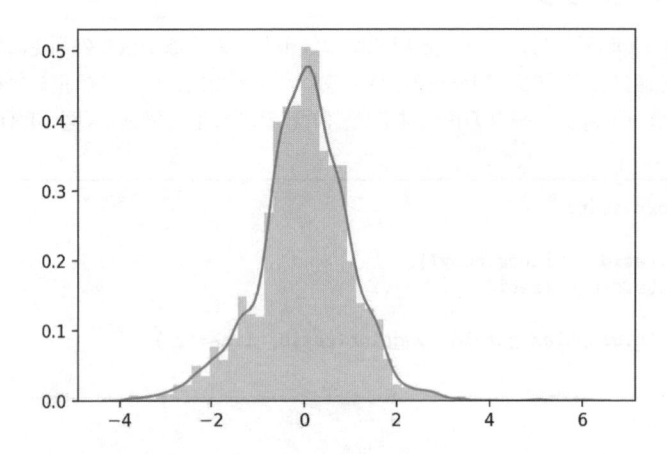

図 14.4　house1 モデルの残差を示すヒストグラム

もし Q-Q プロットの点が直線上（実際は赤の直線上）にあれば、そのデータは参照値の分布と一致している。もし点が赤線上にない場合、できることの1つは、データに何らかの変換（transformation）をかけることだ。表 14.1 に、データに適用できる変換式を示す。もし Q-Q プロットの点が、赤い参照線と比べて凸であれば、データを表の上側に向けて変換できる。もし Q-Q プロットの点が、赤い参照線と比べて凹であれば、データを表の下側に向けて変換できる。

表 14.1　変換式

x^p	等価な式	説明
x^2	x^2	平方
x^1	x	
$x^{\frac{1}{2}}$	$\sqrt{x}$	平方根
—*	$log(x)$	対数
$x^{-\frac{1}{2}}$	$\frac{1}{\sqrt{x}}$	平方根の逆数
x^{-1}	$\frac{1}{x}$	逆数
x^{-2}	$\frac{1}{x^2}$	平方の逆数

＊この項目は原著では「"x"x」と表記されていたが、日本語版では、この表記の意味が確認できなかったため、この項目は除いてある。

14.3　複数のモデルを比較する

1個のモデルを評価する方法は、これでわかった。次は「最適」なモデルを選べるように、複数のモデルを比較する手段が必要だ。

14.3.1　線形モデルの比較

まずは、5つのモデルをデータに当てはめてみる。一部のモデルでは共変数をモデルに追加するのに + 演算子を使うが、他のモデルでは * 演算子を使うことに注意しよう。* 演算子は、モデルにおける相互作用を指定するのに使う。つまり、相互作用する変数は、それぞれ独立して振る舞うのではなく、値が相互に影響を及ぼすのだから、単純な加算にはならないのだ。

```python
# 元の住宅データには class という名前の列があるが、そのまま使うとエラーになる。
# class は Python のキーワードだからだ。そこで、その列の名前を type に変更した。
f1 = 'value_per_sq_ft ~ units + sq_ft + boro'
f2 = 'value_per_sq_ft ~ units * sq_ft + boro'
f3 = 'value_per_sq_ft ~ units + sq_ft * boro + type'
f4 = 'value_per_sq_ft ~ units + sq_ft * boro + sq_ft * type'
f5 = 'value_per_sq_ft ~ boro + type'

house1 = smf.ols(f1, data=housing).fit()
house2 = smf.ols(f2, data=housing).fit()
house3 = smf.ols(f3, data=housing).fit()
```

```
house4 = smf.ols(f4, data=housing).fit()
house5 = smf.ols(f5, data=housing).fit()
```

これらすべてのモデルと対応する共変数の値を全部、1つに集めることができる[※2]。

```
mod_results = pd.concat([house1.params, house2.params, house3.params,
        house4.params, house5.params], axis=1).\
    rename(columns=lambda x: 'house' + str(x + 1)).\
    reset_index().\
    rename(columns={'index': 'param'}).\
    melt(id_vars='param', var_name='model', value_name='estimate')

print(mod_results.head())
                      param    model    estimate
0                 Intercept   house1   43.290863
1           boro[T.Brooklyn]  house1   34.562150
2          boro[T.Manhattan]  house1  130.992363
3             boro[T.Queens]  house1   32.993674
4       boro[T.Staten Island] house1   -3.630251

print(mod_results.tail())
                         param    model    estimate
85    type[T.R4-CONDOMINIUM]   house5   20.457035
86    type[T.R9-CONDOMINIUM]   house5    1.293322
87    type[T.RR-CONDOMINIUM]   house5  -11.680515
88                     units   house5         NaN
89                 units:sq_ft house5         NaN
```

このように大量の列で値を見るのは不便だから、共変数をプロットしよう。そうすれば、これらのモデルを比較する際に、それぞれパラメータをどのように評価すればよいのか、すばやく読み取ることができる（図14.5）。

```
fig, ax = plt.subplots()
ax = sns.pointplot(x="estimate", y="param", hue="model",
                   data=mod_results,
                   dodge=True,  # ポイントの重複を避けてずらす
                   join=False)  # ポイントを連結しない

plt.tight_layout()

plt.show()
```

[※2]　訳注：このコードではまず、axis=1を引数にとるconcat関数により、各モデルの変数の値を列として連結する。その後、rename(columns=lambda…でその列名を一括変更、reset_indexでインデックス値をセット、rename(columns='index': 'param')でインデックスの列名を変更。最後にmelt関数を実行することで、各列に展開されている各モデルの値を、同じ列に格納するようにする。また、コードを実行すると、sortパラメータに関する警告メッセージが出力されるが、concat関数の引数としてsort=Falseを指定すれば警告メッセージは出力されなくなる。

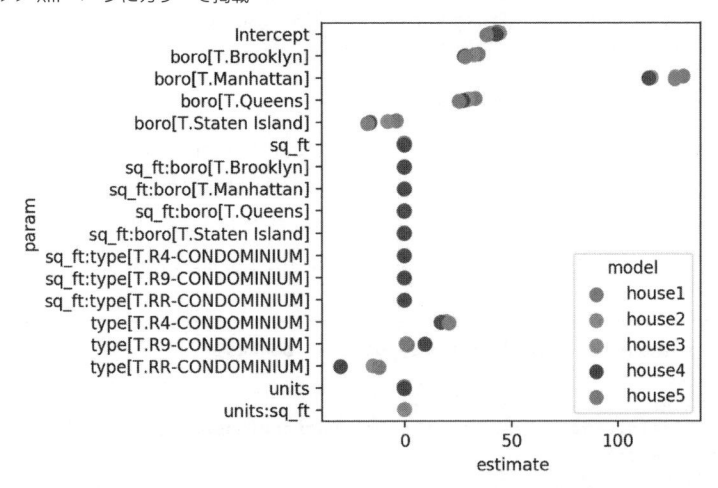

>> xiii ページにカラーで掲載

図 14.5　house1 モデルから house5 モデルまでの共変数

　これで線形モデルが揃ったので、ANOVA（analysis of variance：分散分析）を使って、それらの
モデルを比較することができる。ANOVA が示す RSS（residual sum of sqaures：残差平方和）は、性
能を評価する指標の 1 つだ（低いほど良い）。

```
model_names = ['house1', 'house2', 'house3', 'house4', 'house5']
house_anova = statsmodels.stats.anova.anova_lm(
    house1, house2, house3, house4, house5)
house_anova.index = model_names
print(house_anova)
        df_resid           ssr  df_diff          ss_diff          F  \
house1    2619.0  4.922389e+06      0.0              NaN        NaN
house2    2618.0  4.884872e+06      1.0     37517.437605  20.039049
house3    2612.0  4.619926e+06      6.0    264945.539994  23.585728
house4    2609.0  4.576671e+06      3.0     43255.441192   7.701289
house5    2618.0  4.901463e+06     -9.0   -324791.847907  19.275539


              Pr(>F)
house1           NaN
house2  7.912333e-06
house3  2.754431e-27
house4  4.025581e-05
house5           NaN
/home/dchen/anaconda3/envs/book36/lib/python3.6/site-
packages/scipy/stats/_distn_infrastructure.py:879: RuntimeWarning:
invalid value encountered in greater
  return (self.a < x) & (x < self.b)
/home/dchen/anaconda3/envs/book36/lib/python3.6/site-
packages/scipy/stats/_distn_infrastructure.py:879: RuntimeWarning:
invalid value encountered in less
```

14

```
  return (self.a < x) & (x < self.b)
/home/dchen/anaconda3/envs/book36/lib/python3.6/site-
packages/scipy/stats/_distn_infrastructure.py:1818: RuntimeWarning:
invalid value encountered in less_equal
  cond2 = cond0 & (x <= self.a)
```

　モデルの性能計算に使える他の手法として、AIC（Akaike information criterion：赤池の情報量基準）と、BIC（Bayesian information criterion：ベイズの情報量基準）がある。これらの手法では、モデルに対して特徴量（予測変数）を追加するたびに、あるペナルティを課す。これによって、性能と特徴量の個数のバランスをとることができる（得られる値が低いほうが好ましい）。

```
house_models = [house1, house2, house3, house4, house5]

house_aic = list(
    map(statsmodels.regression.linear_model.RegressionResults.aic,
        house_models))
house_bic = list(
    map(statsmodels.regression.linear_model.RegressionResults.bic,
        house_models))

# dic には順序がない！
abic = pd.DataFrame({
    'model': model_names,
    'aic': house_aic,
    'bic': house_bic
})

print(abic)
             aic           bic    model
0   27256.031113   27297.143632   house1
1   27237.939618   27284.925354   house2
2   27103.502577   27185.727615   house3
3   27084.800043   27184.644733   house4
4   27246.843392   27293.829128   house5
```

14.3.2　GLM モデルの比較

　同様な計算とモデル診断は、GLM（一般化線形モデル）にも実行できる。ただし ANOVA を実行していたとしても、そのモデルの乖離度（deviance）を算出しているにすぎない。

```
def anova_deviance_table(*models):
    return pd.DataFrame({
        'df_residuals': [i.df_resid for i in models],
        'resid_stddev': [i.deviance for i in models],
        'df': [i.df_model for i in models],
        'deviance': [i.deviance for i in models]
```

```
    })

f1 = 'value_per_sq_ft ~ units + sq_ft + boro'
f2 = 'value_per_sq_ft ~ units * sq_ft + boro'
f3 = 'value_per_sq_ft ~ units + sq_ft * boro + type'
f4 = 'value_per_sq_ft ~ units + sq_ft * boro + sq_ft * type'
f5 = 'value_per_sq_ft ~ boro + type'

glm1 = smf.glm(f1, data=housing).fit()
glm2 = smf.glm(f2, data=housing).fit()
glm3 = smf.glm(f3, data=housing).fit()
glm4 = smf.glm(f4, data=housing).fit()
glm5 = smf.glm(f5, data=housing).fit()

glm_anova = anova_deviance_table(glm1, glm2, glm3, glm4, glm5)
print(glm_anova)
          deviance    df   df_residuals    resid_stddev
0     4.922389e+06     6           2619    4.922389e+06
1     4.884872e+06     7           2618    4.884872e+06
2     4.619926e+06    13           2612    4.619926e+06
3     4.576671e+06    16           2609    4.576671e+06
4     4.901463e+06     7           2618    4.901463e+06
```

これと同じ計算群を、ロジスティック回帰でも行うことができる。

```
# 2値変数を作る
housing['high_value'] = (housing['value_per_sq_ft'] >= 150).\
    astype(int)

print(housing['high_value'].value_counts())
0    1619
1    1007
Name: high_value, dtype: int64

# GLMを使うロジスティック回帰を作成して当てはめる

f1 = 'high_value ~ units + sq_ft + boro'
f2 = 'high_value ~ units * sq_ft + boro'
f3 = 'high_value ~ units + sq_ft * boro + type'
f4 = 'high_value ~ units + sq_ft * boro + sq_ft * type'
f5 = 'high_value ~ boro + type'

logistic = statsmodels.genmod.families.family.Binomial(
    link=statsmodels.genmod.families.links.logit
)

glm1 = smf.glm(f1, data=housing, family=logistic).fit()
glm2 = smf.glm(f2, data=housing, family=logistic).fit()
glm3 = smf.glm(f3, data=housing, family=logistic).fit()
glm4 = smf.glm(f4, data=housing, family=logistic).fit()
glm5 = smf.glm(f5, data=housing, family=logistic).fit()
```

14

287

```
# GLM モデルからの乖離度 (deviance) を示す
print(anova_deviance_table(glm1, glm2, glm3, glm4, glm5))
       deviance  df  df_residuals  resid_stddev
0   1695.631547   6          2619   1695.631547
1   1686.126740   7          2618   1686.126740
2   1636.492830  13          2612   1636.492830
3   1619.431515  16          2609   1619.431515
4   1666.615696   7          2618   1666.615696
```

最後に、AIC と BIC の値から表を作ることができる。

```
mods = [glm1, glm2, glm3, glm4, glm5]

mods_aic = list(
    map(statsmodels.regression.linear_model.RegressionResults.aic,
        mods))
mods_bic = list(
    map(statsmodels.regression.linear_model.RegressionResults.bic,
        mods))

# dict に順序はない！
abic = pd.DataFrame({
        'model': model_names,
        'aic': house_aic,
        'bic': house_bic
})

print(abic)
           aic           bic    model
0  27256.031113  27297.143632  house1
1  27237.939618  27284.925354  house2
2  27103.502577  27185.727615  house3
3  27084.800043  27184.644733  house4
4  27246.843392  27293.829128  house5
```

これらの測定値を見ると、いまのところ「モデル4」の性能が最も高いと言える。

14.4 k 分割交差検証

　交差検証（cross-validation）は、モデルを比較する、もう1つのテクニックだ。その主な利点は、モデルが新しいデータに対して、どれだけ高い性能を発揮するかを評価できる、ということだ。そのために、データをk個の部分に分割する。その1つを「テスト」集合とし、残りのk-1個を「トレーニング」集合としてモデルを当てはめる。それから、当てはめたモデルを「テスト」に対して使い、誤判別率（error rate）を計算する。k個の部分すべてを「テスト」として使うまで、このプロセスを繰り返す。そのモデルの最後の誤判断率は、すべてのモデルの平均である。

　交差検証は、さまざまな方法で実行することが可能だ。上述したのは、k分割交差検証（k-fold cross-validation）と呼ばれる手法である。交差検証を実行する、もう1つの方法としては、「1点除去」

(leave-one-out) 交差検証がある。この手法のトレーニングデータは、テスト集合に指定された1回の観測を除いた、それ以外の全部のデータで構成される。

　ここでは、k-1 個のトレーニングデータ集合と1個のテストデータ集合にデータを分割しよう。

```python
from sklearn.model_selection import train_test_split
from sklearn.linear_model import LinearRegression

print(housing.columns)
Index(['neighborhood', 'type', 'units', 'year_built', 'sq_ft',
       'income', 'income_per_sq_ft', 'expense', 'expense_per_sq_ft',
       'net_income', 'value', 'value_per_sq_ft', 'boro',
       'high_value'],
      dtype='object')

# トレーニングデータとテストデータを取得
X_train, X_test, y_train, y_test = train_test_split(
    pd.get_dummies(housing[['units', 'sq_ft', 'boro']],
                        drop_first=True),
    housing['value_per_sq_ft'],
    test_size=0.20,
    random_state=42
)
```

　次のようなコードを実行すると、テストデータに対して、モデルがどれだけの性能を出したかを示すスコアを取得できる。

```python
lr = LinearRegression().fit(X_train, y_train)
print(lr.score(X_test, y_test))
0.613712528503
```

　sklearn ライブラリは numpy ndarray に強く依存しているので、patsy ライブラリ[3] によって statsmodels の formula API と同じように式 (formula) を指定できるほか、sklearn で使える正規の numpy 配列を返すようにもなっている。

　次に示すコードは先の例と同様のものだが、新たに patsy ライブラリの dmatrices 関数を使っている。

```python
from patsy import dmatrices

y, X = dmatrices('value_per_sq_ft ~ units + sq_ft + boro', housing,
                 return_type="dataframe")
X_train, X_test, y_train, y_test = train_test_split(
                 X, y, test_size=0.20, random_state=42)
lr = LinearRegression().fit(X_train, y_train)
```

※3　訳注：patsyは、統計モデルの記述と計画行列の構築のためのPythonライブラリ。計画行列とは、単純に言えば線形モデルの複数の式を行列で表したものである。

```
print(lr.score(X_test, y_test))
0.613712528503
```

k 分割交差検証を実行するには、sklearn ライブラリから次の関数をインポートする必要がある。

```
from sklearn.model_selection import KFold, cross_val_score

# 新規に住宅データセットを取得
housing = pd.read_csv('../data/housing_renamed.csv')
```

次に、データを何分割するかを指定しなければならない。その数(k)は、データが何行あるかに依存する。もしデータに、あまり多くの観測が含まれていなければ、もっと小さなk(たとえば2)を選択してもよい。そうでなければ、5から10までのkがごく一般的である。ただし、kを大きくすると計算時間が増えるのだから、モデルの性能向上と計算時間のトレードオフに注意しよう。

```
kf = KFold(n_splits=5)

y, X = dmatrices('value_per_sq_ft ~ units + sq_ft + boro', housing)
```

それから、各部分でモデルのトレーニングとテストを行う。

```
coefs = []
scores = []
for train, test in kf.split(X):
    X_train, X_test = X[train], X[test]
    y_train, y_test = y[train], y[test]
    lr = LinearRegression().fit(X_train, y_train)
    coefs.append(pd.DataFrame(lr.coef_))
    scores.append(lr.score(X_test, y_test))
```

トレーニングとテストの結果を見てみよう。

```
coefs_df = pd.concat(coefs)
coefs_df.columns = X.design_info.column_names
coefs_df

   Intercept  boro[T.Brooklyn]  boro[T.Manhattan]  boro[T.Queens]  \
0        0.0         33.369037         129.904011       32.103100
0        0.0         32.889925         116.957385       31.295956
0        0.0         30.975560         141.859327       32.043449
0        0.0         41.449196         130.779013       33.050968
0        0.0        -38.511915          56.069855      -17.557939

   boro[T.Staten Island]      units        sq_ft
```

```
0              -4.381085    -0.205890    0.000220
0              -4.919232    -0.146180    0.000155
0              -4.379916    -0.179671    0.000194
0              -3.430209    -0.207904    0.000232
0               0.000000    -0.145829    0.000202
```

`apply` と `np.mean` 関数を使うことで、すべての係数についての平均を確認できる。

```
import numpy as np
print(coefs_df.apply(np.mean))
Intercept               0.000000
boro[T.Brooklyn]       20.034361
boro[T.Manhattan]     115.113918
boro[T.Queens]         22.187107
boro[T.Staten Island]  -3.422088
units                  -0.177095
sq_ft                   0.000201
dtype: float64
```

また、個々のスコアも見ることができる。それぞれのモデルには、デフォルトのスコアリングメソッドが用意されている。たとえば `LinearRegression` クラスでは、回帰スコア関数として、R^2(決定係数:coefficient of determination)[4] を使う。

```
print(scores)
[0.0273141629064203, -0.55383622124079213, -0.15636371688048567,
-0.32342020619288148, -1.6929655586930985]
```

また、交差検証スコアを計算するために `cross_val_scores` 関数を使うこともできる。

```
# cross_val_scores 関数を使って交差検証スコアを計算
model = LinearRegression()
scores = cross_val_score(model, X, y, cv=5)
print(scores)
[ 0.02731416 -0.55383622 -0.15636372 -0.32342021 -1.69296556]
```

複数のモデルを互いと比較するときには、スコアの平均を比較できる。

```
print(scores.mean())
-0.53985430802
```

では、すべてのモデルに k 分割交差検証を使って、再び当てはめよう。

※4   sklearn の r2_score 関数:
      http://scikit-learn.org/stable/modules/generated/sklearn.metrics.r2_score.html

```
# 予測変数と応答変数の行列を作成
y1, X1 = dmatrices('value_per_sq_ft ~ units + sq_ft + boro',
                   housing)
y2, X2 = dmatrices('value_per_sq_ft ~ units*sq_ft + boro',
                   housing)
y3, X3 = dmatrices('value_per_sq_ft ~ units + sq_ft*boro + type',
                   housing)
y4, X4 = dmatrices('value_per_sq_ft ~ units + sq_ft*boro + sq_ft*type',
                   housing)
y5, X5 = dmatrices('value_per_sq_ft ~ boro + type', housing)

# それらにモデルを当てはめる
model = LinearRegression()

scores1 = cross_val_score(model, X1, y1, cv=5)
scores2 = cross_val_score(model, X2, y2, cv=5)
scores3 = cross_val_score(model, X3, y3, cv=5)
scores4 = cross_val_score(model, X4, y4, cv=5)
scores5 = cross_val_score(model, X5, y5, cv=5)
```

これで、交差検証のスコアを確認できる。

```
scores_df = pd.DataFrame([scores1, scores2, scores3,
                          scores4, scores5])

print(scores_df.apply(np.mean, axis=1))
0    -5.398543e-01
1    -1.088184e+00
2    -3.569632e+26
3    -1.141180e+27
4    -3.227148e+25
dtype: float64
```

ここでも、やはり「モデル4」が最良の成績を示している。

14.5　まとめ

　いくつものモデルを扱うときは、それぞれの性能を計測することが重要だ。最良のモデルを選ぶために誤差と性能を測るには、線形モデルは ANOVA を使い、GLM モデルでは乖離度を比較すること、さらに交差検証を行うのが適切な手段である。

第15章

正則化で
過学習に対処する

15.1　はじめに

　第14章では、モデルの性能を測るさまざまな方法を検討した。14.4節で述べた交差検証は、テストデータに対する予測を見ることによって、モデルの性能を測ろうとする手法であった。この章で調べる正則化（regularization）は、テストデータでの性能を向上させるテクニックの1つで、具体的な目的は過学習（overfitting）を防ぐことである[1]。

15.2　なぜ正則化するのか

　まずはベースとなる線形回帰のケースから見ていこう。ここで使うのはACSの住民データだ。

```python
import pandas as pd
acs = pd.read_csv('../data/acs_ny.csv')
print(acs.columns)
Index(['Acres', 'FamilyIncome', 'FamilyType', 'NumBedrooms',
       'NumChildren', 'NumPeople', 'NumRooms', 'NumUnits',
       'NumVehicles', 'NumWorkers', 'OwnRent', 'YearBuilt',
       'HouseCosts', 'ElectricBill', 'FoodStamp', 'HeatingFuel',
       'Insurance', 'Language'],
      dtype='object')
```

---

[1]　訳注：過学習とは、トレーニングデータに対する学習（適合）が過度になったことにより、汎用性（汎化性能）が低下していることである。

次に patsy ライブラリを使って、われわれの計画行列（design matrices）を作る[※2]。

```
from patsy import dmatrices

response, predictors = dmatrices(
    'FamilyIncome ~ NumBedrooms + NumChildren + NumPeople + ' \
    'NumRooms + NumUnits + NumVehicles + NumWorkers + OwnRent + ' \
    'YearBuilt + ElectricBill + FoodStamp + HeatingFuel + ' \
    'Insurance + Language',
    data=acs
)
```

こうして予測変数（predictors）と応答変数（response）の行列を作成したら、次に sklearn の train_test_split 関数を使って、そのデータセットをトレーニング用とテスト用に分割する。

```
from sklearn.model_selection import train_test_split

X_train, X_test, y_train, y_test = train_test_split(predictors, response,
                                                    random_state=0)
```

分割したデータセットを線形モデルに当てはめる。ここでデータを標準化（normalize）する理由は、正則化のテクニックを使うときに係数（coef）を比較するためだ。

```
from sklearn.linear_model import LinearRegression
lr = LinearRegression(normalize=True).fit(X_train, y_train)

model_coefs = pd.DataFrame(list(zip(predictors.design_info.column_names,
                                    lr.coef_[0])),
                           columns=['variable', 'coef_lr'])
print(model_coefs)
                      variable       coef_lr
0                    Intercept  3.522660e-11
1   NumUnits[T.Single attached]  3.135646e+04
2   NumUnits[T.Single detached]  2.418368e+04
3         OwnRent[T.Outright]  2.839186e+04
4           OwnRent[T.Rented]  7.229586e+03
5       YearBuilt[T.1940-1949]  1.292169e+04
6       YearBuilt[T.1950-1959]  2.057793e+04
7       YearBuilt[T.1960-1969]  1.764835e+04
8       YearBuilt[T.1970-1979]  1.756881e+04
9       YearBuilt[T.1980-1989]  2.552566e+04
10      YearBuilt[T.1990-1999]  2.983944e+04
11      YearBuilt[T.2000-2004]  3.012502e+04
12           YearBuilt[T.2005]  4.318648e+04
```

[※2] 訳注：patsy.dmatrix は、独自の「式構文」（formula_like）とデータとの組み合わせによって、計画行列を作る。詳しくは、英文APIリファレンス（http://patsy.readthedocs.io/en/latest/API-reference.html）などを参照。『Python によるデータ分析入門』第2版の「13.2 Patsy を使ったモデルの記述」にも説明がある。

```
13              YearBuilt[T.2006]  3.242038e+04
14              YearBuilt[T.2007]  3.562061e+04
15              YearBuilt[T.2008]  3.712470e+04
16              YearBuilt[T.2009]  3.035133e+04
17              YearBuilt[T.2010]  7.364529e+04
18         YearBuilt[T.Before 1939]  1.218711e+04
19              FoodStamp[T.Yes] -2.745712e+04
20      HeatingFuel[T.Electricity]  1.946552e+04
21             HeatingFuel[T.Gas]  2.588482e+04
22            HeatingFuel[T.None]  2.532452e+04
23             HeatingFuel[T.Oil]  2.535803e+04
24           HeatingFuel[T.Other]  1.734533e+04
25           HeatingFuel[T.Solar]  8.424991e+03
26            HeatingFuel[T.Wood]  8.898002e+02
27           Language[T.English] -1.873624e+04
28             Language[T.Other] -4.463333e+03
29    Language[T.Other European] -1.409466e+04
30           Language[T.Spanish] -2.603347e+04
31                   NumBedrooms  3.443931e+03
32                   NumChildren  8.215723e+03
33                     NumPeople -8.203826e+03
34                      NumRooms  5.735494e+03
35                   NumVehicles  7.484535e+03
36                    NumWorkers  2.283630e+04
37                   ElectricBill  9.332524e+01
38                     Insurance  3.099441e+01
```

このとき、モデルのスコアを比較することができる。

```
print(lr.score(X_train, y_train))
0.272614046564
```

```
print(lr.score(X_test, y_test))
0.269769795685
```

　この特定のケースでは、モデルが貧弱な性能を示しているが、別のシナリオでは、トレーニングデータでのスコアが高く、テストデータでのスコアが低くなるかもしれない。そのような状態は過学習の徴候を示している。正則化は、係数と変数に制約（constraints：ペナルティ）をかけることによって、この過学習の問題を解決する。そうすれば、データの係数はより小さくなり、係数の効果が弱まる。正則化の手法には、LASSO 回帰やリッジ回帰がある。LASSO 回帰の場合は、一部の係数が実際に落とされる（0 にされる）ことがある。リッジ回帰の場合は、係数が 0 に近づくが、落とされることはない。

15.3 LASSO 回帰

　LASSO 回帰の LASSO は、"least absolute shrinkage and selection operator" の略称である。

LASSO は、「L1 正則化」とも呼ばれる[※3]。

先の線形回帰で使ったモデルに対して、LASSO 回帰による正則化データを当てはめる。

```
from sklearn.linear_model import Lasso
lasso = Lasso(normalize=True, random_state=0).fit(X_test, y_test)
```

係数からなる DataFrame オブジェクトを生成することで、正則化していない係数と正則化した係数を並べて比較してみる。

```
coefs_lasso = pd.DataFrame(
  list(zip(predictors.design_info.column_names, lasso.coef_)),
  columns=['variable', 'coef_lasso'])

model_coefs = pd.merge(model_coefs, coefs_lasso, on='variable')
print(model_coefs)
                       variable       coef_lr     coef_lasso
0                     Intercept  3.522660e-11       0.000000
1     NumUnits[T.Single attached]  3.135646e+04   23847.097905
2     NumUnits[T.Single detached]  2.418368e+04   20278.620009
3          OwnRent[T.Outright]  2.839186e+04   30153.611697
4             OwnRent[T.Rented]  7.229586e+03    1440.140884
5          YearBuilt[T.1940-1949]  1.292169e+04   -6382.312453
6          YearBuilt[T.1950-1959]  2.057793e+04    -905.142030
7          YearBuilt[T.1960-1969]  1.764835e+04      -0.000000
8          YearBuilt[T.1970-1979]  1.756881e+04   -1579.827129
9          YearBuilt[T.1980-1989]  2.552566e+04    7854.066748
10         YearBuilt[T.1990-1999]  2.983944e+04    1355.026160
11         YearBuilt[T.2000-2004]  3.012502e+04   11212.207583
12              YearBuilt[T.2005]  4.318648e+04    8770.315635
13              YearBuilt[T.2006]  3.242038e+04   34814.310436
14              YearBuilt[T.2007]  3.562061e+04   27415.800873
15              YearBuilt[T.2008]  3.712470e+04   10866.123988
16              YearBuilt[T.2009]  3.035133e+04     312.110532
17              YearBuilt[T.2010]  7.364529e+04   10093.244533
18      YearBuilt[T.Before 1939]  1.218711e+04   -4903.325664
19              FoodStamp[T.Yes] -2.745712e+04  -23717.406880
20      HeatingFuel[T.Electricity]  1.946552e+04    1775.625749
21             HeatingFuel[T.Gas]  2.588482e+04   12410.061671
22            HeatingFuel[T.None]  2.532452e+04   -4153.735420
23             HeatingFuel[T.Oil]  2.535803e+04   10009.595676
24           HeatingFuel[T.Other]  1.734533e+04   -6803.711978
25           HeatingFuel[T.Solar]  8.424991e+03       0.000000
26            HeatingFuel[T.Wood]  8.898002e+02   -9398.444417
27            Language[T.English] -1.873624e+04   -8076.201004
28              Language[T.Other] -4.463333e+03  -21403.661071
29     Language[T.Other European] -1.409466e+04   -9113.511553
30            Language[T.Spanish] -2.603347e+04  -14321.350716
31                   NumBedrooms  3.443931e+03    3976.075383
```

[※3] 監訳注：LASSO では、通常の線形回帰の目的関数に係数の絶対値の和も加える。

```
|32              NumChildren  8.215723e+03    5652.313652
|33                 NumPeople -8.203826e+03   -5903.547002
|34                  NumRooms  5.735494e+03    4612.117329
|35              NumVehicles  7.484535e+03    7736.529456
|36               NumWorkers  2.283630e+04   20346.201513
|37              ElectricBill 9.332524e+01      89.504660
|38                Insurance  3.099441e+01      31.954902
```

この結果を見ると、係数の値の多くは、元の線形回帰の値より、ずっと小さくなっている。また、一部の係数は 0 になっている。

最後に、LASSO 回帰による正則化を加えた場合のトレーニングデータとテストデータでのスコアを見てみよう。

```
print(lasso.score(X_train, y_train))
0.266701046594

print(lasso.score(X_test, y_test))
0.275062046386
```

大きな差ではないが、テストの結果がトレーニングの結果よりも良くなっている。つまり、新しい（まだ見ていない）データを使うときの予測について向上が見られるということだ。

15.4　リッジ回帰

では、もう 1 つの正則化テクニックである、リッジ回帰（ridge regression）を見てみよう。これは「L2 正則化」の回帰とも呼ばれる[4]。

コードの大部分は、LASSO 回帰の場合とよく似たものになる。モデルをトレーニングデータに当てはめ、その結果は、これまでに作った結果の DataFrame オブジェクトと組み合わせる。

```
from sklearn.linear_model import Ridge
ridge = Ridge(normalize=True, random_state=0).fit(X_train, y_train)

coefs_ridge = pd.DataFrame(
  list(zip(predictors.design_info.column_names, ridge.coef_[0])),
  columns=['variable', 'coef_ridge'])

model_coefs = pd.merge(model_coefs, coefs_ridge, on='variable')
print(model_coefs)
                       variable       coef_lr    coef_lasso     coef_ridge
0                     Intercept  3.522660e-11      0.000000       0.000000
1    NumUnits[T.Single attached]  3.135646e+04  23847.097905    4571.129321
2    NumUnits[T.Single detached]  2.418368e+04  20278.620009    4514.956813
3           OwnRent[T.Outright]  2.839186e+04  30153.611697   10674.890982
```

---

[4]　監訳注：リッジ回帰では、通常の線形回帰の目的関数に係数の 2 乗の和も加える。

```
4                OwnRent[T.Rented]  7.229586e+03    1440.140884  -10180.631863
5           YearBuilt[T.1940-1949]  1.292169e+04   -6382.312453   -3672.096659
6           YearBuilt[T.1950-1959]  2.057793e+04    -905.142030    1221.616020
7           YearBuilt[T.1960-1969]  1.764835e+04      -0.000000     -15.801437
8           YearBuilt[T.1970-1979]  1.756881e+04   -1579.827129   -1868.746915
9           YearBuilt[T.1980-1989]  2.552566e+04    7854.066748    2664.343363
10          YearBuilt[T.1990-1999]  2.983944e+04    1355.026160    4079.639281
11          YearBuilt[T.2000-2004]  3.012502e+04   11212.207583    5615.285677
12               YearBuilt[T.2005]  4.318648e+04    8770.315635   12607.557029
13               YearBuilt[T.2006]  3.242038e+04   34814.310436    5783.401233
14               YearBuilt[T.2007]  3.562061e+04   27415.800873    8019.076178
15               YearBuilt[T.2008]  3.712470e+04   10866.123988    7964.342869
16               YearBuilt[T.2009]  3.035133e+04     312.110532    3892.605415
17               YearBuilt[T.2010]  7.364529e+04   10093.244533   28469.966885
18          YearBuilt[T.Before 1939]  1.218711e+04  -4903.325664   -4271.925584
19              FoodStamp[T.Yes] -2.745712e+04  -23717.406880  -21854.708263
20       HeatingFuel[T.Electricity]  1.946552e+04    1775.625749   -2043.214963
21               HeatingFuel[T.Gas]  2.588482e+04   12410.061671    2043.550077
22              HeatingFuel[T.None]  2.532452e+04   -4153.735420    1376.185561
23               HeatingFuel[T.Oil]  2.535803e+04   10009.595676    2377.402169
24             HeatingFuel[T.Other]  1.734533e+04   -6803.711978   -5135.068670
25             HeatingFuel[T.Solar]  8.424991e+03       0.000000     589.799008
26              HeatingFuel[T.Wood]  8.898002e+02   -9398.444417  -13652.201413
27            Language[T.English] -1.873624e+04   -8076.201004   -3003.249668
28              Language[T.Other] -4.463333e+03  -21403.661071    9067.969977
29       Language[T.Other European] -1.409466e+04  -9113.511553    3059.003880
30            Language[T.Spanish] -2.603347e+04  -14321.350716   -6155.075714
31                     NumBedrooms  3.443931e+03    3976.075383    4690.469564
32                     NumChildren  8.215723e+03    5652.313652    1102.877585
33                       NumPeople -8.203826e+03   -5903.547002    -203.132130
34                        NumRooms  5.735494e+03    4612.117329    3489.196546
35                     NumVehicles  7.484535e+03    7736.529456    5245.929228
36                      NumWorkers  2.283630e+04   20346.201513   10344.202715
37                     ElectricBill  9.332524e+01      89.504660      68.784409
38                       Insurance  3.099441e+01      31.954902      15.914804
```

15.5 Elastic Net

Elastic Net は、リッジと LASSO の回帰テクニックを組み合わせる、正則化テクニックだ。

```python
from sklearn.linear_model import ElasticNet

en = ElasticNet(random_state=42).fit(X_train, y_train)

coefs_en = pd.DataFrame(
  list(zip(predictors.design_info.
  column_names, en.coef_)), columns=['variable', 'coef_en'])

model_coefs = pd.merge(model_coefs, coefs_en, on='variable')
print(model_coefs)
```

```
                          variable        coef_lr     coef_lasso \
0                        Intercept   3.522660e-11       0.000000
1     NumUnits[T.Single attached]   3.135646e+04   23847.097905
2     NumUnits[T.Single detached]   2.418368e+04   20278.620009
3            OwnRent[T.Outright]    2.839186e+04   30153.611697
4              OwnRent[T.Rented]    7.229586e+03    1440.140884
5           YearBuilt[T.1940-1949]   1.292169e+04   -6382.312453
6           YearBuilt[T.1950-1959]   2.057793e+04    -905.142030
7           YearBuilt[T.1960-1969]   1.764835e+04      -0.000000
8           YearBuilt[T.1970-1979]   1.756881e+04   -1579.827129
9           YearBuilt[T.1980-1989]   2.552566e+04    7854.066748
10          YearBuilt[T.1990-1999]   2.983944e+04    1355.026160
11          YearBuilt[T.2000-2004]   3.012502e+04   11212.207583
12               YearBuilt[T.2005]   4.318648e+04    8770.315635
13               YearBuilt[T.2006]   3.242038e+04   34814.310436
14               YearBuilt[T.2007]   3.562061e+04   27415.800873
15               YearBuilt[T.2008]   3.712470e+04   10866.123988
16               YearBuilt[T.2009]   3.035133e+04     312.110532
17               YearBuilt[T.2010]   7.364529e+04   10093.244533
18         YearBuilt[T.Before 1939]   1.218711e+04   -4903.325664
19              FoodStamp[T.Yes]   -2.745712e+04  -23717.406880
20       HeatingFuel[T.Electricity]   1.946552e+04    1775.625749
21              HeatingFuel[T.Gas]   2.588482e+04   12410.061671
22             HeatingFuel[T.None]   2.532452e+04   -4153.735420
23              HeatingFuel[T.Oil]   2.535803e+04   10009.595676
24            HeatingFuel[T.Other]   1.734533e+04   -6803.711978
25            HeatingFuel[T.Solar]   8.424991e+03       0.000000
26             HeatingFuel[T.Wood]   8.898002e+02   -9398.444417
27           Language[T.English]   -1.873624e+04   -8076.201004
28             Language[T.Other]   -4.463333e+03  -21403.661071
29     Language[T.Other European]  -1.409466e+04   -9113.511553
30           Language[T.Spanish]   -2.603347e+04  -14321.350716
31                     NumBedrooms   3.443931e+03    3976.075383
32                     NumChildren   8.215723e+03    5652.313652
33                       NumPeople  -8.203826e+03   -5903.547002
34                        NumRooms   5.735494e+03    4612.117329
35                     NumVehicles   7.484535e+03    7736.529456
36                      NumWorkers   2.283630e+04   20346.201513
37                     ElectricBill   9.332524e+01      89.504660
38                       Insurance   3.099441e+01      31.954902

       coef_ridge        coef_en
0        0.000000       0.000000
1     4571.129321    1342.291706
2     4514.956813     168.728479
3    10674.890982     445.533238
4   -10180.631863    -600.673747
5    -3672.096659    -794.239494
6     1221.616020     513.289101
7      -15.801437    -275.576200
8    -1868.746915    -574.365605
9     2664.343363     708.813588
10    4079.639281    1357.944466
11    5615.285677     798.576141
12   12607.557029     445.271666
```

15

```
13     5783.401233      202.040682
14     8019.076178      222.170314
15     7964.342869      153.161478
16     3892.605415       88.228204
17    28469.966885      233.189152
18    -4271.925584    -3053.705550
19   -21854.708263    -4394.455708
20    -2043.214963     -129.968032
21     2043.550077     1924.299033
22     1376.185561        0.000000
23     2377.402169      453.942244
24    -5135.068670      -67.445065
25      589.799008        0.994142
26   -13652.201413    -1894.123724
27    -3003.249668     -955.455328
28     9067.969977      374.835549
29     3059.003880      626.547311
30    -6155.075714    -1367.763935
31     4690.469564     2073.910045
32     1102.877585     2498.719581
33     -203.132130    -2562.412933
34     3489.196546     5685.101939
35     5245.929228     6059.776166
36    10344.202715    12247.547800
37       68.784409       97.566664
38       15.914804       32.484207
```

ElasticNet オブジェクトには、alpha と l1_ratio という 2 つのパラメータがあり、これによってモデルの振る舞いを調整できる。l1_ratio パラメータは、L2 と L1 で課すペナルティのバランスを制御する。もし l1_ratio = 0 ならば、このモデルはリッジ回帰で記述されたように振る舞い、もし l1_ratio = 1 ならば、このモデルは LASSO 回帰で記述されたように振る舞う。その中間にある値からは、リッジ回帰の値と LASSO 回帰の値を組み合わせたような結果が得られる[5]。

15.6　交差検証

14.4 節で見た交差検証（cross-validation）は、モデルの適合の度合いを比較するために一般に使われるテクニックだ。この章の冒頭でも正則化の話の「マクラ」として触れたが、これは正則化のために最適なパラメータを選ぶ方法でもある。ユーザーは（ハイパーパラメータとも呼ばれる）一群のパラメータをチューニングする必要があるが、それらハイパーパラメータのさまざまな組み合わせを、交差検証を使って試すことで、「最良の」モデルを選択できるのだ。

ElasticNet オブジェクトには、ElasticNetCV[6] という関数がある。この関数を使えば、さま

※5　訳注：scikit-learnの英文ドキュメント（http://scikit-learn.org/stable/modules/linear_model.html#elastic-net）に、パラメータの効果を示す図入りの説明がある。Elastic Netについては『みんなのR』の19章、『[第2版] Python機械学習プログラミング』の10.6節にも説明がある。

※6　ElasticNetCV のドキュメント：
http://scikit-learn.org/stable/modules/generated/sklearn.linear_model.ElasticNetCV.html

ざまなハイパーパラメータ値を使って、Elastic Net を加えたモデルの適合を繰り返し試すことができる。

```
from sklearn.linear_model import ElasticNetCV

en_cv = ElasticNetCV(cv=5, random_state=42).fit(X_train, y_train)
coefs_en_cv = pd.DataFrame(
  list(zip(predictors.design_info.
  column_names, en_cv.coef_)), columns=['variable', 'coef_en_cv'])
```

```
/home/dchen/anaconda3/envs/book36/lib/python3.6/sitepackages/
sklearn/linear_model/coordinate_descent.py:1094:
DataConversionWarning: A column-vector y was passed when a 1d array
was expected. Please change the shape of y to (n_samples, ), for
example using ravel().
  y = column_or_1d(y, warn=True)
```

```
model_coefs = pd.merge(model_coefs, coefs_en_cv, on='variable')
print(model_coefs)
```

```
                         variable        coef_lr     coef_lasso  \
0                       Intercept   3.522660e-11       0.000000
1      NumUnits[T.Single attached]   3.135646e+04   23847.097905
2      NumUnits[T.Single detached]   2.418368e+04   20278.620009
3             OwnRent[T.Outright]   2.839186e+04   30153.611697
4               OwnRent[T.Rented]   7.229586e+03    1440.140884
5           YearBuilt[T.1940-1949]   1.292169e+04   -6382.312453
6           YearBuilt[T.1950-1959]   2.057793e+04    -905.142030
7           YearBuilt[T.1960-1969]   1.764835e+04      -0.000000
8           YearBuilt[T.1970-1979]   1.756881e+04   -1579.827129
9           YearBuilt[T.1980-1989]   2.552566e+04    7854.066748
10          YearBuilt[T.1990-1999]   2.983944e+04    1355.026160
11          YearBuilt[T.2000-2004]   3.012502e+04   11212.207583
12               YearBuilt[T.2005]   4.318648e+04    8770.315635
13               YearBuilt[T.2006]   3.242038e+04   34814.310436
14               YearBuilt[T.2007]   3.562061e+04   27415.800873
15               YearBuilt[T.2008]   3.712470e+04   10866.123988
16               YearBuilt[T.2009]   3.035133e+04     312.110532
17               YearBuilt[T.2010]   7.364529e+04   10093.244533
18          YearBuilt[T.Before 1939]  1.218711e+04   -4903.325664
19                FoodStamp[T.Yes]  -2.745712e+04  -23717.406880
20       HeatingFuel[T.Electricity]  1.946552e+04    1775.625749
21              HeatingFuel[T.Gas]   2.588482e+04   12410.061671
22             HeatingFuel[T.None]   2.532452e+04   -4153.735420
23              HeatingFuel[T.Oil]   2.535803e+04   10009.595676
24            HeatingFuel[T.Other]   1.734533e+04   -6803.711978
25            HeatingFuel[T.Solar]   8.424991e+03       0.000000
26             HeatingFuel[T.Wood]   8.898002e+02   -9398.444417
27             Language[T.English]  -1.873624e+04   -8076.201004
28               Language[T.Other]  -4.463333e+03  -21403.661071
29       Language[T.Other European] -1.409466e+04   -9113.511553
30             Language[T.Spanish]  -2.603347e+04  -14321.350716
31                    NumBedrooms   3.443931e+03    3976.075383
```

```
32                    NumChildren  8.215723e+03    5652.313652
33                     NumPeople  -8.203826e+03   -5903.547002
34                      NumRooms   5.735494e+03    4612.117329
35                   NumVehicles   7.484535e+03    7736.529456
36                    NumWorkers   2.283630e+04   20346.201513
37                   ElectricBill  9.332524e+01      89.504660
38                     Insurance   3.099441e+01      31.954902

         coef_ridge        coef_en  coef_en_cv
0          0.000000       0.000000    0.000000
1       4571.129321    1342.291706   -0.000000
2       4514.956813     168.728479    0.000000
3      10674.890982     445.533238    0.000000
4     -10180.631863    -600.673747   -0.000000
5      -3672.096659    -794.239494   -0.000000
6       1221.616020     513.289101    0.000000
7        -15.801437    -275.576200    0.000000
8      -1868.746915    -574.365605   -0.000000
9       2664.343363     708.813588    0.000000
10      4079.639281    1357.944466    0.000000
11      5615.285677     798.576141    0.000000
12     12607.557029     445.271666    0.000000
13      5783.401233     202.040682    0.000000
14      8019.076178     222.170314    0.000000
15      7964.342869     153.161478    0.000000
16      3892.605415      88.228204    0.000000
17     28469.966885     233.189152    0.000000
18     -4271.925584   -3053.705550   -0.000000
19    -21854.708263   -4394.455708   -0.000000
20     -2043.214963    -129.968032   -0.000000
21      2043.550077    1924.299033    0.000000
22      1376.185561       0.000000   -0.000000
23      2377.402169     453.942244    0.000000
24     -5135.068670     -67.445065   -0.000000
25       589.799008       0.994142   -0.000000
26    -13652.201413   -1894.123724   -0.000000
27     -3003.249668    -955.455328   -0.000000
28      9067.969977     374.835549    0.000000
29      3059.003880     626.547311    0.000000
30     -6155.075714   -1367.763935   -0.000000
31      4690.469564    2073.910045    0.000000
32      1102.877585    2498.719581    0.000000
33      -203.132130   -2562.412933    0.000000
34      3489.196546    5685.101939    0.028443
35      5245.929228    6059.776166    0.000000
36     10344.202715   12247.547800    0.000000
37        68.784409      97.566664   26.166320
38        15.914804      32.484207   38.56174
```

15.7 まとめ

　正則化は、データからの過学習を防ぐのに使うテクニックだ。その目的を果たすために、正則化は、モデルに追加される特徴量（説明変数）に対して、何らかのペナルティを課す。最終的な結果として、モデルから変数が落とされたり、モデルの係数が小さくなったりする。どちらのテクニックも、トレーニングデータへの過度な適合を回避しながら、未知のデータに対してより良い予測を出そうとする試みである。その性能の向上は、これらのテクニックを（Elastic Net で見たように）組み合わせたり、あるいは交差検証でパラメータの組み合わせを試したりすることによって可能となる。

15

第16章

クラスタリング

16.1　はじめに

　一般に機械学習の手法は、モデルの主要なカテゴリーによって2種類に分類される。その2つは「教師あり学習」(supervised learning)と「教師なし学習」(unsupervised learning)である。これまで使ってきたのは「教師あり学習」のモデルだ。というのも、ターゲット(y)あるいは応答変数を含むデータにより、モデルをトレーニングしてきたからである。言い換えると、「教師あり学習」モデルのトレーニングデータは、「正解」が含まれている状態なのだ。しかし、「教師なし学習」モデルの技法は、「正解」が不明な状態で使用するものである。これらの技法の多くはクラスタリング(clustering)を用いる。その主な手法は、以降で説明するように、「k平均法」(k-means clustering)と、「階層的クラスタリング」(hierarchical clustering)の2つが挙げられる。

16.2　k平均法

　「k平均法」では、まずデータに存在するクラスタ数kの値を指定する。するとアルゴリズムが、データからランダムにk個の点を選択したあと、他の各データ点から、選択したk個の点までの距離を計算する。

　そのうち最も近い点どうしを同一のクラスタグループに割り当てる。そのあと、作成した各クラスタの中心として、新たに「重心」(centroid)を指定する。さらに、データ点から各クラスタの重心までの距離を計算し、最も近い点どうしを同一のクラスタに割り当てたあと、また新たな重心を選択する。こうしたプロセスが繰り返し行われ、アルゴリズムが収束するま

で繰り返される。

　k平均の仕組みについては、見事な可視化[1]と説明[2]をインターネットで見つけることができる。ここでは、k平均の例を示すために、ワインのデータ（wine.csv）を使う。

```
import pandas as pd
wine = pd.read_csv('../data/wine.csv')

# データの値がすべて数値であることがわかる
print(wine.head())
   Cultivar  Alcohol  Malic acid  Ash  Alcalinity of ash  Magnesium  \
0         1    14.23        1.71  2.43               15.6        127
1         1    13.20        1.78  2.14               11.2        100
2         1    13.16        2.36  2.67               18.6        101
3         1    14.37        1.95  2.50               16.8        113
4         1    13.24        2.59  2.87               21.0        118

   Total phenols  Flavanoids  Nonflavanoid phenols  Proanthocyanins  \
0           2.80        3.06                  0.28             2.29
1           2.65        2.76                  0.26             1.28
2           2.80        3.24                  0.30             2.81
3           3.85        3.49                  0.24             2.18
4           2.80        2.69                  0.39             1.82

   Color intensity   Hue  OD280/OD315 of diluted wines  Proline
0             5.64  1.04                          3.92     1065
1             4.38  1.05                          3.40     1050
2             5.68  1.03                          3.17     1185
3             7.80  0.86                          3.45     1480
4             4.32  1.04                          2.93      735
```

　最初の `Cultivar`（栽培品種）の列は、落とすことにしよう（データ上、この列はクラスタと余りにも相関がありすぎるからだ）。

```
wine = wine.drop('Cultivar', axis=1)
print(wine.head())
   Alcohol  Malic acid  Ash  Alcalinity of ash   Magnesium  Total phenols  \
0    14.23        1.71  2.43               15.6        127           2.80
1    13.20        1.78  2.14               11.2        100           2.65
2    13.16        2.36  2.67               18.6        101           2.80
3    14.37        1.95  2.50               16.8        113           3.85
4    13.24        2.59  2.87               21.0        118           2.80

   Flavanoids  Nonflavanoid phenols  Proanthocyanins  Color intensity   Hue  \
0        3.06                  0.28             2.29             5.64  1.04
1        2.76                  0.26             1.28             4.38  1.05
```

---

[1]　k-means の視覚化へのリンクを含むページ：
　　　http://shabal.in/visuals.html

[2]　Visualizing K-Means Clustering（k 平均の可視化）：
　　　https://www.naftaliharris.com/blog/visualizing-k-means-clustering/

```
2          3.24              0.30          2.81     5.68  1.03
3          3.49              0.24          2.18     7.80  0.86
4          2.69              0.39          1.82     4.32  1.04

    OD280/OD315 of diluted wines  Proline
0                          3.92          1065
1                          3.40          1050
2                          3.17          1185
3                          3.45          1480
4                          2.93           735
```

　機械学習ライブラリの sklearn には、k 平均アルゴリズムを実装する KMeans クラスがある[3]。ここでは k=3 と設定し、データセットのすべてのデータを使うことにする。

```
from sklearn.cluster import KMeans

# 3 個のクラスタを作成。乱数のシードは 42 とする。
# random_state パラメータを略しても、別の値を使ってもよいが
# 42 にすれば、下記に示した結果と同じになる
kmeans = KMeans(n_clusters=3, random_state=42).fit(wine.values)
```

　これが、今回のワインのデータのクラスタ分析によって得られた kmeans オブジェクトだ。

```
print(kmeans)
KMeans(algorithm='auto', copy_x=True, init='k-means++', max_iter=300,
    n_clusters=3, n_init=10, n_jobs=1, precompute_distances='auto',
    random_state=42, tol=0.0001, verbose=0)
```

　クラスタ数に 3 を指定したので、ユニークなラベルは 3 つしか生成されない。ラベルの数は、下記のように unique 関数を使って確認できる。

```
import numpy as np
print (np.unique(kmeans.labels_, return_counts=True))
(array([0, 1, 2], dtype=int32), array([69, 47, 62]))
```

　これらのラベルは、データセットとして追加できる DataFrame オブジェクトに変えることが可能である。

```
kmeans_3 = pd.DataFrame(kmeans.labels_, columns=['cluster'])
print(kmeans_3.head())
   cluster
```

---

[3]　訳注：scikit-learn の KMeans：
　　　http://scikit-learn.org/stable/modules/generated/sklearn.cluster.KMeans.html

```
0         1
1         1
2         1
3         1
4         2
```

　最後に、このクラスタ群を可視化する。ただし人間は3次元まででしか物事を可視化できないので、データの次元数を減らす必要がある。wine データセットには13の列があるが、その列数を3まで削減する。いや、いま本書の紙面ではインタラクティブに図を回転させたり移動させたりできないので、それらの点をプロットするのだから、できれば2次元にまで減らしたい。

16.2.1　主成分分析で次元を減らす

　主成分分析（principal component analysis：PCA）は、データセットの次元数を減らすのに使われる、射影（projection）のテクニックだ。射影により、データの分散が最大になるように、より低次元のデータが得られるようにする。データの点が3次元の球のなかにあると想像してみよう。いわばPCA は、これらの点を光で照らし、その影を、より次元の低い（2次元の）平面に投影する。その影は、可能な限り広がるのが理想的だ。PCAで互いに離れている2点は問題にならないが、元の3次元の球体で遠く離れていた2点に光が当たって影になったら、それらは近接するかもしれない。だから近接している点を解釈しようとするときは、注意が必要だ。元の空間では、それらの点が遠く離れていたということも、ありうるからだ。

　PCAはクラスとして sklearn ライブラリに実装されているので、sklearn ライブラリから PCA クラスをインポートする。

```
from sklearn.decomposition import PCA
```

　データの射影を行うためには、いくつの次元（主成分）を持たせるかを PCA クラスに伝える必要がある。ここでは、n_components=2 を指定して、データを2つの成分に射影する。

```
# 主成分分析を行う。つまりデータを2成分に射影。
pca = PCA(n_components=2).fit(wine)
```

　次に、ワインのデータを新しい空間に変換してから、変換したデータを DataFrame オブジェクトにして、クラスタ分析で得たラベルのデータセットに連結する。

```
# 主成分分析の結果より、ワインのデータを新しい空間（主成分）に変換
pca_trans = pca.transform(wine)

# 射影した2成分に対して列名を付ける
pca_trans_df = pd.DataFrame(pca_trans, columns=['pca1', 'pca2'])
```

16

```
# データを連結する
kmeans_3 = pd.concat([kmeans_3, pca_trans_df], axis=1)
print(kmeans_3.head())
   cluster        pca1       pca2
0        1  318.562979  21.492131
1        1  303.097420  -5.364718
2        1  438.061133  -6.537309
3        1  733.240139   0.192729
4        2  -11.571428  18.489995
```

最後に、以下のコードを実行して、この結果をプロットする（図 16.1）。

```
import seaborn as sns
import matplotlib.pyplot as plt
fig = sns.lmplot(x = 'pca1', y='pca2', data=kmeans_3,
                 hue='cluster', fit_reg=False)
plt.show()
```

>> xiv ページにカラーで掲載

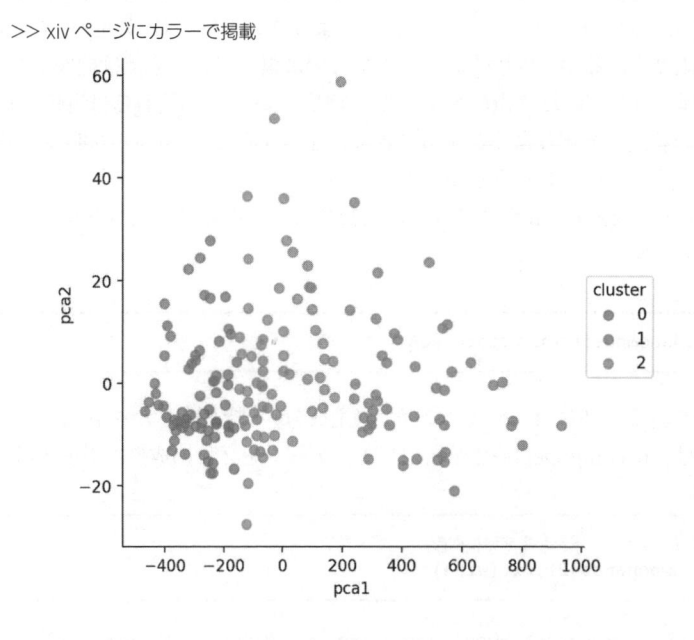

図 16.1　PCA を使った k 平均クラスタのプロット

k 平均法が wine データに対して何をするのか、これでわかっただろうか。今度は、元のデータセットをロードし、Cultivar（栽培品種）の列を残したままにする。

```
wine_all = pd.read_csv('../data/wine.csv')
```

```
print(wine_all.head())
   Cultivar  Alcohol  Malic acid  Ash  Alcalinity of ash   Magnesium  \
0         1    14.23        1.71  2.43               15.6         127
1         1    13.20        1.78  2.14               11.2         100
2         1    13.16        2.36  2.67               18.6         101
3         1    14.37        1.95  2.50               16.8         113
4         1    13.24        2.59  2.87               21.0         118

   Total phenols  Flavanoids  Nonflavanoid phenols  Proanthocyanins  \
0           2.80        3.06                  0.28             2.29
1           2.65        2.76                  0.26             1.28
2           2.80        3.24                  0.30             2.81
3           3.85        3.49                  0.24             2.18
4           2.80        2.69                  0.39             1.82

   Color intensity   Hue  OD280/OD315 of diluted wines  Proline
0             5.64  1.04                          3.92     1065
1             4.38  1.05                          3.40     1050
2             5.68  1.03                          3.17     1185
3             7.80  0.86                          3.45     1480
4             4.32  1.04                          2.93      735
```

先の例と同じように、このデータに対して主成分分析を実行し、その結果から得たクラスタと、Cultivar の変数とを比較してみる。

```
pca_all = PCA(n_components=2).fit(wine_all)
pca_all_trans = pca_all.transform(wine_all)
pca_all_trans_df = pd.DataFrame(pca_all_trans,
                                columns=['pca_all_1', 'pca_all_2'])

kmeans_3 = pd.concat([kmeans_3,
                      pca_all_trans_df,
                      wine_all['Cultivar']], axis=1)
```

クラスタの分離具合を比較するために、主成分ごとにプロットを分割する（図 16.2）。

```
with sns.plotting_context(font_scale=5):
        fig = sns.lmplot(x = 'pca_all_1',
                         y='pca_all_2',
                         data=kmeans_3,
                         row='cluster', col='Cultivar',
                         fit_reg=False)
plt.show()
```

あるいは、pandas ライブラリの crosstab 関数を使うことで、クラスタと Cultivar との値の組み合わせによって出現数のクロス集計を行ってもよい。

```
print(pd.crosstab(kmeans_3['cluster'],
                  kmeans_3 ['Cultivar'],
                  margins=True))

Cultivar  1    2    3    All
cluster
0          0   50   19    69
1         46    1    0    47
2         13   20   29    62
All       59   71   48   178
```

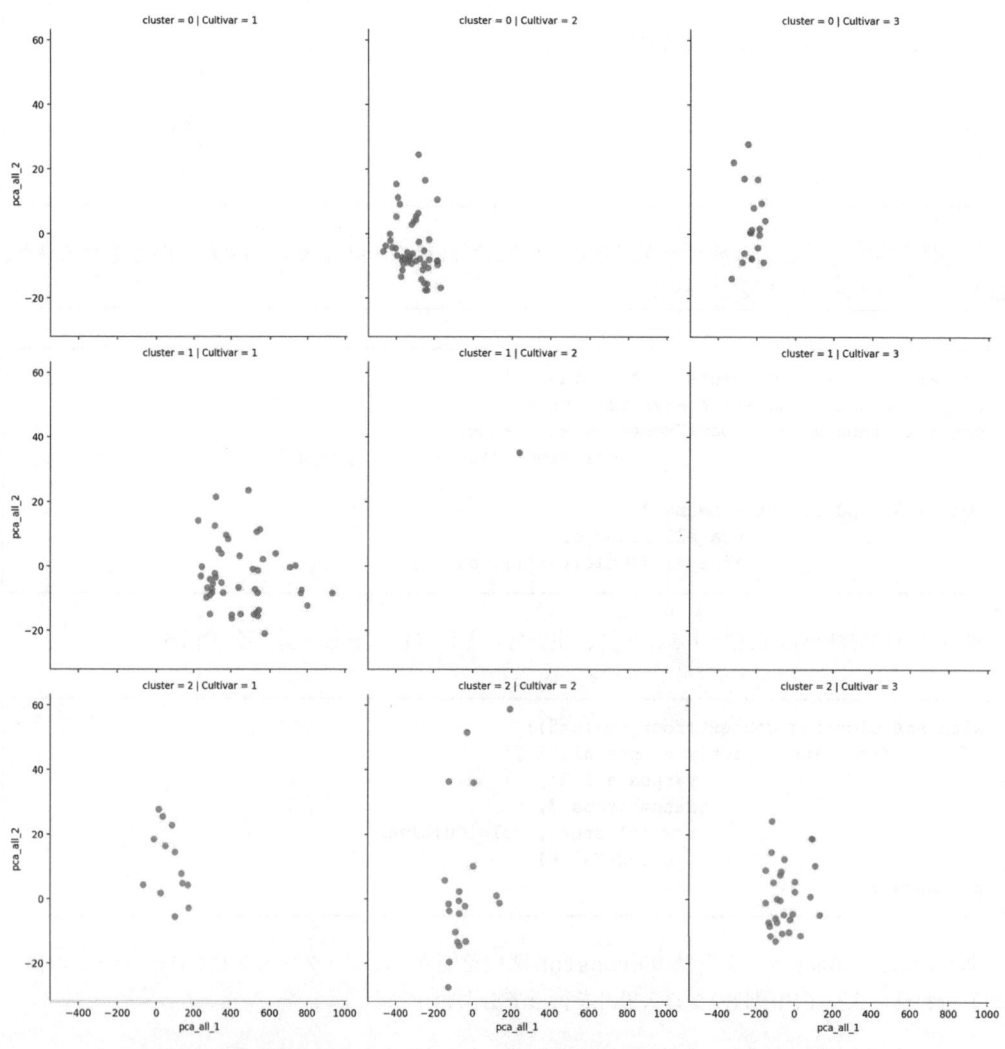

図 16.2 ｋ 平均法のクラスタと Cultivar の値の組み合わせによって分けてプロット

16.3　階層的クラスタリング

「階層的」（hierarchical）という名前が示すように、階層的クラスタリングは、クラスタの階層構造を構築するモデルである。そのアプローチとしては、ボトムアップの凝集型（agglomerative）と、トップダウンの分割型（devisive）の2つがある[※4]。

これらの階層的クラスタリングは、scipy ライブラリで実行することができる。

```
from scipy.cluster import hierarchy
```

ここではまず wine データセットをロードし直して、再び Cultivar の列を落とす。

```
wine = pd.read_csv('../data/wine.csv')
wine = wine.drop('Cultivar', axis=1)
```

階層的クラスタリングには、数多くの系統的アルゴリズムがある[※5]。それらのアルゴリズムの結果をプロットするため、matplotlib を使用する。

```
import matplotlib.pyplot as plt
```

※4　訳注：「ボトムアップの凝集型」とは、1つのデータからなるクラスタ、つまり一番小さいクラスタの状態から開始して、各クラスタの統合を進めていき、すべてのデータが1つのクラスタになるまでクラスタの階層化を行うこと。「トップダウンの分割型」は、すべてのデータからなる1つのクラスタを分割することで、クラスタを階層化していく方法である。

※5　訳注：SciPy の「Hierarchical clustering」を参照：
https://docs.scipy.org/doc/scipy/reference/cluster.hierarchy.html
complete は完全なリンク（complete linkage）を使う方式で、最長距離法とも呼ばれる。最も近いデータどうしがクラスタとなることから始まり、複数のデータで構成されるクラスタ間の距離としては、異なるクラスタに属するデータ間のうち最長距離を採用し、最長距離が短いクラスタどうしを統合していく方法である。
single は単一のリンク（single-linkage）を使い、最短距離法とも呼ばれる。クラスタ間の距離としては、異なるクラスタに属するデータ間のうち最短距離を採用し、最短距離が短いクラスタどうしを統合していく方法である。
average は平均リンク法で、グループ平均法や群平均法とも呼ばれる。クラスタ間の距離としては、異なるクラスタに属するデータ間で平均距離を算出／採用し、平均距離が短いクラスタどうしを統合していく方法である。
centroid は重心法あるいはセントロイド法である。クラスタ間の距離としては、各クラスタの重心どうしの距離を採用し、その距離が短いクラスタどうしを統合していく方法である。以上のようなクラスタリングの違いがデンドログラム（階層構造を示す樹状図）で示される。

16

16.3.1 完全リンク法

以下のように、complete 関数を使った complete アルゴリズムを使用することで、完全リンク法（complete linkage method）による階層的クラスタを出力することができる（図 16.3）。

```
wine_complete = hierarchy.complete(wine)
fig = plt.figure()
dn = hierarchy.dendrogram(wine_complete)
plt.show()
```

>> xiv ページにカラーで掲載

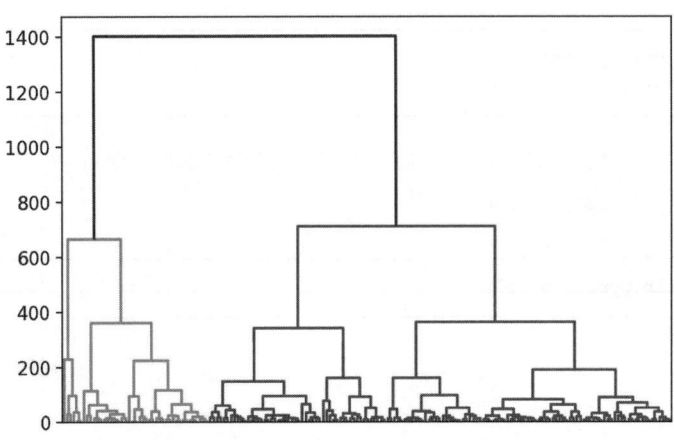

図 16.3　階層的クラスタリング：complete

16.3.2 単一リンク法

single アルゴリズムを使った単一リンク法（single linkage method）による階層的クラスタを図 16.4 に示す。

```
wine_single = hierarchy.single(wine)
fig = plt.figure()
dn = hierarchy.dendrogram(wine_single)
plt.show()
```

>> xv ページにカラーで掲載

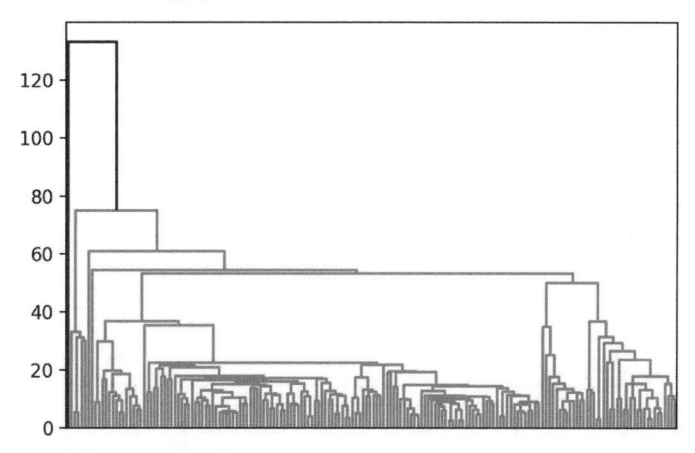

図 16.4　階層的クラスタリング：single

16.3.3　群平均法

average アルゴリズムを使った群平均法（group average method）による階層的クラスタを図 16.5 に示す。

```
wine_average = hierarchy.average(wine)
fig = plt.figure()
dn = hierarchy.dendrogram(wine_average)
plt.show()
```

>> xv ページにカラーで掲載

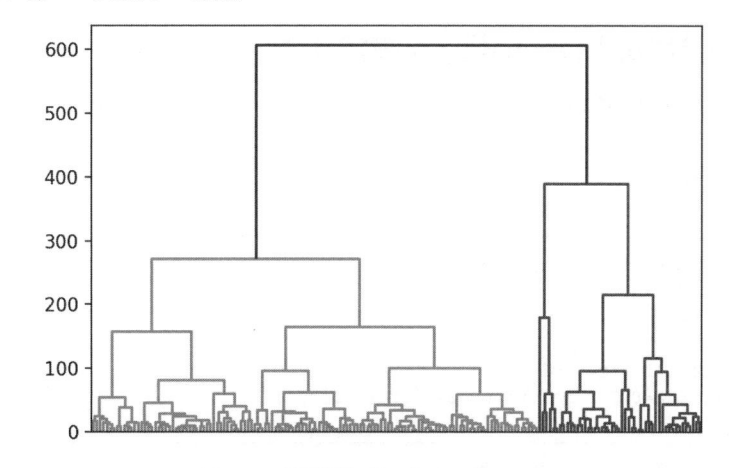

図 16.5　階層的クラスタリング：average

16

16.3.4　重心法

centroid アルゴリズムを使った重心法（centroid method）による階層的クラスタを図 16.6 に示す。

```
wine_centroid = hierarchy.centroid(wine)
fig = plt.figure()
dn = hierarchy.dendrogram(wine_centroid)
plt.show()
```

>> xvi ページにカラーで掲載

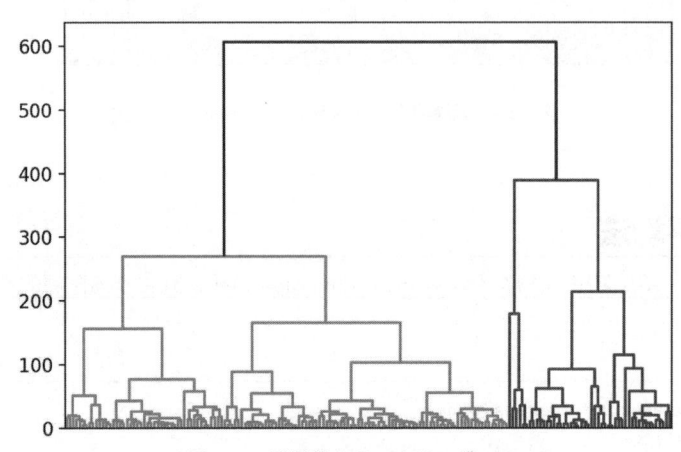

図 16.6　階層的クラスタリング：centroid

16.3.5　色分けの「しきい値」を設定する

手作業で color_threshold の値を渡せば、特定の「しきい値」によってグループを色分けすることができる（図 16.7）。scipy がデンドログラム（樹形図）[6] に使うデフォルトのしきい値には、デフォルトの MATLAB 値がある。

```
wine_complete = hierarchy.complete(wine)
fig = plt.figure()
dn = hierarchy.dendrogram(
    wine_complete,
    # default MATLAB threshold
    color_threshold=0.7 * max(wine_complete[:,2]),
```

---

[6]　訳注：「scipy.cluster.hierarchy.dendrogram」：
　　　http://lagrange.univ-lyon1.fr/docs/scipy/0.17.1/generated/scipy.cluster.hierarchy.dendrogram.html

```
    above_threshold_color='y')
plt.show()
```

>> xvi ページにカラーで掲載

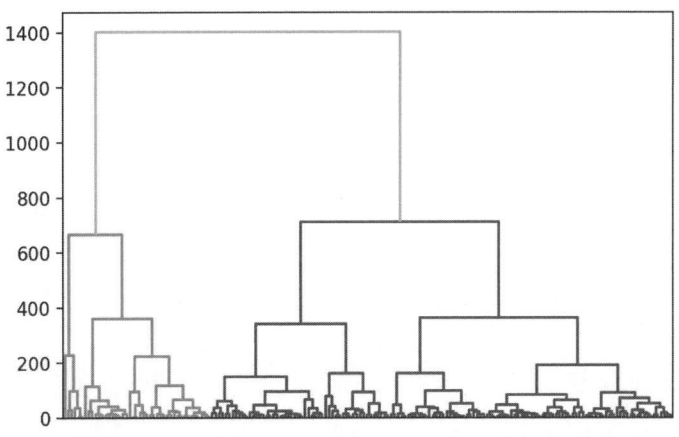

図 16.7　階層的クラスタリングで「しきい値」を手作業で設定

16.4　まとめ

　データセットの根底にある構造を見つけ出そうとするとき、しばしば「教師なし学習」の機械学習手法を使うことになる。一般に、この問題の解決に使われるのは、k 平均法と階層的クラスタリングの手法だ。モデルの調節で重要なのは、k 平均法では k の値を選ぶことであり、階層的クラスタリングでは、解決したい問題に適した「しきい値」を設定することだ。

　また、問題を解決するのに複数の分析技法を混ぜて使うのも、よくあることだ。たとえば「教師なし学習」の技法でデータをクラスタリングしてから、それらのクラスタを特徴量とした上で、別の分析技法を使うことがある。

MEMO

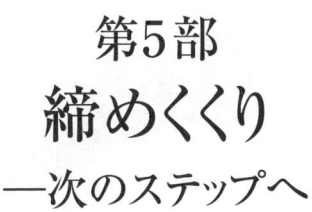

Part V
Conclusion

▼
▼
▼
▼

Pandas
for
Everyone

Python
Data
Analysis

第5部
締めくくり
—次のステップへ

第17章
pandas周辺の強力な機能

第18章
さらなる学びのための情報源

第17章

pandas周辺の
強力な機能

17.1　Pythonの科学計算スタック

　Jake VanderPlas[1] が、2015 年の SciPy カンファレンス[2] でキーノート講演[3] を行ったときのタイトルは、"The State of the Stack"（スタックの状態）というものだった。そのスピーチで彼は、コアな Python 言語を囲むパッケージのコミュニティが、どのように開発を行ってきたのかを語った。Python という言語は 1980 年代に作られた[4]。1996 年から始まった "Numerical computing" が、2006 年に NumPy ライブラリへと進化した。その NumPy が、この本を通じて使ってきた pandas の Series オブジェクトの基礎となった。グラフ描画の中核的機能を備えた Matplotlib は 2002 年に作られたライブラリで、pandas の plot メソッドからも内部的に使われている。種類の異なるデータを扱うことができるという、pandas の能力により、データアナリストたちは、さまざまな種類のデータをクリーニングして、その結果を（2000 年に SciPy パッケージから枝分かれした）各種の "scikit" による解析に渡せるようになった。

※1　　Jake VanderPlas：http://vanderplas.com/
　　　訳注：著書に『Python データサイエンスハンドブック』があり、その著者プロフィールによれば、Jake は「Python の科学的スタック」の長きにわたるユーザーであり、開発者でもある。現在、米ワシントン大学において eScience 研究所のオープンソフトウェアディレクターを務めている。

※2　　SciPy カンファレンス：https://conference.scipy.org/

※3　　Jake による SciPy 2015 のキーノート：
　　　https://speakerdeck.com/jakevdp/the-state-of-the-stack-scipy-2015-keynote

※4　　監訳注：1991 年に、グイド・ヴァンロッサムが Python 0.90 のソースコードを公開している。

　Python とわれわれとのインターフェイスにも発展があった。2001 年に作られた IPython（付録 D.2）は、言語やシェルとのより高度な対話機能を提供した。2012 年には、Project Jupyter によって、Python のための対話的なノートブック（Jupyter Notebook）（付録 D.3）が作られ、これによって Python という言語は、科学的計算のためのプラットフォームとしての地位を固めることになった。というのも Jupyter Notebook は、文芸的プログラミング[5] を含むさまざまなことを、簡単にしかも非常に広範囲に行う方法を提供したからである。

　けれども Python のエコシステムに含まれるのは、これらのライブラリやツールだけではない。SymPy[6] は、数学の公式や方程式を記号で操作できる、完全な機能を持った Python の数式処理システム（Computer Algebra System：CAS）である。pandas は表形式のフラットなファイルを扱うのに優れ、階層的なインデックスもサポートするが、一方の xarray ライブラリ[7] は、n 次元配列を処理する能力を Python に与えるものだ。pandas が 2 次元のデータフレーム（つまり配列）だとすれば、xarray は n 次元のデータフレームである。この種のデータは、科学的なコミュニティにおいてしばしばお目にかかるものだ。もしさまざまな形式のデータ入出力を行うことが多ければ、odo ライブラリ（付録 T）も調べてみよう。

17.2　コードの性能

　「時期尚早な最適化は諸悪の根源だ」。Python のコードとしては、まずは使えるものを書き、さらにはテスト可能な結果を出すものを書くべきである。もしそれが十分に速くなければ、そのときはコードの最適化に取り組めばよい。SciPy のエコシステムには、Python を高速化するライブラリとして、cython と numba がある。

17.2.1　実行速度を計測する

　IPython には、Python 言語の補強・追加機能を提供する「マジックコマンド」[8] がある。たとえば %timeit というマジックは、Python の文または式の実行時間を計測する。この機能を使えば、コードのベンチマークを行い、何が性能を遅くしているのかを調べることができる。その仕組みを示すため、9.5 節の例を使おう。

```
import pandas as pd
import numpy as np

df = pd.DataFrame({'a': [10, 20, 30],
```

---

[5]　　監訳注：文芸的プログラミング（literate programming）とは、ドナルド・クヌースが提唱したプログラミングのスタイルである。プログラムとドキュメントを併記した WEB と呼ばれるソースを記述し、それからプログラムとドキュメントをそれぞれ生成することにより、プログラムとドキュメントが別々に記述されることなく情報の一体性を高める。

[6]　　SymPy：https://www.sympy.org/

[7]　　xarray：http://xarray.pydata.org/

[8]　　IPython Built-in magic commands：
　　　http://ipython.readthedocs.io/en/stable/interactive/magics.html

```
                    'b': [20, 30, 40]})
def avg_2_apply(row):
    x = row[0]
    y = row[1]
    if (x == 20):
        return np.nan
    else:
        return (x + y) / 2
```

まずは、この avg_2_apply 関数に axis=1 を適用し、次に numpy の vectorize によってベクトル化する。

```
%%timeit
df.apply(avg_2_apply, axis=1)

475 µs ± 7.37 µs per loop (mean ± std. dev. of 7 runs, 1000 loops
each)

@np.vectorize
def v_avg_2_mod(x, y):
    if (x == 20):
        return(np.NaN)
    else:
        return (x + y) / 2

%%timeit
v_avg_2_mod(df['a'], df['b'])

91.5 µs ± 2.73 µs per loop (mean ± std. dev. of 7 runs, 10000 loops
each)
```

最後に、numba による計算の時間を測定する。

```
import numba

@numba.vectorize
def v_avg_2_numba(x, y):
    if (int(x) == 20):
        return(np.NaN)
    else:
        return (x + y) / 2

%%timeit
v_avg_2_numba(df['a'].values, df['b'].values)

10.9 µs ± 70.5 ns per loop (mean ± std. dev. of 7 runs, 100000 loops
each)
```

　ご覧のように、性能がどれほど高速化されたかを見るには、それぞれのメソッドでループごとに費やされた時間を測ればよい。この例に限って言えば、明らかに numba が最速のメソッドである。

17.2.2　プロファイリングを行う

　そのほか、cProfile[9] や SnakeViz[10] のようなツールを使えば、スクリプト全体やコードブロックの実行時間を計測し、行ごとの時間を確認することもできる。さらに、SnakeViz には IPython の snakeviz エクステンションが付属しており、IPython 上で同様の計測と確認が可能である。

17.3　大きなデータをより速く処理する

　計算規模のスケールアップを援助する、さまざまなライブラリやフレームワークが、数多く存在する。concurrent.futures[11] は、本質的には関数コールを組み込みの map 関数[12] へと書き換えるものだ。Dask[13] も、より大きなデータセットを扱えるようにするライブラリである。Dask では計算のグラフ（graph）を作成できる。そのうち再計算を行う必要があるのは、古くなった計算だけである。また、Dask を使った計算の並列化は、開発者自身の 1 つのマシンでも、クラスタを構成する複数のマシンでも、実行することができる。Dask が作るシステムの中では、自分のラップトップで書いたコードを、より大きな計算クラスタのために、すばやくスケールアップすることができる。そして、まことに親切なことに、Dask の構文は pandas の構文に似せようとしているので、このライブラリを学習するオーバーヘッドが低く抑えられている。これらのテクニックについては、偉大な情報源としてチュートリアルのノートブック[14] がある。

※9　cProfile：https://docs.python.org/3.4/library/profile.html#module-cProfile

※10　SnakeViz：https://jiffyclub.github.io/snakeviz/

※11　「concurrent.futures 並行タスク実行」（日本語版ドキュメント）：
　　　https://docs.python.org/ja/3/library/concurrent.futures.html

※12　map 関数（日本語版ドキュメント）：https://docs.python.org/ja/3.6/library/functions.html#map

※13　Dask：https://dask.pydata.org/en/latest/

※14　Parallel Python tutorial：https://github.com/pydata/parallel-tutorial

17

第18章

さらなる学びのための情報源

18.1　1人歩きは危険だ！

　まずは、このように忠告させていただこう。言語を学ぶ最良の方法の1つは、他の人と一緒に、同じ問題に取り組むことだ。たとえばペアプログラミングなら、2人が一緒にプログラミングする。あるいは、1人がコードの流れを話す間に、もう1人が、そのコードをタイプする。そうして、2対の目でコードを見るようにすれば、同僚との間のコミュニケーションが改良され、自分のコードに対する責任感も深まる。こういうシェアドプログラミングのテクニックは、コードの品質を高め、プログラミングを楽しくする。その結果、もっと頻繁にプログラミングを行い、もっと改善しよう、ということになる。

18.2　地元でのミートアップ

　多くの都市には Meetup のカルチャーがあって、そこで人々が共通のホビーを見つけたり、「ミートアップ」できる場所を持ったりする [1]。Python に限ったミートアップも存在するが、他にもデータのクリーニングや可視化や機械学習などに焦点を置くミートアップにも出かけてみるべきだ。他の言語のミートアップでも、役に立つことがある。コミュニティとフィールドに出かけて、自分の身をさらせばさらすほど、あなた自身の仕事とのコネクションを、より多く作ることができる。

---

[1]　Meetup：https://www.meetup.com/ja-JP/
　　　訳注：この日本語版によれば、Meetup とは「近くに住んでいる人が集まって一緒に学んだり、交流したり、共有したりすること」。

　もしあなたの都市にミートアップがなければ、自分で作ろう！ 最初は友達や、興味を持ってくれた人々でスタートし、集まって話をする定例会を主催しよう。いつも楽しみな会にするとよい。興味のある話題について、呑みながら喋るだけでもかまわない。なんでも楽しければ楽しいほど、やる気が出るものだ。

18.3　カンファレンス

　カンファレンスは最新のライブラリやテクニックについて学ぶには絶好の機会だ。ライブラリのメンテナに会えるだけでなく、知らなかった人との新しい出会いもある。多くのカンファレンスは「スプリントデー」を開催している。その日は人々がコーディングを行ってライブラリに貢献することが推奨される。これはライブラリそのものについて学ぶにも、自分のプログラミングスキルを上げるにも、コミュニティに貢献するにも、素晴らしい方法だ。

　Python のメインとなるカンファレンスは、Pycon[2] だ。これは Python のエコシステム全体に関するトピックを含むので、Web 開発のための Django[3] や Flask[4] も含まれる。カンファレンスでのトークは録画され、無料で見られるのが普通だ[5]。SciPy[6] と EuroSciPy[7] のカンファレンスは、より科学的で解析スタック寄りの Python を扱っている。私は過去数年の SciPy に参加してきたから確言できるのだが、そのチュートリアルは、広大なトピックの集合をカバーしている。それでも私は、できるだけ努力して、2017 年のトークや、それに対応するビデオや資料のリストを編集した[8]。YouTube のプレイリストでも、SciPy[9] と EuroSciPy[10] のカンファレンスを再生できる。

　最近のカンファレンスでは、AnacondaCon[11] があり、これもビデオがオンラインで見られるようにポストされている[12]。Jupyter も、独自のカンファレンスを主催している。Jupyter Days と JupyterCon のビデオがあり[13]、次回のカンファレンスについては Jupyter のブログ[14] に情報が掲載されている。最後に、多くのオープンソースプロジェクトを援助している非営利団体の

※2　Pycon JP：https://pycon.jp/2018/

※3　Django：https://www.djangoproject.com/

※4　Flask：http://flask.pocoo.org

※5　PyCon JP の YouTube チャネル：https://www.youtube.com/user/PyConJP

※6　SciPy カンファレンス：https://conference.scipy.org

※7　EuroSciPy カンファレンス：https://www.euroscipy.org/

※8　SciPy 2017 links and videos：https://github.com/chendaniely/scipy_2017_notes

※9　SciPy 2017 videos：https://www.youtube.com/playlist?list=PLYx7XA2nY5GfdAFycPLBdUDOUtdQIVoMf

※10　EuroSciPy 2017 videos：https://www.youtube.com/watch?v=ToYFc_AcKU0&list=PLYHT2hHT8PFC03gijYx1Hq EIpVov0tmXy

※11　AnacondaCon 2018：https://anacondacon18.io/

※12　AnacondaCon videos：www.anaconda.com/videos/

※13　JupyterCon：https://www.youtube.com/playlist?list=PL055Epbe6d5aP6Ru42r7hk68GTSaclYgi

※14　Jupyter Blog：https://blog.jupyter.org

18

PyData[15] が、カンファレンスのスポンサーとなってビデオを提供している[16]。

18.4　インターネット

インターネットは、追加のリソースを見つけるのに、うってつけの場所だ。DataCamp[17] は、ある特定のトピックを深く学べる便利なサイトである。私自身は、Software-Carpentry[18] と Data Carpentry[19] で学習を始めた。YHat ブログ[20] にも、Python とデータ分析に関する記事が定期的にポストされている。

18.5　ポッドキャスト

データサイエンス関連のポッドキャストも、たっぷりある。私が聞いているものの一部をリストにしておこう（順不同）。

1. Not So Standard Deviations：https://soundcloud.com/nssd-podcast

2. Partially Derivative：http://partiallyderivative.com/

3. Linear Digressions：http://lineardigressions.com

4. Data Skeptic：https://dataskeptic.com

5. Becoming a Data Scientist：www.becomingadatascientist.com/category/podcast/

6. Talk Python to Me：https://talkpython.fm/

すべてを網羅したリストではないが、これらのポッドキャストを聞いていると、Python コミュニティと、そのツールについての感触をつかめるし、ニュースや、データサイエンスの数多くの手法の背後にある考え方を知ることもできる。

※15　　PyData：https://pydata.org

※16　　訳注：日本では、PyData.Tokyo、PyData.Okinawa、PyData.Osaka、PyData.Sapporo、PyData.Fukuokaなどのコミュニティがある。
PyData.Tokyo：https://pydatatokyo.connpass.com/
PyData.Okinawa：https://pydataokinawa.connpass.com/
PyData.Osaka：https://pydataosaka.connpass.com/
PyData.Sapporo：https://pydata-sapporo.connpass.com/
PyData.Fukuoka：https://pydatafukuoka.connpass.com/

※17　　DataCamp：https://www.datacamp.com/

※18　　Software-Carpentry lessons：https://software-carpentry.org/lessons/

※19　　Data Carpentry lessons：http://www.datacarpentry.org/lessons/

※20　　YHat blog：http://blog.yhat.com

18.6　まとめ

　この本の目的は、pandas と、その関連ライブラリについて、もっと学ぶことができるように、しっかりとした基礎を提供することにある。アップデートと追加リソースについては、本書の GitHub リポジトリ（https://github.com/chendaniely/pandas_for_everyone）を必ずチェックしていただきたい。

Part VI
Appendixes

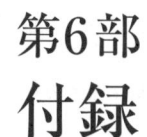

第6部
付録

Pandas
for
Everyone

Python
Data
Analysis

付録A

インストール

Python のディストリビューションとしては、次の 2 つが人気を集めている。主な理由は、Python と、そのさまざまなモジュールを、簡単にインストールできるからだ。

1. Anaconda：https://www.anaconda.com/download/
2. Enthought Canopy：https://store.enthought.com/downloads/

どちらのディストリビューションも、Windows、Mac、Linux の OS で使える。これらの科学用 Python ディストリビューションを使うことによるメリットは、主に次の 2 つだ。

1. ローカルインストールなので、管理者権限なしでインストールできる。
2. Python のパッケージマネージャが、（Python 以外に依存関係を持つ）さまざまな Python パッケージのインストールを支援してくれる。

Software Carpentry[1] では、Anaconda ディストリビューションが使われている。この付録で記述するインストール方法は、Anaconda ディストリビューションに従っている。Python のインストールについては、一般のワークショップ用テンプレートが公開されている（https://swcarpentry.github.io/workshop-template/#python）。

A.1 Anaconda のインストール

本書で記述する手順は、Anaconda のダウンロードサイト[2] に書かれている手順とおおむね同じであるはずだ。Anaconda のインストールに関する詳細なドキュメント[3] を読むこともできる。Python は、必ずバージョン 3 を使っていただきたい。もし Python 2 も必要ならば、付録 F の手順によって、別の Python 環境を作る必要がある。

---

[1]　訳注：「Software Carpentry Foundation は、1998 年から研究者の仕事に役立つコンピューティングのスキルを教えているボランティアのプロジェクト。インストラクターがレッスンに使う教材は、Creative Commons - Attribution ライセンスのもとで自由に再利用できます」（Software Carpentry サイトの「About Us」ページから抄訳して引用）。

[2]　Download Anaconda Distribution：https://www.anaconda.com/download/

[3]　Anaconda Distribution - Installation：https://docs.continuum.io/anaconda/install/

A.1.1 Windows の場合

Windows インストーラを使って Anaconda をデフォルト設定でインストールする。最後に Anaconda を、システムのデフォルト Python ディストリビューションとする。

A.1.2 Mac の場合

Mac インストーラを使って、すべてデフォルト設定で Anaconda をインストールする。Anaconda を、システムのデフォルト Python ディストリビューションにする。

A.1.3 Linux の場合

Linux にインストールするには、ダウンロードした .sh ファイルをコマンドラインで実行する。それには、ブラウザで Anaconda のダウンロードサイトを訪問し、そこから .sh ファイルをダウンロードすればよい（あるいは、たとえばサーバなら、wget コマンドも使える）。

.sh ファイルが Download フォルダにあると想定して、次のコマンドを実行する。

```
$ cd ~/Downloads
$ bash Anaconda3-*.sh  # バージョン番号が違うかもしれない
```

Anaconda のバージョンは、本書が出版される頃には違っているだろう。オプションにはデフォルトを使うのが無難かもしれない、インストールでライセンス条項を読むように求められたら、q を押して中止するか、yes とタイプして受け入れることができる。

インストーラから、Anaconda を PATH に追加するかと尋ねられたら、yes とタイプしよう。これによって Anaconda が、システムのデフォルト Python ディストリビューションになる。インストールが終わったら、現在のターミナルウィンドウを閉じよう。それから新しくターミナルを開けば、Anaconda Python ディストリビューションがデフォルトになるはずだ。

A.2 Anaconda のアンインストール

Anaconda は、PC のホームディレクトリに Anaconda3 フォルダを作るので、このフォルダを削除すれば、そのマシンで Anaconda に関するものは、すべて削除される。この点も、Anaconda の好ましい特徴だと思う。もしも、良くない Python パッケージをインストールしてしまったら、Anaconda3 フォルダを削除すれば、すべてを「普通」の状態にリセットすることが可能だ。

▼
▼
▼

コマンドライン

　コマンドラインに親しんでおくと、あとあと非常に役立つはずだ。私が主に推奨するのは、Software Carpentry の Unix Shell レッスン[1] を、ひととおりやっておくことだ。なかでも本書との関連で最も重要なレッスンは、たぶんファイルとディレクトリのナビゲーションだろう。シェルスクリプトについて学ぶのも、コマンドラインから Python のコードを実行するときに役立つので、重要なことだ。

　本書は、主に pandas に関する Python をテーマにしているので、Unix Shell の学習に関する全部のトピックに触れることはできない。この付録から学んでいただきたいのは、主に「ワーキングディレクトリ」の概念である。

B.1　インストール

　もしあなたが Mac か Linux のシステムを使っているのなら、たぶん Bash Shell にアクセスできるだろう。Windows の場合、デフォルトではインストールされない。

B.1.1 Windows の場合

　Windows におけるインストール手順は、Software Carpentry のテンプレートにある、Bash Shell のセットアップ手順[2] に従うのが一番だろう。この手順では Git for Windows[3] をインストールするのだが、それと一緒に Bash Shell も導入される。また、SWC Windows のインストーラ[4] を使うのも、良い考えだ。これにより、ターミナルベースのテキストエディタなど、さまざまなツールもインストールされる。

　Git for Windows を使いたくない場合は、Anaconda でインストールされる Anaconda Prompt を使っても、コマンドラインから Python のコードを実行できる。唯一の違いは、Anaconda Prompt では Mac や Linux のシステムにある Unix ライクなコマンドではな

※1　　The Unix Shell：swcarpentry.github.io/shell-novice/

※2　　Setup：https://swcarpentry.github.io/workshop-template/#setup
　　　　訳注：Software Carpentry については付録 A の注記を参照。

※3　　Git for Windows：https://git-for-windows.github.io/
　　　　訳注：「Pro Git 第 2 版」のオンライン日本語版（https://git-scm.com/book/ja/v2/）の「1.5 Git のインストール」などに情報がある。

※4　　https://github.com/swcarpentry/windows-installer/releases

く、Windows コマンドラインのコマンドを使う、ということだ。それでも、コマンドラインから Python スクリプトを実行する方法は、どちらも同じだ。

B.1.2 Mac の場合

Application フォルダの下の、Utilities というサブフォルダに、Terminal アプリケーションがあるから、Finder で探そう（Launchpad では、「その他」というフォルダにあるだろう）。

デフォルトの Mac Terminal アプリケーションに代わるものとして、iTerm2[※5] も人気がある。

B.1.3 Linux の場合

ターミナルと bash は、Linux システムによって、デフォルトでセットアップ済みである。特にインストールやセットアップに関して追加で行うことはないだろう。

B.2 基本事項

コマンドについては、最小限の知識として下記のことを知っている必要がある。

- いまファイルシステムのどこにいるのかを知るには
  ［コマンド］Windows：cd、Mac/Linux：pwd

- いまいるフォルダ（カレントフォルダ）の内容をリスト表示するには
  ［コマンド］Windows：dir、Mac/Linux：ls

- 別のフォルダに移動するには
  ［コマンド］Windows/Mac/Linux:：cd ＜フォルダ名＞

- Python スクリプトを実行するには
  ［コマンド］Windows/Mac/Linux：python ＜Python スクリプト＞

フォルダ関連のコマンドで便利に使えるのは「..」（2 個の連続するドット）だ。これは、カレントフォルダよりも 1 つ上の親フォルダを意味する。

※5　https://www.iterm2.com/

付録C

プロジェクトのテンプレート

　すべてのデータ、すべてのコード、すべての出力を同じフォルダに入れておくのは、とても簡単で、便利だろう。けれども、その代償として、プロジェクトフォルダは乱雑になってしまう。どのようなファイルも同じ1個のフォルダに入れていたら、そのフォルダには何十、何百というファイルが容易にたまってしまう。他の人だけでなく、あなた自身にも管理できない、ごちゃごちゃなフォルダになってしまうのだ。

　どのような分析プロジェクトにも、少なくとも次のようなフォルダ構造を作ることを推奨する。

```
my_project/
       |
       | - data/
       |
       | - src/
       |
       └ output/
```

　すべてのデータ集合を data フォルダに入れ、自分が書いたデータ解析用コードは src（あるいは code）フォルダに入れる。そして最後に、クリーニングしたデータセットや、図などの出力は、output フォルダに入れる。この一般的なフォルダ構造を、必要に応じて応用すればよいだろう。

　もうちょっと理論的に追求した論文もある：Noble WS. (2009). A Quick Guide to Organizing Computational Biology Projects. <PLoS Comput Biol> 5(7):e1000424. https://doi.org/10.1371/journal.pcbi.1000424

付録D

Pythonの使い方

Python を使うには、さまざまな方法が存在する。最も「単純」なのは、テキストエディタとターミナルを使う方法だ。けれども、IPython や Jupyter のようなプロジェクトによって、Python の REPL（Read-Evaluate-Print Loop）インターフェイスが強化され、データ分析と科学に関する Python のコミュニティでは、1 つの標準インターフェイスになっている。

D.1　コマンドラインとテキストエディタ

Python をコマンドラインとテキストエディタで使うのに必要なのは、プレーンテキストエディタとターミナルだけだ。純粋なプレーンテキストエディタでも使えるが、Python の構文を強調したり、自動補完機能があったりするほうが便利だろう。マルチプラットフォームで人気のあるテキストエディタには、Sublime Text[1] や Atom[2] がある。Mac では、TextMate[3] や TextWrangler[4] も、よく使われている。Windows ユーザーには、Notepad++[5] というオプションもある。

Windows で編集するときは（特に他の OS のユーザーと共同作業する予定があれば）デフォルトの「メモ帳」アプリケーションで大量のコードを書かないほうがよいだろう。「メモ帳」の行末コードは、Unix 系のマシン（Linux や Mac）のコードと異なるからだ。Python ファイルを開いたときに、改行とインデントが正しく現れないときは、たぶん Windows がファイルの行末コードを解釈する方法に原因があるだろう。

テキストエディタで編集するときは、すべての Python コードを .py スクリプトとして保存することになる。.py スクリプトは、コマンドラインから実行できる。たとえば、もしスクリプトのファイル名が my_script.py なら、次のコマンドで実行すればよい。

```
$ python my_script.py
```

※1　Sublime Text 3：www.sublimetext.com/3
※2　Atom：https://atom.io/
※3　TextMate：https://macromates.com/
※4　TextWrangler：www.barebones.com/products/textwrangler/
※5　Notepad++：https://notepad-plus-plus.org/

Python のスクリプトをコマンドラインから実行することについては、付録 B と付録 E にも情報がある。

D.2 Python と IPython

Windows では、Anaconda が提供する「Anaconda コマンドプロンプト」を使用できる。これは通常の Windows の「コマンドプロンプト」と同じようなものだが、Anaconda Python ディストリビューションを使うように構成されている。ここで python とタイプすれば python のコマンドプロンプトが開き、ipython とタイプすれば ipython のコマンドプロンプトが開く。

macOS と Linux では、python または ipython というコマンドをターミナルでタイプすれば、それぞれのコマンドプロンプトが実行される。

python と ipython のコマンドプロンプトには、いくつかの違いがある。通常の python プロンプトは一般的な Python コマンドを提供するだけだが、ipython プロンプトではその他にも便利な追加コマンドが提供されている。私なら、ipython プロンプトを使うことを推奨する [6]。

どちらのプロンプトでも、Python コマンドを直接タイプすることができるし、ファイルに保存した内容をプロンプトにコピー＆ペーストして、コードをそのまま実行することもできる。

D.3 Jupyter

Python を実行するには、コマンドプロントから python または ipython とタイプするほかに、jupyter notebook を実行するという方法がある。この実行により、別の Python インターフェイスが Web ブラウザで開かれる。Web ブラウザといっても、実行するのにインターネット接続が必要なわけではないし、インターネット経由で情報が送られるわけでもない。

jupyter notebook とタイプすると、使用中の PC のある場所の内容がブラウザ上に表示される。新しい「ノートブック」を作るには、右上隅にある [New] ボタンをクリックして、[Python 3] を選択する。これで「ノートブック」が開き、その「コードセル」に Python コマンドを入力できるようになる。それぞれのセルが、コードをタイプできる場所を提供する。その「セル」のメニューバーにあるコマンドを使ってセルを実行できる。

あるいは、（キーボードショートカットとして）[Shift] + [Enter] を押せば、セルが実行され、その下に新しいセルが作られる。また、[Ctrl] + [Enter] で、単にセルを実行できる。

ノートブックで特に便利なのは、入力した Python コードと、その出力と、普通の文書のテキストとを混ぜ合わせて、記述・表示できることだ。

セルの種類を変えるには、そのセルが選択されている状態で、メニューバーの下の右上にあるドロップダウンメニューを使う（いまは "Code" となっているだろう）。これを "Markdown" に変えれば、Python のコードではなく、普通の文章を書くことができるので、結果を解釈するのに役立つ情報や、

※6　訳注：訳者は本書のスクリプトを、主に Anaconda コマンドプロンプトの ipython で実行してテストした。なお、IPython の公式ドキュメント（英語）が https://ipython.readthedocs.io/en/stable/ で確認できるほか、『Python データサイエンスハンドブック』の 1 章には IPython に関する詳しい記述がある。

コードが何をしているのかを示すメモなどを残すことができる[7]。

D.4　統合開発環境（IDE）

Anaconda には Spyder という統合開発環境（IDE）が入っている。Matlab や RStudio に慣れている人は、この IDE で同じようなインターフェイスを使えるので安心できるかもしれない。

その他の IDE としては、次のものがある。

1. Rodeo：https://rodeo.yhat.com/
2. nteract：https://nteract.io/
3. PyCharm：www.jetbrains.com/pycharm/

さまざまな方法で Python を使ってみて、どれが自分にとってベストかを調べることをお勧めしたい。IPython/script、Jupyter Notebook、Spyder は、どれも Anaconda でプリインストールされるからアクセスしやすいが、状況によっては他の IDE のほうが適しているかもしれない。

---

[7]　訳注：Jupyter 関連の書籍では、『Python ユーザーのための Jupyter［実践］入門』があり、IPython のマジックコマンドや、pandas などライブラリの使い方もカバーしている。

付録E

ワーキングディレクトリ

付録B、付録C、付録Dを基礎として、この付録Eでは「ワーキングディレクトリ」(working directory：作業ディレクトリ)を取り上げるが、特にプロジェクトテンプレート(付録C)を使うときのために説明する。

ワーキングディレクトリは、プログラムに対して、ベースあるいはリファレンスとなる場所を知らせる。コード、データ、出力、図、その他のプロジェクトファイルを、すべて同じフォルダに置くのであれば、ワーキングディレクトリを容易に知ることができるから、話は簡単になる(だから、そうする人が多い)。けれども、それでは付録Cで述べたようにフォルダ内が乱雑になりやすい。

望ましいのは、完全に文書化されたプロジェクトテンプレートだ。それは、スクリプトがどこにあって、どうすれば実行できるかを教えてくれる。このアプローチならば、スクリプトは予測可能で一貫したワーキングディレクトリを持つことができる。

現在のワーキングディレクトリ(カレントディレクトリ)が何かを知る方法は、いくつかある。IPythonを使っているのなら、IPythonプロンプトに pwd とタイプすれば、現在のワーキングディレクトリのフォルダパス(folder path)を返してくれる。この方法は、Jupyter Notebook を使っている場合も有効だ。

Pythonのコードをスクリプトとしてコマンドラインで直接実行するときのワーキングディレクトリは、Windows なら cd、macOS や Linux なら pwd と(その後に何も付けずに)タイプしたとき、出力として得られる。

ワーキングディレクトリが、どのような影響をコードに及ぼすか、一例を挙げて説明しよう。たとえば、プロジェクトが次のようなファイル構造になっていて、現在のワーキングディレクトリが * でマークされているとしよう。

```
my_project/
    |
    | - data/
    | |
    | └ data.csv
    |
    | - *src/
    | |
    | └ script.py
    |
```

```
       └ output/
```

もし script.py に対してデータセットを data フォルダから読み込むようにさせたいとしたら、
data = pd.read_csv('../data/data.csv') といったような書き方が必要になる。現在のワー
キングディレクトリは src フォルダなのだから、そこから data.csv に辿り着くためには、まず
.. で1つ上のレベルに行き、そこから data フォルダに入って、データセットを取得する必要があ
るわけだ。こうすれば、ただ python script.py とタイプするだけでコードを実行できて便利だ。
ただし、このおかげで、後に示すような問題が発生するかもしれない。
　別のワーキングディレクトリを使ってみよう。

```
*my_project/
    |
    | - data/
    | |
    | └ data.csv
    |
    | - src/
    | |
    | └ script.py
    |
    └ output/
```

　これでワーキングディレクトリはトップレベルに移動した。ここから script.py がデータセッ
トを参照するには、data = pd.read_csv('data/data.csv') と記述すればよい。つまり、1つ
上のレベルに行く必要がなくなったのだ。けれども、ここで先ほどのコードを実行したい場合は、
python src/script.py のように参照する必要がある。
　面倒に思えるかもしれないが、こうすればいくつでもサブフォルダを作ることができ、data も
output も、すべてのファイルを通じて完全に同じ方法で参照できるようになる。
　ユーザーとして見ると、このプロジェクトにあるスクリプトを実行するときに使われるワーキン
グディレクトリは、必ず1つのディレクトリに限定されることになる。

付録F

環境

　バージョンの異なる Python やパッケージ（またはその両方）を使い分けるには、別々の環境を使うほうがよい。隔離された環境にすべてがインストールされるので、何かが失敗してもシステム全体に影響が及ぶことがない。Python 環境が特に便利なのは、さまざまな Python プロジェクトに対応するために、Python 2 と Python 3 の両方をシステムにインストールしておける点だ。また、あるパッケージの依存性を調べる際にも両方の環境があれば有用となることがあるだろう。

　Anaconda の Python ディストリビューションでは、パッケージマネージャの conda の "Getting started" ガイド[1] が役に立つ。これは、ぜひ読んでおくべきだ。

　付録 A では Anaconda で Python 3 をインストールしたので、ここでは Python 2 の環境を作る方法を取り上げよう。

　コマンドラインで python を実行したら、Python 3 の実行が始まる（バージョン番号は、下記の例とは異なるものになるだろう）。

```
$ python

Python 3.6.2 |Continuum Analytics, Inc.| (default, Jul 20 2017)
[GCC 4.4.7 20120313 (Red Hat 4.4.7-1)] on linux
Type "help", "copyright", "credits" or "license" for more
information.
>>>
```

　新しい環境を作るには、このコマンドラインから conda コマンドを実行する。その際、conda の create コマンドに対して、環境名を指定するために --name を使用する。ここでは新しい Python 環境に py2 という名前を付ける。このシステムはデフォルトで Python 3 の環境を作るので、Python のバージョンを明示的に python=2 と指定する必要がある。

```
$ conda create --name py2 python=2
```

　このコマンドを実行すると、次のような出力が現れる。

※1　https://docs.conda.io/projects/conda/en/latest/user-guide/getting-started.html
　　　訳注：conda の起動、管理、環境管理、Python の管理、パッケージの管理を行う方法が簡潔に書かれている。

```
Fetching package metadata ..........
Solving package specifications: .

Package plan for installation in environment ~/anaconda3/envs/py2:

The following NEW packages will be INSTALLED:

    certifi:2016.2.28-py27_0
    openssl:1.0.21-0
    pip:          9.0.1-py27_1
    python:       2.7.13-0
    readline:     6.2-2
    setuptools:   36.4.0-py27_0
    sqlite:       3.13.0-0
    tk:                    8.5.18-0 tr
    wheel:        0.29.0-py27_0
    zlib:         1.2.11-0

Proceed ([y]/n)? y

certifi-2016.2 100% |################| Time: 0:00:00   3.76 MB/s
setuptools-36. 100% |################| Time: 0:00:00   6.23 MB/s
#
# To activate this environment, use:
# > source activate py2
#
# To deactivate an active environment, use:
# > source deactivate
#
```

　この出力の最後の数行を見ると、新しく作った環境の使い方が書かれている。いまコマンドラインから source　activate　py2 を実行すると、プロンプトの前に新しい環境の名前が付くようになる。その後、ターミナルから python とタイプして Python を起動すると、別のバージョンの Python が使われていることがわかる。

```
$ python

Python 2.7.13 |Continuum Analytics, Inc.| (default, Dec 20 2016)
[GCC 4.4.7 20120313 (Red Hat 4.4.7-1)] on linux2
Type "help", "copyright", "credits" or "license" for more
information.
Anaconda is brought to you by Continuum Analytics.
Please check out: http://continuum.io/thanks and https://anaconda.org
>>>
```

　環境を削除するには、まず anaconda3 フォルダに移る。そこには envs というフォルダがあって、すべての環境がそこに格納されている。この場合、もし envs の下の py2 フォルダを削除したら、その環境が削除される（まるでそれを一度も作らなかったかのように）。

　ある環境のなかにインストールしたパッケージあるいはライブラリは（付録 G）、その環境だけ
の特有のものとなる。だから、環境ごとに異なるバージョンの Python を使えるだけでなく、異な
るバージョンのライブラリを使うこともできる。本書のために、専用の Python 環境を作ることも
できる。下記のコマンドでは、本書専用の環境名として pfe を指定している。これは "Pandas for
Everyone" の略だ。

```
$ conda create --name pfe python=3
```

　これに必要なライブラリは、付録 G の手順に従ってインストールできる。

付録G

パッケージのインストール

　ディストリビューションに必要な Python パッケージが入っていなかったとしたら、インストールする必要があるだろう。もし Python のインストールに Anaconda を使っていたら、パッケージマネージャの conda があるので、それを使おう。

　conda が過去数年の間に大きな人気を得たのは、インストール対象の Python パッケージと依存関係にあるパッケージもインストールしてくれる能力があるからだ。同じようなパッケージマネージャとしては、たとえば pip のことを聞いたことがあるかもしれない。

　本書で使うパッケージのいくつかはインストールが必要だ。Anaconda ディストリビューション全体をインストールしたのなら、pandas のようなライブラリは、すでにインストール済みだ。ただし、ライブラリを再インストールするコマンドを実行しても、別に害はない。本書で使うすべてのライブラリをインストールするコマンドは、本書の GitHub リポジトリ[1] の "README" に記載してある。

　Python のライブラリをインストールするには、conda を使える。もし本書専用に環境を作っていたら、その "pfe"（Pandas for Everyone）環境に入るために、source activate pfe を実行する。

　conda のデフォルトリポジトリ（ライブラリの保存先）は、Anaconda 社（以前は Continuum Analytics 社）によって管理されている。conda で pandas パッケージをインストールするには、次のコマンドを使う。

```
$ conda install pandas
```

　デフォルトチャネルのリストにないパッケージや、デフォルトチャネルのリストに最新バージョンが載っていないパッケージでは、ユーザー管理またはコミュニティ管理の conda-forge チャネルを使えるかもしれない[2]。

```
$ conda install -c conda-forge pandas
```

---

[1]　https://github.com/chendaniely/pandas_for_everyone
　　　訳注：Setup の項を参照。

[2]　https://conda-forge.org/

　もしパッケージが conda のリストになかったら、pip を使っても、パッケージをインストールすることができる。

```
$ pip install pandas
```

　たとえば、本書で使っているすべてのライブラリをインストールするには、次のリストを実行する。

```
$ conda install pandas xlwt openpyxl seaborn numpy ipython jupyter \
  statsmodels scikit-learn regex wget odo numba
$ conda install -c conda-forge pweave  # 実際は不要だが本書制作時に使用
$ conda install -c conda-forge feather-format
$ pip install lifelines pandas-datareader
```

　インストールとセットアップについては、本書のリポジトリで最新情報をチェックしていただきたい[3]。

G.1 パッケージの更新

　たとえば conda 自身を更新するには、次のコマンドを使う。

```
$ conda update conda
```

　現在の conda 環境にある、すべてのパッケージを更新するには、次のコマンドを使う[4]。

```
$ conda update --all
```

---

[3]　訳注：上記のコマンドリストは、日本語版制作時のリポジトリの README ファイル（"15 Nov 2018"）の記述に基づいて更新した。

[4]　訳注：環境にインストール済みのパッケージと、そのバージョンのリストは、pip list または conda list コマンドで確認できる。

付録H

ライブラリのインポート

ライブラリは、一群の機能を、組織されパッケージングされた形式で提供する。本書では、主に pandas ライブラリを使うが、他のライブラリをインポートするときもある。ライブラリをインポートする方法はいろいろあるが、最も基本的なのは次のように名前によってライブラリをインポートする方法だ。

```
import pandas
```

ライブラリをインポートした場合、その関数を pandas のなかで使うのにドット記法を用いる。

```
pandas.read_csv('../data/concat_1.csv')
    A   B   C   D
0   a0  b0  c0  d0
1   a1  b1  c1  d1
2   a2  b2  c2  d2
3   a3  b3  c3  d3
```

Python では、ライブラリに別名 (alias) を使える。そうすれば長いライブラリ名を略して書くことができる。別名は、as の後に指定する。

```
import pandas as pd
```

これで、このライブラリは pandas と書く代わりに、その略称の pd で参照できる。

```
pd.read_csv('../data/concat_1.csv')
    A   B   C   D
0   a0  b0  c0  d0
1   a1  b1  c1  d1
2   a2  b2  c2  d2
3   a3  b3  c3  d3
```

　ライブラリのうち、わずかな関数だけが必要なときは、それらの関数を直接インポートすることもできる。

```
from pandas import read_csv
```

　こうすれば、このread_csv関数を直接（ライブラリ名の指定なしで）使うことができる。

```
read_csv('../data/concat_1.csv')
    A   B   C   D
0  a0  b0  c0  d0
1  a1  b1  c1  d1
2  a2  b2  c2  d2
3  a3  b3  c3  d3
```

　最後に、ライブラリにある全部の関数を、ユーザーの名前空間に直接インポートする方法を紹介する。

```
from pandas import *
from numpy import *
from scipy import *
```

　ただし、この方法は推奨されない。ライブラリには数多くの関数が含まれていて、同じ名前の関数があれば、既存の関数が「上書き」されてしまうからだ。たとえば、もしnumpyとscipyから全部の関数をインポートしたら、どちらのmean関数が使われるのだろうか？ np.meanあるいはsp.meanと書けば明確なことだが、関数名だけを指定した場合はどちらを実行すればよいのか不明になってしまう。

付録I

リスト

リストは、Python の基礎的なデータ構造だ。リストは「種類の異なるデータ」（heterogeneous data）を格納するのに利用でき、一対の角カッコ [ ] によって作ることができる。

```
my_list = ['a', 1, True, 3.14]
```

リストの部分集合をとるには、角カッコを使って、取り出したい要素のインデックスを与える。

```
# 最初の要素を取り出す
print(my_list[0])
a
```

あるいは、値の範囲（range）を渡すこともできる（付録 L）。

```
# 最初の 3 つの値を取り出す
print(my_list[:3])
['a', 1, True]
```

リストから値の部分集合を取り出した後で、値を代入で変更することができる。

```
# 最初の値を入れ替える
my_list[0] = 'zzzzz'
print(my_list)
['zzzzz', 1, True, 3.14]
```

リストは Python のオブジェクトなので（付録 S）、実行可能なメソッドを持っている。たとえばリストには、append メソッドで値を追加できる。

```
my_list.append('appended a new value!')
print(my_list)
['zzzzz', 1, True, 3.14, 'appended a new value!']
```

リストと、そのさまざまなメソッドについては、ドキュメントを読んでいただきたい[1]。

---

[1] Python チュートリアル「5.1 リスト型についてもう少し」：
https://docs.python.org/ja/3/tutorial/datastructures.html#more-on-lists
訳注：より詳しい記述は、『逆引き Python 標準ライブラリ』の「2-1 リストとタプルの操作」などを参照。

付録J

タプル

タプル（tuple）は、種類の異なる複数の情報を格納できるという点では、リストと似ている。主な違いは、タプルのコンテナが「不変」（immutable）であること、すなわち、変更できないということだ。タプルは、一対の丸カッコ（）で作ることができる。

```
my_tuple =('a', 1, True, 3.14)
```

タプルからの要素の抽出は、リストとまったく同じ方法で行うことができる（角カッコを使う）。

```
# 最初の要素を取得
print(my_tuple[0])
a
```

ただし内容を変えようとしたら、エラーとなる（要素の代入をサポートしない）。

```
# これはエラーを起こす
my_tuple[0] = 'zzzzz'
Traceback (most recent call last):
  File "<ipython-input-1-3689669e7d2b>", line 2, in <module>
    my_tuple[0] = 'zzzzz'
TypeError: 'tuple' object does not support item assignment
```

タプルについての情報は、そのドキュメント[1]にある。

※1 　Python チュートリアル（https://docs.python.org/ja/3/tutorial/）の「5.3 タプルとシーケンス」。
　　　訳注：より詳しい記述は、『逆引き Python 標準ライブラリ』の「2-1 リストとタプルの操作」などを参照。

付録K

辞書

Pythonの辞書（dict）を利用することで、情報を効率よく格納できる。実際の辞書が、言葉と、それに対応する定義とを格納するように、Pythonのdictは、キーと、それに対応する値を格納する。辞書を使うと、コードを読みやすくすることができる。それは、辞書のそれぞれの値に1個のラベルが割り当てられるからだ。その点で、ラベルが付かないlistオブジェクトの値とは異なっている。辞書は、一対の波カッコ { と } を使って作成する。

```
my_dict = {}
print(my_dict)
 {}

print(type(my_dict))
 <class 'dict'>
```

dictの辞書ができたら、角カッコのペア [ ] を使って、そのなかに値を追加できる。キーは、角カッコの中に書く。キーは通常、何らかの文字列だが、実際には不変型（immutable type）であれば何でもよい（たとえばPythonのtuple。これはPythonのlistの不変形式だ）。次の例では、fnameとlnameという2つのキーを作り、それぞれファーストネームとラストネームを入れる。

```
my_dict['fname'] = 'Daniel'
my_dict['lname'] = 'Chen'
```

辞書は、キーと値のペアを使って、（1つずつ追加するのではなく）直接作ることもできる。そのためには波カッコを使い、キーと値のペアをコロンで区切って指定する。

```
my_dict = {'fname': 'Daniel', 'lname': 'Chen'}
print(my_dict)
 {'fname': 'Daniel', 'lname': 'Chen'}
```

キーから値を取り出すには、角カッコのなかでキーを使う。

```
fn = my_dict['fname']
print(fn)
 Daniel
```

また、以下のように get メソッドを使うこともできる。

```
ln = my_dict.get('lname')
print(ln)
 Chen
```

この2つの方法は、どちらも辞書から値を取得するものだが、主な違いは、存在しないキーの値を得ようとしたときに発生する振る舞いである。角カッコの記法を使うとき、存在しないキーを使うとエラーになる。

```
# エラーが返される
print(my_dict['age'])
 Traceback (most recent call last):
   File "<ipython-input-1-404b91316179>", line 2, in <module>
     print(my_dict['age'])

 KeyError: 'age'
```

ところが、get メソッドならば None が返される。

```
# None が返される
print(my_dict.get('age'))
 None
```

dict から全部の key を取得するには、keys メソッドを使えばよい。

```
# 辞書からすべてのキーを取得する
print(my_dict.keys())
 dict_keys(['fname', 'lname'])
```

dict から全部の value を取得するには、values メソッドを使うことができる。

```
# 辞書からすべての値を取得する
print(my_dict.values())
 dict_values(['Daniel', 'Chen'])
```

キーと値のペアをすべて取得するには、items メソッドを使う。辞書をループ処理する必要があ

るときに便利だろう。

```
print(my_dict.items())
dict_items([('fname', 'Daniel'), ('lname', 'Chen')])
```

キーと値のペアは、丸カッコが使われることでわかるように、それぞれ tuple の形で返される。辞書についての解説は、このデータ構造に関する公式ドキュメント[1] に書かれている。

---

[1] Pythonチュートリアル (https://docs.python.org/ja/3/tutorial/) の「5.5 辞書型 (dictionary)」を参照。訳注：辞書には順序がないことに注意。

付録L

▼
▼
▼

値のスライス

Python は数をゼロから数え始める言語であり、値の範囲を指定するときには「左側の指定は含まれるが右側の指定は含まれない」という決まりがある。このことは、list や Series のようなオブジェクトにも言えることで、最初の要素の位置（インデックス）は 1 ではなく 0 である。リストのようなオブジェクトから、ある範囲を作るときや、値の範囲をスライスする（一部を切り出す）ときは、始点のインデックスと終点のインデックスの両方を指定する必要がある [※1]。「左側の指定は含まれるが、右側の指定は含まれない」というのは、このときのことだ。左側のインデックスは、返される範囲またはスライスに含まれるが、右側のインデックスは含まれない。

リストのようなオブジェクトのなかにある要素は、フェンスで区切られているとし、インデックスは、フェンスの柱を表すとしてみよう。ある範囲やスライスを指定するときには、実際にはフェンスの間にあるものが返されるように、フェンスの柱を 2 つ指定するわけだ。

0 から 1 までのスライスは、値を 1 個しか返さない。1 から 3 までのスライスは、2 つの値を返す。図 L.1 を見れば、理由は明らかだ。

```
l = ['one', 'two', 'three']
print(l[0:1])
 |['one']

print(l[1:3])
 |['two', 'three']
```

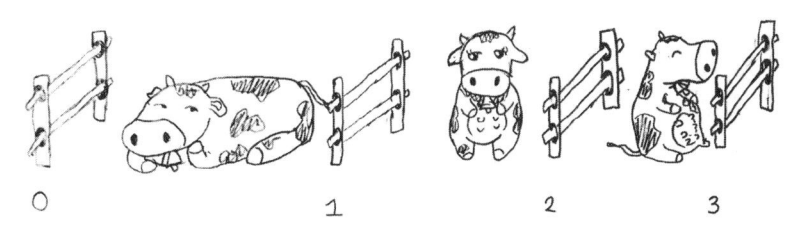

図 L.1　スライスの構文においてインデックスをフェンスの柱にたとえる（「牛」は要素を表す）

※1　訳注：たとえば『逆引き Python 標準ライブラリ』の「044 範囲を指定してリスト、タプルの要素を取り出すには - スライスを使用する」(p.93-94) を参照。

　スライスで使われるコロン（:）の構文には、2つの部分がある。左側の値は、始点の値であり（左側は含まれる）、右側の値は、終点の値である（右側は含まれない）。これらの値のうち、片方を空白のままにすると、スライスは（もし左の値を空白にすれば）先頭から始まり、（もし右の値を空白にすれば）最後まで進む。

```
print(l[1:])
|['two', 'three']

print(l[:3])
|['one', 'two', 'three']
```

　第2のコロンを追加することもできる。これは「ステップ」を意味する。たとえば、もしステップの値を2とすれば、最初のコロンで指定する範囲が何であろうと、返される値は、その範囲の1つおきの値になる。

```
# 最初の値から、1つおきに値をとる
print(l[::2])
|['one', 'three']
```

付録M

ループ

　ループは、一連の要素に同じアクションを実行するための手段を提供する。Python の list オブジェクトに格納されている要素が典型的な例だが、リストのようなオブジェクトならば（タプル、配列、データフレーム、辞書など）なんでも反復処理することが可能だ。Python のループについては、Software Carpentry のレッスン[1] に情報がある。

　list のループ処理には、for 文を使える。基本的な for ループは、次のようなものだ。

```
for <item> in <container>:
    # 処理を行う
```

　ここで <container>（コンテナ）は、イテレーション（反復処理）が可能な値の集合（たとえば list）であり、<item> は、そのコンテナの各要素を表現する一時的変数である。この for 文では、コンテナの最初の要素が一時的変数 <item> に割り当てられる。その後、コロンに続くインデントのある行が、すべて実行される。その末尾に達すると、コードは反復可能なコンテナの次の要素を一時的変数に代入し、ループのステップを繰り返す。以下が for ループの例である。

```
# 値のリストを反復処理する
l = [1, 2, 3]

# 値と、その 2 乗を出力する for ループを書く
for i in l:
    # 現在の値を出力する
    print(' 現在の値は : {}'.format(i))

    # その値の 2 乗を出力する
    print(" その値の 2 乗は : {}".format(i*i))

    # 1 ループの終わりで \n をプリントして改行を加える
    print(' ループの終わり。先頭に戻る \n')
```

[1] 「Repeating Actions with Loops」: swcarpentry.github.io/python-novice-inflammation/02-loop/訳注： Software Carpentryについては付録Aの注記を参照。なお、Pythonチュートリアル（https://docs.python.org/ja/3/tutorial/）の「3.2 プログラミングへの第一歩」には、whileループの説明があり、「4. その他の制御フローツール」にはfor文、break文などの説明がある。

```
現在の値は： 1
その値の 2 乗は： 1
ループの終わり。先頭に戻る

現在の値は： 2
その値の 2 乗は： 4
ループの終わり。先頭に戻る

現在の値は： 3
その値の 2 乗は： 9
ループの終わり。先頭に戻る
```

内包表記（comprehension）

Pythonの典型的な処理の1つは、あるリストを反復処理（iterate）して、それぞれの値に何らかの関数を実行し、その結果を新しいリストに保存する、というものである。

```python
# リストを作成
l = [1, 2, 3, 4, 5]

# このあとの新たな計算結果を格納するリスト
r = []

# リストを反復処理
for i in l:
        # それぞれの数値を 2 乗した値を、新しいリストに追加
        r.append(i ** 2)

print(r)
|[1, 4, 9, 16, 25]
```

残念ながら、このアプローチでは比較的単純な仕事に何行ものコードが必要だ。このループを、もっとコンパクトに書く方法の1つが、Pythonの「リスト内包処理」（list-comprehension）である。このショートカットを使えば、より簡潔な書き方で同じ処理を記述・実行できる。

```python
# 右辺を囲む角カッコに注目
# これで最終結果がリストとして保存される
rc = [i ** 2 for i in l]
print(rc)
|[1, 4, 9, 16, 25]

print(type(rc))
|<class 'list'>
```

最終結果をリストにするため、右辺を角カッコで囲んでいるが、ここにはforループと非常によく似たコードがある。角カッコ内の中央から右に向けて、for i in lと書いているが、これは先のforループの最初の行とほとんど同じだ。角カッコの中央から左側のi ** 2は、

先の for ループの本体と同様のものだ。これはリストの内包表記（list comprehension）[1] を使っているので、新しい値を追加したいリストを指定する必要がない。

[1]　Python チュートリアル（https://docs.python.org/ja/3/tutorial/）「5.1.3 リストの内包表記」を参照。

付録O

▼
▼

関数

　関数は、プログラミングに欠かせない要素の1つであり、コードを再利用する手段になる。コードを書くときに、いくつかのパラメータを変えるために、何行かのコードをコピー＆ペーストして利用したことがないだろうか。それらの行を1個の関数にすれば、コードが読みやすくなるだけでなく、あとで間違いが発生するのを防ぐことにもなる。つまり、コピー＆ペーストを行うたびに、修正が必要になったときに見なければならない場所が増えてしまい、プログラマーの負担になるのだ。関数を使う場合は、修正すべき場所が1箇所だけになり、その関数が呼び出されるたびに、その修正が適用される。

　詳しくは、Software Carpentry に、Python の関数についてのエピソードがあるので、一読をお勧めする[1]。

　まず、何もしない、中身が空の関数を定義してみる。

```
def empty_function():
    pass
```

　この関数定義は def キーワードから始まり、その後に関数名があり（これによって関数は呼び出されて使われる）、それから丸カッコのペアがあり、1個のコロンがある。次行以降にある関数の本体は、1個のタブか3個のスペースでインデント（字下げ）される。このインデントが極めて重要だ。もし省略したら、エラーになってしまう。この例にある pass は、何もしないときに使われるプレースホルダー（この場合は関数本体の代わりになるもの）である。

　関数には、いわゆる "docstring" を持たせるのが普通だ。"docstring" とは、その関数の目的、パラメータ、出力を記述する（そして、ときにはテストコードを含む）複数行のコメントだ。Python で、ある関数についてのヘルプドキュメントを見るとき、普通は、その関数のdocstring に含まれる情報が表示される。関数に "docstring" を持たせると、関数のドキュメントとコードが一体となるので、ドキュメントの保守が容易になる。

```
def empty_function():
    """ これは docstring を持つ空の関数です。
```

---

[1]　swcarpentry.github.io/python-novice-inflammation/06-func/
　　　訳注：Software Carpentry については付録 A の注記を参照。「関数の作り方」のエピソードには、デフォルトパラメータや関数のテスト / デバッグ等の記述もある。

```
    docstring は関数を文書化するのに役立ちます。
    3 連の 1 重引用符または 3 連の 2 重引用符で囲みます。
    PEP-8 スタイルガイドには 2 重引用符を使えと書いてあります。
    """
    pass  # この関数は、やはり何もしない
```

関数を呼び出すのにパラメータは必須ではない。

```
def print_value():
    """3 という値をプリント
    """
    print(3)

# print_value 関数を呼び出す
print_value()
3
```

関数は、パラメータを受け取ることもできる。print_value 関数を書き換えて、この関数に渡された値が何であっても出力するようにしよう。

```
def print_value(value):
    """ パラメータ 'value' に渡された値をプリント
    """
    print(value)

print_value(3)
3

print_value("Hello!")
Hello!
```

関数は、複数の値を受け取ることもできる。

```
def person(fname, lname, sex):
    """3 つの値を受け取って出力する関数
    """
    print(fname)
    print(lname)
    print(sex)

person('Daniel', 'Chen', 'Male')
Daniel
Chen
Male
```

これまでに示した例は、ただ関数を作って値を出力するだけだ。けれども関数が強力なのは、値

を画面に表示することではなく、入力を受け取って1つの出力を返す(return)ことができるからだ。これを達成するには、return 文を使う。

```
def my_mean_2(x, y):
    """2つの値の平均値を返す関数
    """
    mean_value = (x + y) / 2
    return mean_value

m = my_mean_2(0, 10)
print(m)
|5.0
```

O.1 デフォルトのパラメータ

関数は、デフォルトの値(default value：既定値)を持つことができる。実際、さまざまなライブラリで、多くの関数がデフォルト値を持っている。デフォルト値があればユーザーは、タイプする量を減らすことができ(その関数について最小限の情報を指定すればよい)、必要があれば関数の振る舞いを変更することもできる、という柔軟性が得られる。デフォルト値は、自分で書いた関数に新たな機能を追加するとき、既存のコードが使えなくなるのを防ぐのにも便利だ。

```
def my_mean_3(x, y, z=20):
    """この関数のパラメータ z にはデフォルト値がある
    """
    # 戻り値は、中間的な変数を作らずに直接返すこともできる
    return (x + y + z) / 3
```

この場合、指定する必要があるのは x と y だけだ。

```
print(my_mean_3(10, 15))
|15.0
```

しかも、デフォルト値を上書きしたければ z も指定できる。

```
print(my_mean_3(0, 50, 100))
|50.0
```

O.2 数が任意なパラメータ

*args や **kwargs というパラメータは、関数のドキュメントでときどき見ることがある。前者は「引数群」(arguments)、後者は「キーワード引数群」(keyword arguments) という意味だ。関数を書くときにこれらを指定しておけば、任意の数の引数をその関数で受け取ることができる[2]。また、現在の関数から別の関数を呼び出す際に引数を渡す手段としても使われる。

O.2.1 *args

ここで、任意の数の値を受け取ることができる、より一般的な mean 関数を書こう。

```python
def my_mean(*args):
    """ 任意の数の値から平均値を計算する
    """
    # すべての値を加算する
    sum = 0

    for i in args:
        sum += i
    return sum / len(args)

print(my_mean(0, 10))
    5.0

print(my_mean(0, 50, 100))
    50.0

print(my_mean(3, 10, 25, 2))
    10.0
```

O.2.2 **kwargs

**kwargs は *args に似ているが、こちらは任意の数の「値のリスト」ではなく、辞書のような役割を果たす。つまり、キーと値のペアを、任意の数だけ指定できる。

```python
def greetings(welcome_word, **kwargs):
    """ だれかに挨拶文を送る。
    相手のファーストネームとラストネームを
    kwargs で指定できる。

    """
    print(welcome_word)
    print(kwargs.get('fname'))
```

---

[2]　訳注：より詳しい解説は、「Python の可変長引数 (*args, **kwargs) の使い方」(https://note.nkmk.me/python-args-kwargs-usage/) などを参照。

```
        print(kwargs.get('lname'))

greetings('Hello!', fname='Daniel', lname='Chen')
Hello!
Daniel
Chen
```

付録P

範囲とジェネレータ

Python の range 関数を使うと、値のシーケンス（連続したもの）を作成できる。これには開始値（starting value）と、終了値（ending value）を渡す。もし必要ならば、ステップ値（step value）を渡すこともできる。これらは付録Lで示したスライスの構文と非常によく似ている。もし range に1個の値だけを渡せば、その関数はデフォルトの設定により、開始値を0とする値のシーケンスを作成する。

```
# 5 を指定して、ある範囲の値を作る
r = range(5)
```

ただし、range 関数は、数値のリストを返すだけではない。Python 3 の range は、実際にはジェネレータ（generator）を返すのである（Python 2 で、そのように振る舞うのは xrange 関数である）。

```
print(r)
range(0, 5)

print(type(r))
<class 'range'>
```

本当に、ある範囲の値のリストが欲しいときは、ジェネレータをリストに変換すればよい。

```
lr = list(range(5))
print(lr)
[0, 1, 2, 3, 4]

for i in lr:
    print(i)
0
1
2
3
4
```

ただし、ジェネレータを変換しようと決断する前に、それをどう使うつもりなのか、慎重に考えたほうがよい。もしデータの集合を、ジェネレータのループ（付録M）で処理するつもりなら、そのジェネレータを変換する必要はない。

　ジェネレータは、シーケンスにおける「次の値」を実行中に生成する。その結果、ジェネレータの内容は、使う前に全部の値をメモリにロードする必要がない。

　ジェネレータが知っているのは、シーケンスにおける現在の位置と、その次の要素を計算する方法だけだ。このため、同じジェネレータを、もう一度使うような再利用はできない。[1]

　次の例は、Python に組み込まれている `itertools` ライブラリのドキュメント[1] にあるものだ。この `itertools` により、関数に渡された値の「デカルト積」（Cartesian product）を作る（デカルト積は単純に言えば 2 つの集合の要素を組にしたもの）。

```python
import itertools
prod = itertools.product([1, 2, 3], ['a', 'b', 'c'])

for i in prod:
    print(i)

(1, 'a')
(1, 'b')
(1, 'c')
(2, 'a')
(2, 'b')
(2, 'c')
(3, 'a')
(3, 'b')
(3, 'c')
```

　もしデカルト積を再利用したければ、ジェネレータオブジェクトを再び作成するか、あるいはジェネレータを、もっと静的なもの（たとえばリスト）に変換する必要がある。

```python
# これはうまくいかない！
# 使用済みのジェネレータは再利用できない
for i in prod:
    print(i)

# 新しいジェネレータを作る
prod = itertools.product([1, 2, 3], ['a', 'b', 'c'])
for i in prod:
    print(i)
(1, 'a')
(1, 'b')
(1, 'c')
```

※1　`itertools` のドキュメント：https://docs.python.org/ja/3/library/itertools.html
　　訳注：なお、「Python 関数型プログラミング HOWTO」（https://docs.python.org/ja/3/howto/functional.html）に、イテレータとジェネレータの解説がある。`range` の説明は、Python チュートリアル（https://docs.python.org/ja/3/tutorial/）の「4. その他の制御フローツール」にある。

```
(2, 'a')
(2, 'b')
(2, 'c')
(3, 'a')
(3, 'b')
(3, 'c')
```

付録Q

複数代入

Python における複数代入（multiple assignment）は、一種の構文糖（syntactic sugar）だ。これによってプログラマーは、短くまとめた形で情報を表現でき、他のプログラマーが理解しやすい書き方になる。一例として、値のリストで使ってみよう。

```
l = [1, 2, 3]
```

このリスト l の要素を、それぞれ変数に代入したいときは、リストを部分集合に分けて、その値を代入することもできる。

```
a = l[0]
b = l[1]
c = l[2]

print(a)
 1

print(b)
 2

print(c)
 3
```

複数代入を使うと、もし右辺がある種のコンテナになっていれば、その値を左辺にある複数の変数に、直接代入することが可能だ[1]。そこで上記のコードは次のように書き換えることができる。

```
a1, b1, c1 = l

print(a1)
```

[1] 訳注：この形式（シーケンス代入）の代入文は、右辺の式のリストを評価し、得られたオブジェクトを1つずつ、左辺のターゲットリストに左から右へと代入していく。右辺には、ターゲットリストと少なくとも同数の、反復処理が可能なオブジェクトが必要である。記事「Pythonで複数の変数に複数の値または同じ値を代入」（https://note.nkmk.me/python-multi-variables-values/）が詳しい。

```
|1
```

```
print(b1)
|2
```

```
print(c1)
|3
```

複数代入は、データのプロッティングで図と座標軸を生成するときによく使われる。

```
import matplotlib.pyplot as plt

f, ax = plt.subplots()
```

この 1 行のコマンドで、図 f と座標軸 ax が作られる。その他のユースケースについては、Stack Overflow の質問で見ることができる（https://stackoverflow.com/questions/5182573/multiple-assignment-semantics）。

付録R

numpyのndarray

numpy ライブラリ[1] は、Python コードで行列や配列を扱うための機能を備えており、次のようにインポートする。

```
import numpy as np
```

そもそも pandas は、`numpy.ndarray` を拡張して、データ分析により適した機能を提供するということから始まった。ただし進化を遂げた最近の pandas は、「NumPy 配列のコレクション」と考えるべきではなく、すでに異なるライブラリとなっている。

```
import pandas as pd

df = pd.read_csv('../data/concat_1.csv')
print(df)
    A   B   C   D
0  a0  b0  c0  d0
1  a1  b1  c1  d1
2  a2  b2  c2  d2
3  a3  b3  c3  d3
```

Series または DataFrame から `numpy.ndarray` の値を取り出す必要があるときは、`values` 属性を使えばよい。

```
a = df['A']
print(a)
0  a0
1  a1
2  a2
3  a3
Name: A, dtype: object
```

※1　NumPy：https://docs.scipy.org/doc/numpy/index.html
　　　訳注：『Python データサイエンスハンドブック』(2018 年) の第 2 章、『Python によるデータ分析入門 第 2 版』
　　　(2018 年) の第 4 章などに記述がある。

```
print(type(a))
|<class 'pandas.core.series.Series'>

print(a.values)
|['a0' 'a1' 'a2' 'a3']

print(type(a.values))
|<class 'numpy.ndarray'>
```

　これは、特に pandas でデータのクリーニングを行うときに便利だ。このようにしておけば、Series と DataFrame のオブジェクトに対するサポートが十分ではない他の Python ライブラリであっても、新たにクリーニングしたデータを使うことができる。Software Carpentry の「Python Inflammation」レッスン [2] では、numpy を使っている。このライブラリ（そして Python 全体）を学ぶための、良きリファレンスとしても使えるだろう。

---

[2]　swcarpentry.github.io/python-novice-inflammation/
　　訳注：Software Carpentry については付録 A の注記を参照。NumPy と ndarray については『Python によるデータ分析入門』に詳しい記述がある。

クラス

　Python はオブジェクト指向言語である。そのため、あなたが作る（あるいは使う）のはクラスということになる。プログラマーはクラスを使って、関連のある関数やメソッドをグループにまとめることができる。pandas では Series も DataFrame もクラスであり、それぞれ独自の属性（たとえば shape）とメソッド（たとえば apply）を持っている。オブジェクト指向プログラミングについて、いまここで、じっくりお教えしようというつもりはないが、ごく簡単にクラスを紹介しておきたい。あとであなたが公式なドキュメントを調べるときでも、いろいろな物事が「なぜそうなっているか」を理解するときでも、この情報が役立つはずだ。

　クラスの良いところは、プログラマーが自分の目的に従って、どのようなクラスでも定義できるという点だ。次に示すクラスは、人（person）を表現している。それぞれの人には、ファーストネーム（fname）、ラストネーム（lname）、年齢（age）が、1つずつ割り当てられる。その人の誕生日を祝うと（celebrate_birthday）、age が 1 つ増加するようにしている。

```
class Person(object):
    def __init__(self, fname, lname, age):
        self.fname = fname
        self.lname = lname
        self.age = age

    def celebrate_birthday(self):
        self.age += 1
```

　この Person クラスを作ったら、それを自分のコードで使うことができる。まず、Person のインスタンス（実体）を作ろう。

```
ka = Person(fname='King', lname='Authur', age=39)
```

　これによって、1 人の Person が作られ（名前は King Authur、年齢は 39）、それが ka という変数に保存された。

　そうすれば、ka から属性を取り出すことができる（属性は関数やメソッドと違うので、丸カッコを付けない）。

```
print(ka.fname)
 King

print(ka.lname)
 Authur

print(ka.age)
 39
```

最後に、クラスのメソッドを呼び出して、年齢を増やしてみる。

```
ka.celebrate_birthday()
print(ka.age)
 40
```

pandas の Series および DataFrame オブジェクトは、この Person クラスを複雑にしたようなものだが、基本的な概念は同じだ。新しいクラスは、どれも変数として実体化すれば、その属性にアクセスしたり、そのメソッドを呼び出したりすることができる。

付録T

Odo（The Shapeshifter）

Odo[1] という名の Python ライブラリ[2] は、ある型を他の型に変換することができる。たとえば次の例は、CSV ファイルを読み込んで、それを pandas の `DataFrame` に変換させるものだ。

```
from odo import odo
import pandas as pd

df = odo('../data/concat_1.csv', pd.DataFrame)
print(df)
/home/dchen/anaconda3/envs/book36/lib/python3.6/sitepackages/odo/backends/pandas.py:
102: FutureWarning: pandas.tslib is deprecated and will be removed in a future version.
You can access NaTType as type(pandas.NaT)
  @convert.register((pd.Timestamp, pd.Timedelta), (pd.tslib.NaTType, type(None)))
    A   B   C   D
0  a0  b0  c0  d0
1  a1  b1  c1  d1
2  a2  b2  c2  d2
3  a3  b3  c3  d3
```

odo ライブラリは、Python のさまざまなライブラリと関数を使って、あるデータフォーマットを別のデータフォーマットに変換する、ありとあらゆる方法を知っている。odo は、ある型を別の型に変換するグラフ（graph）を作成して、一連の変換を実行してくれる。

odo ライブラリは、CSV ファイル以外のファイル形式にも使える。たとえば json、hdf5、xls、sas7bdat などだが、これらは odo が読み込めるファイル形式の一部にすぎない。また、SQLAlchemy ライブラリを使ってデータベース接続を作ることもできるので、SQL のテーブルを CSV ファイルまたは `DataFrame` に落とし込むことができる。それどころか、odo を使えば `DataFrame` をアップロードして SQL テーブルに変換することさえ可能だ。接続可能なデータ保存先としては、Spark/SparkSQL、AWS、Hive がある。

頻繁にデータフォーマットを変換するのなら、odo ライブラリを調べてみるべきである。

※1　https://en.wikipedia.org/wiki/Odo_(Star_Trek)
　　　訳注：Odo（オドー）は、「Star Trek: Deep Space Nine」に登場するキャラクタで、自由自在に「姿を変えるやつ」（The Shapeshifter）。

※2　odo のドキュメント：https://odo.readthedocs.io/en/latest/

参考文献

◆ Python と pandas

アレン・B・ダウニー『Think Python：コンピュータサイエンティストのように考えてみよう 第二版』相川利樹 訳、2018 年 [pdf: http://www.cauldron.sakura.ne.jp/thinkpython/thinkpython/ThinkPython2.pdf]

Wes McKinney『Python for Data Analysis 2nd, Edition』O'Reilly, 2017
邦訳：『Python によるデータ分析入門 第 2 版 Numpy, pandas を使ったデータ処理』瀬戸山雅人／小林儀匡／滝口開資 訳、オライリー・ジャパン、2018 年

Wes McKinney and PyData Development Team「pandas: powerful Python data analysis toolkit」release 0.23.3 Jul 07, 2018 [pdf: https://pandas.pydata.org/pandas-docs/stable/pandas.pdf]

Andreas C. Müller and Sarah Guido『Introduction to Machine Learning With Python』O'Reilly, 2016
邦訳：『Python ではじめる機械学習 - scikit-learn で学ぶ特徴量エンジニアリングと機械学習の基礎』中田秀基 訳、オライリー・ジャパン、2017 年

「note.nkmk.me Python」>pandas https://note.nkmk.me/pandas/

大津真／田中賢一郎『逆引き Python 標準ライブラリ』インプレス、2018 年

Sebastian Raschka and Vahid Mirjalili『Python Machine Learning 2nd Ed.』Packt, 2017
邦訳：『[第 2 版] Python 機械学習プログラミング』クイープ 訳、福島真太朗 監訳、インプレス、2018 年

Rosyuku「自調自考の旅」カテゴリー：Python 関連 https://own-search-and-study.xyz

柴田淳『みんなの Python 第 4 版』SB クリエイティブ、2017 年

TH (Takekatsu Hiramura)「Python でデータサイエンス」https://pythondatascience.plavox.info

池内孝啓／片柳薫子／岩尾エマはるか／ @driller『Python ユーザのための Jupyter[実践] 入門』技術評論社、2017 年

Jake VanderPlas『Python データサイエンスハンドブック - Jupyter, NumPy, pandas, Matplotlib, scikit-learn を使ったデータ分析、機械学習』菊池彰 訳、オライリー・ジャパン、2018 年 [full text online: https://jakevdp.github.io/PythonDataScienceHandbook/]

◆ データサイエンス

Peter and Andrew Bruce『Practical Statistics for Data Scientists』O'Reilly, 2018
邦訳：『データサイエンスのための統計学入門 - 予測、分類、統計モデリング、統計的機械学習と R プログラミング』黒川利明 訳、大橋真也 技術監修、オライリー・ジャパン、2018 年

Jared P. Lander『R for Everyone 2nd Ed.』Addison-Wesley, 2017
邦訳：『みんなの R - データ分析と統計解析の新しい教科書』高柳慎一、牧山幸史、簑田高志 訳、Tokyo.R 協力、マイナビ出版、2015 年（第 2 版は 2018 年 12 月 発売）

@suecharo (Hirotaka Suetake)「クラスタリング手法のクラスタリング」https://qiita.com/suecharo/items/20bad5f0bb2079257568

Hadley Wickham「Tidy Data」The Journal of Statistical Software, vol.59, 2014 [pdf: http://vita.had.co.nz/papers/tidy-data.pdf]
邦訳：「【翻訳】整然データ」西原史暁 訳、http://id.fnshr.info/2017/01/09/trans-tidy-data/

◆ 正規表現

Jan Goyvaerts, Steven Levithan『正規表現クックブック』長尾高弘 訳、オライリー・ジャパン、2010 年

◆ 統計学など

B.S. エヴェリット『統計科学辞典』清水良一 訳、朝倉書店、2002 年

E. クライツィグ『技術者のための高等数学 7 - 確率と統計 (原著第 8 版)』田栗正章 訳、培風館、2004 年

新谷歩「今日から使える医療統計学講座【Lesson12(最終回)】カプランマイヤー曲線」週刊医学界新聞、第 2941 号、医学書院、2011 年、http: www.igaku-shoin.co.jp/paperDetail.do?id=PA02974_05

日本理学療法士学会「EBPT 用語集」http:jspt.japanpt.or.jp/ebpt_glossary/

索引

著者

Daniel Y. Chen（ダニエル・チェン）

バージニア工科大学 生物複雑性研究所内の社会意思決定分析研究所に研究員およびデータエンジニアとして勤務。また、データ分析コンサルティング会社 Lander Analytics のデータサイエンティストでもある。遺伝学、生命情報科学、および計算生物学といった学際的な分野で博士号を取得。

翻訳者

吉川 邦夫（よしかわ・くにお）

1957 年生まれ。ICU（国際基督教大学）卒。おもに制御系のプログラマとして、ソフトウェア開発に従事した後、翻訳家として独立。英文雑誌記事の和訳なども手掛ける。訳書は、Scott Meyers らによる「Effective」ソフトウェア開発シリーズ（アスキー、翔泳社）、『本格アプリを作ろう！ Android プログラミングレシピ』（インプレス）など多数。

監訳者

福島 真太朗（ふくしま・しんたろう ）

1981 年生まれ。株式会社トヨタ IT 開発センターのシニアリサーチャー。2004 年東京大学理学部物理学科卒業。2006 年東京大学大学院新領域創成科学研究科複雑理工学専攻修士課程修了。現在、東京大学大学院情報理工学系研究科数理情報学専攻博士課程に在学中。専攻は機械学習・データマイニング・非線形力学系。

STAFF LIST

カバーデザイン	岡田章志
本文デザイン	オガワヒロシ (VAriant Design)
DTP	柏倉真理子／田中麻衣子
編集協力	大月宇美
編集	石橋克隆

■商品に関する問い合わせ先
インプレスブックスのお問い合わせフォームより入力してください。
　https://book.impress.co.jp/info/
上記フォームがご利用頂けない場合のメールでの問い合わせ先
　info@impress.co.jp

●本書の内容に関するご質問は、お問い合わせフォーム、メールまたは封書にて書名・ISBN・お名前・電話番号と該当するページや具体的な質問内容、お使いの動作環境などを明記のうえ、お問い合わせください。
●電話やFAX等でのご質問には対応しておりません。なお、本書の範囲を超える質問に関しましてはお答えできませんのでご了承ください。
●インプレスブックス(https://book.impress.co.jp/)では、本書を含めインプレスの出版物に関するサポート情報などを提供しておりますのでそちらもご覧ください。
●該当書籍の奥付に記載されている初版発行日から3年が経過した場合、もしくは該当書籍で紹介している製品やサービスについて提供会社によるサポートが終了した場合は、ご質問にお答えしかねる場合があります。

■落丁・乱丁本などの問い合わせ先
TEL　03-6837-5016　FAX　03-6837-5023
service@impress.co.jp
(受付時間／ 10:00-12:00、13:00-17:30 土日、祝祭日を除く)
●古書店で購入されたものについてはお取り替えできません。

■書店／販売店の窓口
株式会社インプレス 受注センター
　TEL　048-449-8040
　FAX　048-449-8041
株式会社インプレス 出版営業部
　TEL　03-6837-4635

著者、訳者、株式会社インプレスは、本書の記述が正確なものとなるように最大限努めましたが、本書に含まれるすべての情報が完全に正確であることを保証することはできません。また、本書の内容に起因する直接的および間接的な損害に対して一切の責任を負いません。

Pythonデータ分析／機械学習のための基本コーディング！
pandasライブラリ活用入門

2019年2月21日　　初版第1刷発行

著　者	Daniel Y. Chen
訳　者	吉川邦夫
監訳者	福島真太朗
発行人	小川 亨
編集人	高橋隆志
発行所	株式会社インプレス

〒101-0051　東京都千代田区神田神保町一丁目 105 番地
ホームページ　https://book.impress.co.jp/

印刷所　大日本印刷株式会社

978-4-295-00565-0　　C3055

Japanese translation copyright © 2019 by Kunio Yoshikawa, All rights reserved.

Printed in Japan